21 世纪全国高职高专机电系列技能型规划教材
浙江省"十一五"重点教材建设项目

电机控制与实践

徐　锋　蒋友明　郑向军　编　著
盛　健　主　审

北京大学出版社
PEKING UNIVERSITY PRESS

内 容 简 介

本书重点讲述三相异步电动机的结构、工作原理和基本控制环节。以电动机控制作为主线,将电动机的基本知识、电力拖动的基本知识、低压电器的基本知识和继电控制的基本知识有机地结合起来。本书对同步电机、变压器、控制电机、直流电机等的结构,工作原理和控制方法也进行了简单描述。

本书可作为高职高专院校自动化专业、机电一体化专业和电气工程专业的教学用书;也可作为应用型本科院校、成人教育学院、函授学院、中职学校等相关专业的辅助教材;还可供从事电气自动化、维修电工等相关工程技术人员阅读参考。

图书在版编目(CIP)数据

电机控制与实践/徐锋,蒋友明,郑向军编著. —北京:北京大学出版社,2012.9
(21世纪全国高职高专机电系列技能型规划教材)
ISBN 978-7-301-21269-1

Ⅰ.①电… Ⅱ.①徐… ②蒋… ③郑… Ⅲ.①电机—控制系统—高等职业教育—教材 Ⅳ.①TM301.2

中国版本图书馆 CIP 数据核字(2012)第 222154 号

书　　　　名:	电机控制与实践
著作责任者:	徐　锋　蒋友明　郑向军　编著
策 划 编 辑:	赖　青　张永见
责 任 编 辑:	张永见
标 准 书 号:	ISBN 978-7-301-21269-1/TH・0316
出 　版 　者:	北京大学出版社
地　　　　址:	北京市海淀区成府路 205 号　　100871
网　　　　址:	http://www.pup.cn　　http://www.pup6.cn
电　　　　话:	邮购部 62752015　发行部 62750672　编辑部 62750667　出版部 62754962
电 子 邮 箱:	pup_6@163.com
印 　刷 　者:	北京世知印务有限公司
发 　行 　者:	北京大学出版社
经 　销 　者:	新华书店
	787 毫米×1092 毫米　16 开本　17.5 印张　405 千字
	2012 年 9 月第 1 版　　2012 年 9 月第 1 次印刷
定　　　　价:	34.00 元

前　言

　　本书结合了高职院校职业教育课程改革的最新经验，在浙江省高职高专自动化大类专业教育指导委员会指导下编写而成。

　　本书重点讲述三相异步电动机的结构、原理与控制。本书在编写过程中，以电动机控制作为主线条，将电动机的基本常识、电力拖动的基本知识和低压电器及控制的基本知识有机地结合起来。在教学内容的选择上，坚持理论的"必需和够用"原则，力求避免繁琐的理论推导，突出应用性和实用性。在教学内容的编排上，遵循由浅入深、由简到繁的原则。

　　为了增强知识的系统性，本书在每一节的末尾安排有"知识链接"，作为相关知识和内容的补充和扩展。为了增强学生实践技能，本书安排有多个实践项目，通过这些实践项目，既能增加读者对电动机的应用能力，也能使读者加深对理论知识的理解。为便于读者理解，本书选用大量的实物图片和模型图片。为增加可读性，在语言描述上本书力求生动、风趣。

　　台州职业技术学院徐锋负责本书的统稿工作，并编写了第1~6章；台州职业技术学院蒋友明负责编写第7章；台州职业技术学院郑向军负责编写第8章。盛健教授对全书进行审核并对编写提出了诸多宝贵意见。此外，台州职业技术学院孙凌杰、应一镇对全书进行了校对。

　　本书在编写过程中得到了台州市维修电工首席技师李立民、台州市人力资源和社会保障局就业促进和职业能力建设处，以及台州市职业技能鉴定中心相关专家的悉心指导。本书在编写过程中还参考了大量互联网公开的文献资料，但未能逐一注明它们的出处，在此一并表示感谢。

　　建议使用本书开展教学的老师，将教学环境转移到实验实训室，并采用"教、学、做"一体的教学形式，讲授与实践可灵活编排。

　　由于编者水平有限，书中疏漏之处在所难免，恳请各位同行和广大读者批评指正。

徐锋

2012年6月

目 录

第1章

三相异步电动机基本知识

知识目标	了解三相异步电动机的结构、材料；了解电动机相关电磁感应基本知识，理解旋转磁场的产生条件和电动机的工作原理
能力目标	会正确使用工具完成小型笼式电动机的拆装；能读懂电动机铭牌参数的含义

本章导语

1838 年，在俄罗斯涅瓦河的一个码头上，人们惊奇地发现一艘不烧煤、不燃油的机动船正缓缓行驶。至此，德国物理学家莫里兹·海尔曼·雅各比宣告了世界上第一台能提供动力的电动机诞生。今天，电动机已广泛应用于工业、国防等经济建设的各个领域。

1.1 电动机的定义和种类

丹麦物理学家奥斯特在 1820 年发现了电流的磁效应，英国科学家法拉第经过实验证实电磁感应现象的存在。电磁感应理论为电动机的发明奠定了基础。电力的产生和电动机的应用为人类现代文明奠定了物质基础。

电动机是一种把电能转变成机械能的电气设备，它拖动生产机械完成各种复杂和繁重的工作。电动机无处不在，例如，家庭中使用的洗衣机、电冰箱、空调外机、排风扇，交通运输中使用的电瓶车、电力机车，工矿企业中使用的机床、起重设备等，它们都是靠电动机来驱动的。人类若是离开了电动机，干起活来可就累了！

图 1.1 是电动机应用的例子。

(a) 数控机床　　　　　(b) 和谐号动车　　　　　(c) 汽车起重机

图 1.1　电动机应用举例

电动机形状不一，大小不同，小的电动机可以放在手掌上，大的电动机则要用汽车才拉得动。例如，电脑里面用来冷却的风扇所用的电动机就很小，只有手指那么大；而用来拖动机车的电动机就很大，直径就超过 1m。

图 1.2 是几款电动机的外形图。

(a) 洗衣用电动机　　(b) 普通电动机　　(c) 牵引电动机

图 1.2　几款不同形状、大小的电动机

1.1.1　电动机的定义

电动机(Motors)是根据通电导线在磁场中受力而运动的原理制成的，是一种实现能量转换的电磁设备；运行时，电动机向电网吸收电能，并将电能转换为机械能，通过电动机的轴输出，实现电能向机械能的转换。

通常电动机的作功部分(转子)做旋转运动，这种电动机称为旋转电动机，例如电动车和风扇上使用的电动机。也有做功部分做直线运动的，这种电动机称直线电动机，例如磁悬浮列车上使用的电动机。

电动机工作效率高，功率范围大，工作时不污染环境，噪声小，能满足各种运行要求，且控制非常方便。所以电动机在工农业生产、交通运输、国防、家电、医疗设备等方面得到广泛应用。

1.1.2　电动机的种类

电动机种类繁多，分类方法也有许多种。可以按工作电源分类，也可按电动机的结构特点、工作原理或用途等进行分类。下面介绍几种常用的分类方法。

（1）按工作电源分类。根据工作电源的不同，电动机可分为直流电动机和交流电动机。交流电动机还可分为单相电动机和三相电动机。

（2）按工作原理分类。根据工作原理的不同，电动机可分为异步电动机和同步电动机。异步电动机又分为感应电动机和交流换向器电动机。感应电动机又可分为三相异步电动机和单相异步电动机。同步电动机可分为永磁式同步电动机、磁阻式同步电动机和磁滞式同步电动机。

（3）按用途分类。按用途的不同，电动机可分为驱动用电动机和控制用电动机。驱动用电动机又分为电动工具用电动机、家电用电动机及机械设备用电动机。控制用电动机又分为步进电动机和伺服电动机等。

在工农业生产中，应用最为广泛的是三相异步电动机。三相异步电动机几乎占到电动机总量的80％以上，它是电动机家族中的主力军。三相异步电动机又可以分为鼠笼式异步电动机(简称笼式电动机)和绕线式异步电动机，而鼠笼式异步电动机又是主力中的主力。

本章主要讲述三相异步电动机(特别是三相鼠笼式异步电动机)的结构、制造所使用的材料、工作原理、机械特性、运行特点等，这些知识将直接影响读者今后对电动机的正确使用。因此，请读者务必认真学习，仔细领会！

 知识链接 1－1

科学家与电动机的发明

"知识链接"在本书中能起到承前启后的作用，它能帮助读者回顾以前学过的知识，以便读者更加透彻地理解当前所学的知识，同时对读者学习后续内容起到铺垫和支持的作用。"知识链接"也能增加读者的知识面和学习兴趣，请读者仔细阅读！

1820 年 4 月的一个晚上，丹麦物理学家奥斯特(Hans Christian Oersted)演示了电流磁效应的实验。当电池与铂丝相连时，靠近铂丝的小磁针摆动了，这就是电流的磁效应。

英国科学家法拉第(Michael Faraday)(图 1.3)从中得到了启发，他认为假如磁铁固定，线圈就会运动。根据这种设想，1821 年他成功地发明了一种装置，在装置内，只要有电流通过线圈，线圈就会绕着一块磁铁不停地转动。

事实上法拉第发明的是第一台电动机，虽然装置简陋，但它却是今天世界上使用的所有电动机的祖先。

1834 年，德国科学家雅可比(Jacobi Carl Gustar Jacob)在两个 U 形电磁铁中间安装了一个六臂轮，每臂带两根棒形磁铁。通电后，棒形磁铁与 U 形磁铁之间产生相互吸引和

图 1.3 英国科学家法拉第

排斥作用，从而带动轮轴转动。后来，雅可比做了一个更大的装置并将它安装在小艇上，用 320 个丹尼尔电池供电，1838 年小艇在易北河上首次航行，当时的时速只有 2.2km/h。

与此同时，**美国的达文波特**也成功地研制出了驱动印刷机的电动机，并将其用来印刷美国电学期刊《电磁和机械情报》。但这两种电动机用电池作电源，成本高且不实用，因而都没有多大商业价值。

1870 年比利时工程师格拉姆发明了直流发电机。在设计上，直流发电机和直流电动机很相似。后来，格拉姆证实向直流发电机输入电流，其转子会像电动机一样旋转。于是，这种格拉姆型电动机被大量制造出来。

与此同时，**德国发明家西门子(Ernst Werner von Siemens)**(图 1.4)开始着手研究由电动机驱动的车辆。1879 年，在柏林工业展览会上，西门子公司不冒烟的电动车赢得观众的一片喝彩。西门子电动车当时只有 3 马力，后来**美国发明大王爱迪生**试验的电动车已高达 15 马力。但当时的电动机全是直流电动机，仅在电动车领域得到大规模应用。

图 1.4 德国科学家西门子

1888 年出生于南斯拉夫的美国发明家特斯拉(Nikola Tesla)发明了交流电动机。它根据电磁感应原理制成，又称感应电动机，这种电动机结构简单，使用交流电，无需整流，也不产生电火花，因此被广泛应用于工业和家用电器中，交流电动机通常由三相交流供电。

电动机的发明是具有划时代意义的，它凝聚着世界上一大批科学家的集体智慧。电动机的出现也为欧洲第二次工业革命（Second Industrial Revolution）奠定了基础。

考考您！

1. 什么是电动机？电动机有什么用？列举出不少于 5 个日常生活中使用电动机的例子。

2. 电动机的分类方法很多，除了文中提到的 3 种以外，查阅相关资料再举出两种分类方法。

3. 三相异步电动机有哪些类型？它是使用直流电还是交流电？家用电器中使用的电动机是三相异步电动机吗？为什么？

4. 您知道欧洲第二次工业革命开始的标志吗？上网查一查并用 200 字左右简单描述一下第二次工业革命是怎么回事。

5. 英国人法拉第是一位伟大的科学家，他一生中最伟大的贡献是什么？上网查一查，用 200 字左右描述法拉第的生平事迹。

1.2 三相异步电动机的结构

通过以下内容的学习，应当了解三相异步电动机的结构，掌握三相异步电动机定子和转子使用的磁性材料、绝缘材料、导体材料以及支撑材料的特点；分清鼠笼式异步电动机和绕线式异步电动机在结构上的不同之处。

1.2.1 三相异步电动机的结构

要想知道电动机的结构，最好的办法是把电动机拆开看个究竟。不过拆装之前，还是先通过图片了解一下电动机各个组成部分的形状吧！

三相异步电动机可分为三相鼠笼式异步电动机（下称笼式电动机）和三相绕线式异步电动机（下称绕线式电动机）两类。其中，鼠笼式异步电动机使用最为广泛。

三相异步电动机主要由定子和转子两大部件构成。

图 1.5 为普通三相鼠笼式异步电动机结构示意图。

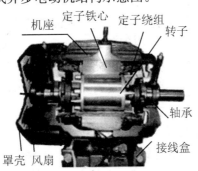

图 1.5 普通三相鼠笼式异步电动机结构示意图

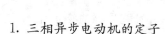
1. 三相异步电动机的定子

电动机固定不动部分叫定子，它由定子铁心、定子绕组、机座等组成。定子和转子之间为气隙。

（1）定子铁心。定子铁心用来导磁和安放绕组，一般由 0.35～0.5mm 厚、表面涂有绝缘层的硅钢片叠压而成。在铁心的内圆冲有均匀分布的槽，用以嵌放定子绕组。

（2）定子绕组。用导电性能良好的铜线制成。将绕制成型的定子绕组放入定子槽中，再将定子放入机座(壳)内就构成了完整的电动机定子。

图 1.6 为定子铁心与散嵌绕组结构图。

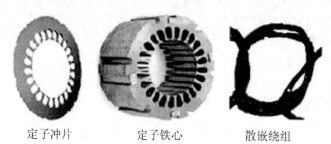

定子冲片　　　　　定子铁心　　　　　散嵌绕组

图 1.6　定子铁心及绕组示意图

（3）机座。用于固定和支撑定子铁心及端盖，因此要求机座有一定的机械强度。中小型电动机的机座一般用铸铁或铸铝浇注而成，大型电动机则采用钢板焊接而成。

图 1.7 所示示意图反映了定子的构成。

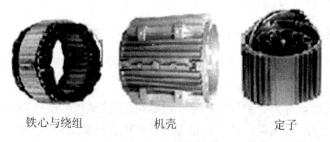

铁心与绕组　　　　　机壳　　　　　定子

图 1.7　定子结构示意图

（4）气隙。定子与转子之间的空隙称为气隙。中小型异步电动机的气隙一般为 0.2～1.5mm。气隙的大小对电动机性能影响较大，气隙大，磁阻也大，产生同样大小的磁通，所需的励磁电流就越大，电动机的功率因数也就越低。但气隙过小，会给电动机的装配造成困难，运行时定子、转子容易发生摩擦，使电动机运行不可靠。

2. 三相异步电动机的转子

异步电动机旋转部分叫转子。转子由转子铁心和转子绕组构成。转子铁心所用材料与定子相同，用 0.35～0.5mm 厚的硅钢片冲制、叠压而成，硅钢片外圆冲有均匀分布的孔或槽，用来安放转子绕组。

图 1.8 为转子铁心结构示意图。

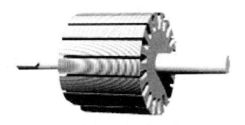

图 1.8　转子铁心结构示意图

（1）鼠笼式异步电动机转子。转子绕组由插入转子槽中的多根导条和两个环型的端环组成。若去掉转子铁心，整个转子绕组就像一个鼠笼，这也是鼠笼式异步电动机名称的由来。

中、小型鼠笼式异步电动机采用铸铝转子绕组，对于 100kW 以上的电动机采用铜条和铜端环焊接而成。

图 1.9 为鼠笼式异步电动机转子导体结构示意图。

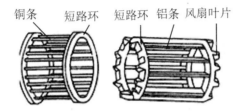

图 1.9　鼠笼式异步电动机转子导体结构示意图

另一种异步电动机称为绕线式异步电动机，它的定子与鼠笼式异步电动机完全相同，但它的转子绕组结构与鼠笼式异步电动机不同，是由导线绕制而成，所以称这种电动机为绕线式异步电动机。

（2）绕线式转子。绕线式异步电动机转子绕组与定子绕组相似，是一个对称的三相绕组，一般接成星形，3 个出线头接到转轴的 3 个集流环上，再通过电刷与外电路连接。

图 1.10 为绕线式异步电动机转子结构示意图。

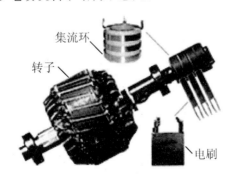

图 1.10　绕线式异步电动机转子结构示意图

绕线式异步电动机结构较复杂，应用不如鼠笼式异步电动机广泛。但绕线式异步电动机通过集流环和电刷在转子绕组回路中串入附加电阻、频敏变阻器等元件后，可以改善电动机的启动、制动及调速性能，故在一定范围内还有应用。

电动机尽管种类繁多，但它们的结构基本相似，都是由定子和转子组成。定子固定不动，用来安装转子和其他部件，例如风扇、前后端盖等；而转子则通过旋转带动机械工作，达到做功的目的。

1.2.2　三相异步电动机的材料

三相异步电动机中使用的材料有四大类，即导电材料、导磁材料、绝缘材料和机械支撑材料。不只是三相异步电动机，其他电动机使用的材料也是一样的。

（1）导电材料。主要用于构成电动机的各种绕组，是电路的一部分。通常用导电性能良好的铜、铝制成。例如，鼠笼式异步电动机的定子绕组和转子导条。

（2）导磁材料。主要用以构成电动机的磁路，通常用厚度为 0.35～0.5mm，两面涂有绝缘漆的导磁性能良好的硅钢片叠成。例如，鼠笼式异步电动机的铁心。

（3）机械支撑材料。用铸铁、钢板或铝合金制成，用以安装电动机的各个组成部件。例如，鼠笼式异步电动机的外壳或机座。

（4）绝缘材料。用来隔离带电部分与非带电部分。常用云母、陶瓷等材料制成。按国际电工协会规定，绝缘材料的绝缘等级（所用绝缘材料的耐热等级）共分 Y、A、E、B、F、H、C 7 级。

绝缘材料的绝缘等级决定了电动机能承受的最高温度。由于绝缘材料是电动机内部最脆弱的材料，当电动机温度过高时，首先遭到破坏的就是绝缘材料。例如，高温下绝缘材料加速老化、绝缘性能变差直至电动机烧毁。

表 1-1 为 5 种常用绝缘材料的极限允许温度。

表 1-1　绝缘材料的极限允许温度表

等　级	绝缘材料	最高允许温度/℃	最高允许温升/℃
A	经过浸渍处理的棉、丝、纸板、木材和普通绝缘漆等	105	65
E	环氧树脂、聚酯薄膜、表壳纸、三醋酸纤维薄膜和高强度绝缘漆等	120	80
B	提高了耐热性能的有机漆作黏合剂的云母、石棉和玻璃纤维组合物	130	90
F	耐热优良的环氧树脂黏合或浸渍的云母、石棉和玻璃纤维组合物	155	115
H	硅有机树脂黏合或浸渍的云母、石棉和玻璃纤维组合物和硅有机橡胶	180	140

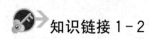
知识链接 1-2

磁性材料与电磁铁

电动机的工作原理是建立在电磁感应的理论基础上的。而磁性材料的出现为电动机的制造奠定了物质基础。那么什么是磁现象？什么又是磁性材料？磁性材料又有什么特点呢？它在现代工农业生产中又有什么作用呢？

战国末年秦国宰相吕不韦编著的《吕氏春秋》中有"慈招铁，或引之也"的记载。当时的秦国人称"磁"为"慈"，把磁石吸引铁看作是母亲对子女的吸引，但石有慈和不慈两种，慈爱的石头能吸引他的子女，不慈爱的石头就不能吸引了。

西汉时候人们已经认识到磁只能吸引铁质材料，而不能吸引金、银、铜等金属和砖瓦之类的非金属材料。

北宋的沈括在《梦溪笔谈》中提到"方家以磁石摩针锋，则针能指南"。按沈括的说法，当时的人用磁石去摩擦缝衣针，就能使针变成指南针，也就是说针带上了磁性。

从现在的观点来看，沈括在故事中提到的现象就是物体的磁化现象。

现代科学已经证明，有些原本对外不显示磁性的材料，经磁化处理后能变成具有很强磁性的磁体。磁化理论为后人制造永磁体奠定了基础。

1820年丹麦物理学家奥斯特发现了电流的磁效应，这又为人类制造电磁铁提供了理论依据。

天然磁石(主要是指磁铁矿，如四氧化三铁等)的磁性很弱，因此使用范围十分有限。但电磁铁(人造磁铁)的磁性可以做到很强，并且易于控制，因而得到广泛应用。

如图1.11所示，起重机上的电磁吸盘具有很强的磁性，可以吸起比自身重量大几十倍的磁性物体。

图 1.11　人造磁铁的应用

很多低压电器的动作机构都采用电磁铁来驱动。图1.12(a)和图1.12(b)分别为直流继电器的结构和工作原理示意图。

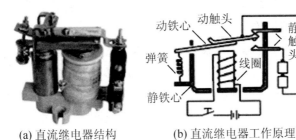

(a) 直流继电器结构　　　　(b) 直流继电器工作原理

图 1.12　电磁铁在继电器中的应用

在高中物理中有空心线圈和铁心线圈产生的磁场大小比较的实验。两个结构完全相同的线圈，一个绕在铁质材料上，另一个则绕在木棒上或空心。当通以相同电流时，两个线圈产生的磁场强弱完全不同，绕在木棒上或空心的线圈产生的磁场很弱，而绕在铁心上的线圈产生的磁场则很强，比木棒或空心线圈产生的磁场要强数百倍或数千倍。

显而易见，绕制线圈的骨架材料对磁场的强弱产生了很大的影响。

科学实验表明，自然界中的铁、钴、镍及其合金等能够直接或间接产生磁性，这类物质称为磁性材料。

磁性材料主要分为软磁材料和硬磁材料两大类。软磁材料主要有铁硅合金、纯铁及低碳钢等；硬磁材料包括铝镍钴、钐钴、铁氧体和钕铁硼等。

那么磁性材料为什么会影响磁场的强弱呢？

(1) 磁性材料的磁化现象。将磁性材料置于外加的磁场中，原本不显示磁性的材料呈现出磁性，这一现象称为材料的磁化现象，而非磁性材料则不具备这种特性。

(2) 磁性材料内部的磁畴。磁性材料之所以会被磁化是因为其内部存在大量自发磁化的小区域——磁畴(图1.13中箭头所示)。可以把磁畴看成为很小的磁体，这些小磁体在磁性材料内部的排列杂乱无章，磁性相互抵消，因此对外不能显示出磁性。

(3) 磁性材料的磁化过程。当磁性材料处在外加磁场中时，磁性材料内部的磁畴将受到外加磁场的作用而变得排列有序(图1.13(a)、图1.13(b)所示)，原本相互抵消的磁性此时将得到加强，从而对外显示出磁性。

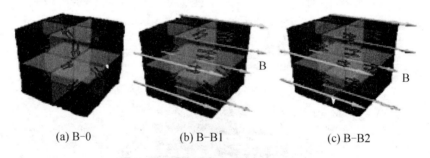

(a) B-0   (b) B-B1   (c) B-B2

图1.13 磁性材料的磁化过程示意图

(4) 磁饱和现象。磁化的效果与外加磁场的大小有关，随着外加磁场的增加，磁性材料内部的磁畴排列愈趋整齐，因而显示出更强的磁性。当内部的磁畴排列整齐后即便再增加外加磁场，磁性材料的磁场也基本不再发生变化，这种现象称为磁饱和。

硬磁性材料是指磁化后能长久保持磁性的材料。这些材料常应用于磁记录，如录音磁带、电脑磁盘粉、录像磁带等。

软磁材料磁化后不能保持原有的磁性。软磁材料主要用来制造变压器、电磁铁和电动机等。

硅钢是一种含碳极低的硅铁软磁合金，一般含硅量为0.5%~4.5%。硅钢具有较高的电阻率和磁导率，较低矫顽力和铁心损耗，是一种电磁性能优良的电工材料，在电工仪表、电力、电信中得到广泛的应用。

实践项目 1　鼠笼式异步电动机的拆装

电动机进行维修或定期保养时，有时需要对其进行拆装。如果拆装方法不当，可能会造成电动机零部件的损坏，引发新的故障。因此，正确拆装电动机是确保检修质量的前提。拆装电动机是读者应当学会的专业技能！

知识要求	了解鼠笼式异步电动机的基本结构，掌握小型鼠笼式异步电动机拆装步骤和拆装工艺。通过拆装实践，进一步了解鼠笼式异步电动机的制造材料
能力要求	掌握鼠笼式异步电动机拆装时的步骤和注意事项，会正确使用工具完成鼠笼式异步电动机的拆卸和装配

1. 电动机拆装的工具

电动机的拆卸需要有借助工具的帮助。在小型鼠笼式异步电动机拆卸工作中，常用的工具有：螺丝刀、铁钳、扳手、套筒、铁锤、斜口钳、电工凿、内六角扳手、橡胶锤、铜棒和拉力器。

电动机的轴上有轴承，风扇、联轴器、皮带轮或齿轮等旋转部件，这些部件需要用到拉力器才能拆卸下来。

图 1.14 所示为电动机拆卸时经常使用的拉力器的外形，拉力器俗称拉马。

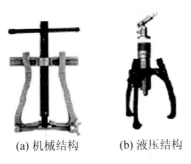

(a) 机械结构　　　　(b) 液压结构

图 1.14　常见拉力器

2. 鼠笼式异步电动机的拆卸步骤

鼠笼式异步电机拆卸前应测量并记录联轴器或皮带轮与轴台之间的距离、电动机的出轴方向、引出线在机座上的出口方向，以避免恢复时出现错误。

图 1.15 所示为鼠笼式异步电动机拆卸顺序示意图。

鼠笼式异步电动机拆卸顺序如下：

①卸下皮带轮或联轴器，拆下电动机尾部风扇罩→②卸下定位键或定位螺丝，拆下风扇→③旋下前后端盖及螺钉，拆下前轴承外盖→④用木板垫在转轴前端，将转子连同后端盖一起用锤子从止口中敲出→⑤抽出转子→⑥将木方伸进定子铁心顶住前端盖，再用锤子敲击木方卸下前端盖，最后拆卸前后轴承及轴承内盖。

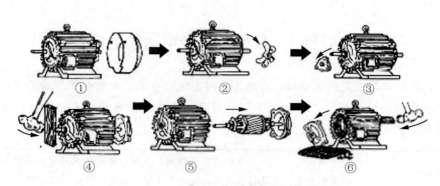

图 1.15　小型笼式电动机的拆卸顺序

3. 鼠笼式异步电动机主要部件拆卸

小型鼠笼式异步电动机拆卸并不困难，只是有些零件的拆卸，可能会用到拉力器等专用工具。例如，电动机轴上的皮带轮、联轴器、轴承等零件的拆卸。

（1）皮带轮、联轴器拆卸。先在皮带轮或联轴器的轴伸端做好尺寸标记，然后旋松皮带轮上的固定螺丝或敲去定位销，给皮带轮或联轴器的内孔和转轴结合处加入适量煤油，稍等渗透后，使锈蚀的部分松动，再用拉具将皮带轮缓慢拉出。

图 1.16 所示为皮带轮拆卸示意图。

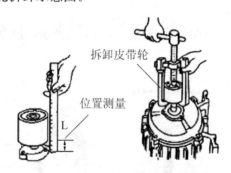

图 1.16　皮带轮的拆卸方法

若拉不出时，可用喷灯急火在皮带轮或联轴器外侧轴套四周加热，加热时需用石棉或湿布把轴包好，并向轴上不断浇冷水，以免使其随同外套膨胀，影响皮带轮或联轴器的拉出。加热温度不能过高，时间不能过长，以防变形。

（2）转子拆卸。抽出转子之前，在转子下面气隙和绕组端部垫上厚纸板，以免抽出转子时碰伤铁心和绕组。对于小型电动机的转子可直接用手取出。操作时，一手握住转子轴，把转子拉出一些，随后另一手托住转子铁心渐渐往外移。

图 1.17 所示为小型笼式电动机转子的拆卸示意图。

拆卸稍大电动机转子时，可两人一起操作，每人抬住转轴的一端，渐渐地把转子往外移。若铁心较长，有一端不好出力时，可在轴上套一节金属管，当作假轴以方便出力和移动。

图 1.18 为稍大笼式电动机转子的拆卸示意图。对大型的电动机的转子必须用起重设备吊出。

图 1.17　小型笼式电动机转子的拆卸

图 1.18　较大电动机转子的拆卸

（3）轴承的拆卸。轴承的拆卸可采取以下 4 种方法。

① 用拉力器进行拆卸：拆卸时拉力器钩爪要抓牢轴承内圈，以免损坏轴承。

② 用铜棒拆卸：如图 1.19(a)所示，将铜棒对准轴承内圈，用锤子敲打铜棒。操作时要注意轮流敲打轴承内圈的相对两侧，用力不要过猛，直到把轴承敲出为止。

③ 铁板夹住拆卸：如图 1.19(b)所示，用两块厚铁板夹住轴承内圈，铁板两端用可靠支撑物架起，使转子悬空，然后在轴上端面垫上厚木板并用锤子敲打，使轴承脱出。

④ 端盖内孔轴承拆卸：如图 1.19(c)所示，将端盖止口面向上平稳放置，在轴承外圈的下面垫上木板，但不能顶住轴承，然后用一根直径略小于轴承外沿的铜棒或其他金属管抵住轴承外圈，从上往下用锤子敲打，使轴承从下方脱出。

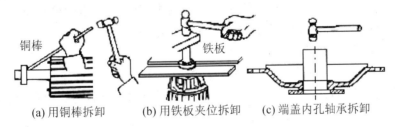

铜棒　　　　　　　　　　　　铁板

(a)用铜棒拆卸　　　(b)用铁板夹位拆卸　　　(c)端盖内孔轴承拆卸

图 1.19　电动机轴承的拆卸方法

考考您！

1. 鼠笼式异步电动机由哪些部分组成？各组成部分的作用和使用的材料分别是什么？

2. 鼠笼式异步电动机与绕线式异步电动机在结构上有什么区别？哪一种电动机结构更简单？为什么？

3. 电动机中使用的绝缘材料按国际电工协会规定分成几级？哪一级材料允许承受的温度最高？

4. 绕线式异步电动机与鼠笼式异步电动机转子绕组使用的材料有什么区别？制造工

艺上又有什么不同？

5. 什么是磁性材料？它有什么特点？请列举 3 个磁性材料在日常生活中应用的例子。

6. 什么是磁性材料的磁化现象？硬磁材料和软磁材料磁化后表现出来的性质有什么特点？电动机铁心材料是硬磁材料还是软磁材料？

7. 鼠笼式异步电动机拆卸时应注意哪些问题？异步电动机转子从定子中抽出时应当怎么做？

8. 想一想，如何才能把鼠笼式异步电动机安装回去。

1.3 三相异步电动机的工作原理

通过以下内容的学习，了解三相异步电动机绕组结构特点、连接方式，理解三相异步电动机极对数、同步转速、旋转磁场、转差率、电磁转矩等物理量的基本概念，掌握三相异步电动机工作的原理和电动机铭牌参数的物理意义。

1.3.1 三相异步电动机的工作原理

 异步电动机的理论依据

异步电动机的工作是建立在电磁感应的理论基础上的。要想弄清楚电动机的工作原理，有必要先复习高中物理中讲到的电流的磁场、电磁感应和电磁力等相关知识。不知是否还记得？"知识链接 1-3"将复习有关这方面的知识。

简单地说，当三相异步电动机定子绕组通以三相交流电流时，定子绕组就会产生磁场（电生磁现象），这个磁场是旋转的，于是电动机转子绕组与旋转磁场间产生了相对运动，使转子导体切割磁场，从而在转子绕组中产生感应电流（动磁生电现象），转子中感应电流又受到磁场力的作用并在磁场力的作用下产生旋转运动。

先看图 1.20 所示的实验。

在实验中，当摇动手柄使 U 形磁铁转动时，就形成了一个旋转磁场，在这个旋转磁场内的笼式转子（线圈）就会顺着旋转磁场的方向转动起来。这就是三相异步电动机的工作原理！

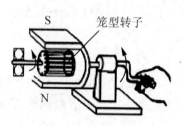

图 1.20 异步电动机原理实验

🔑 那么到底如何解释这种现象？

图 1.21 可以帮助理解三相异步电动机的工作原理。

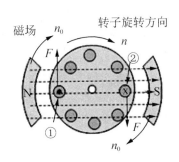

图 1.21　异步电动机原理

当磁极（N—S）以 n_0 的速度顺时针方向转动时，转子槽中的导体（只分析①和②两根）就以与 n_0 相反的运动切割磁场，根据右手定则可以知道，导体中的感应电流方向如图 1.21 所示，而该电流又受到磁场的作用，其受力方向可用左手定则判断。于是电动机转子就顺着旋转磁场的方向转动起来。

当然，三相异步电动机的磁场不是用永久磁铁产生的，而是定子绕组通以三相交流电流后产生的。可以说定子是用来产生磁场的，而转子则是产生感应电流以及磁场力的部件。

三相异步电动机的工作原理如图 1.22 所示。

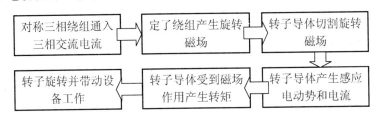

图 1.22　三相异步电动机的工作原理

从上述分析可以知道，旋转磁场是三相异步电动机转动的关键。

那么旋转磁场又是如何产生的？

三相异步电动机之所以能转动，重要的原因是因为定子绕组通以三相交流电流后产生了旋转磁场。要搞清这个问题，需要了解异步电动机定子绕组的结构特点。

1. 三相异步电动机定子绕组的结构

在三相异步电动机的定子铁心上，按一定规律分布着完全相同的三组线圈，称为三相绕组。每一相绕组都有若干个线圈按一定方式连接而成。

异步电动机定子绕组的线圈有很多种形状，但应用最多的是叠形线圈和波形线圈，小型异步电动机一般采用叠形线圈。

图 1.23 是三相异步电动机叠形线圈和波形线圈的示意图。

三相异步电动机的旋转磁场与电动机的极对数、定子绕组的结构有关。

电动机定子绕组的连接比较复杂，从实物展开图中无法看出绕组的连接特点。为了便于分析，通常采用绕组的展开图画法。

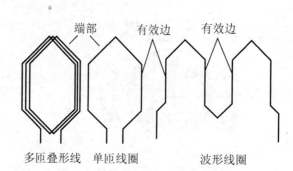

图 1.23　几种定子线圈的形状

图 1.24 是某台三相异步电动机定子绕组实际展开图。它由完全相同的、在空间相差 120°电角度安装的三相绕组构成。

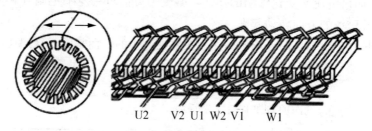

图 1.24　异步电动机定子绕组展开图

图 1.25 是一台四极 36 槽异步电动机定子 U 相绕组的展开图。通常只需画一相就可以了，因为其他两相只是位置不同而已。

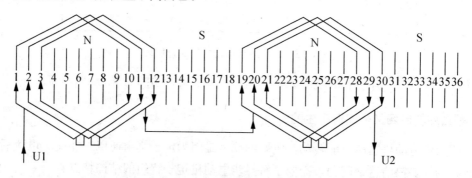

图 1.25　四极 36 槽定子绕组展开图(叠形绕组，单层线圈)

从图 1.25 上可以看出该电动机定子 36 根槽，由于是单层分布，因此每相绕组共有 6 个叠形线圈串联而成。当通入电流后，电动机将在气隙中产生四极磁场。

三相异步电动机的机座上有一个接线盒，每相定子绕组的首、尾端全部引到了接线盒中。打开线盒后，通常会看到有 6 个接线端(个别只有 3 个接线端)，标号分别是 U1—U2(U 相绕组首尾端)，V1—V2(V 相首尾端)和 W1—W2(W 相绕组首尾端)。

电动机定子绕组在接入三相交流电之前，必须先接成星形(丫)或三角形(△)。具体接法要根据电动机铭牌上的参数而定。

(1) 星(丫)形接法。将三相绕组的尾端(或首端)连接在一起，首端(或尾端)分别接三相电源。即 U2、V2、W2 短接，U1、V1、W1 接三相电源。

（2）三角形（△）接法。将三相绕组的首尾端连接在一起，即 U1—W2，V1—U2，W1—V2 相连，然后将 3 个接点接到电源上。

图 1.26 为三相异步电动机定子绕组不同接法时接线盒的接线图和内部绕组连接示意图。图 1.26（a）为丫形接法时的情况、图 1.23（b）为△形接法时的情况。

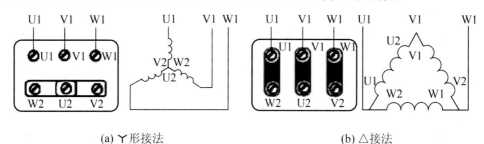

(a) 丫形接法　　　　　　　　　　　　　(b) △接法

图 1.26　定子绕组的连接方法

2. 三相异步电动机旋转磁场的形成

三相异步电动机旋转磁场形成的过程比较复杂，也比较抽象。下面通过电动机模型（每相绕组仅有一个线圈的异步电动机)为例进行分析，这样更有助于理解旋转磁场的形成过程。

 什么是电动机模型？

电动机模型是指简化后的电动机。尽管模型与实际电动机在结构上有区别，但它们的电磁特点和工作原理完全相同，因此通过对模型的分析就可以了解实际电动机的基本情况！

图 1.27(a)和图 1.27(b)是一台两极三相异步电动机的模型及绕组展开图，它的每相绕组仅由一个线圈构成。先让定子绕组通以三相正弦交流电流，下面来分析旋转磁场的产生过程。

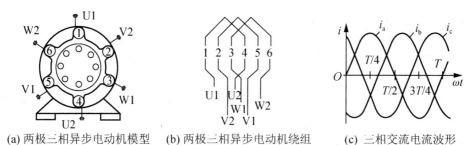

(a) 两极三相异步电动机模型　　(b) 两极三相异步电动机绕组　　(c) 三相交流电流波形

图 1.27　两极三相异步电动机模型及三相电流波形

图 1.27(c)为三相交流电流波形。电流的表达式分别为

$$i_a = I_m \sin\omega t;\quad i_b = I_m \sin(\omega t + 120°);\quad i_c = I_m \sin(\omega t + 240°);$$

假设异步电动机定子绕组已经接成星（丫）形，并规定电流流入绕组首端为正，流出绕组首端为负。

图1.28为三相定子绕组通入正弦交流电流时，在一个周期的不同时刻，电动机定子绕组产生的磁场的变化情况。

（1）在 $t=0$ 时刻。$i_a=0$、$i_b<0$、$i_c>0$；各相绕组产生的合成磁场如图1.28(a)所示。

（2）在 $t=T/4$ 时刻。$i_a>0$、$i_b<0$、$i_c<0$；各相绕组产生的合成磁场如图1.28(b)所示。

（3）在 $t=T/2$ 时刻：$i_a=0$、$i_b>0$、$i_c<0$；各相绕组产生的合成磁场如图1.28(c)所示。

（4）在 $t=3T/4$ 时刻：$i_a<0$、$i_b>0$、$i_c>0$；各相绕组产生的合成磁场如图1.28(d)所示。

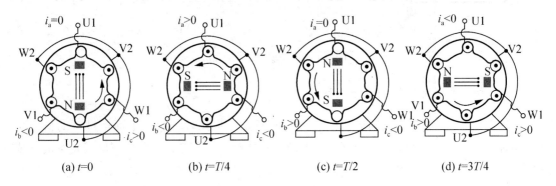

(a) $t=0$ (b) $t=T/4$ (c) $t=T/2$ (d) $t=3T/4$

图1.28 绕组通三相交流电后产生的旋转磁场

很显然，该磁场是一个沿逆时针方向旋转的磁场。虽然只分析了一个周期中的4个不同时刻对应的磁场情况，但是可以想象，只要三相电流不中断，磁场将不断旋转下去。

3. 三相异步电动机旋转磁场的速度

旋转磁场是交流电动机运行的关键，通常把旋转磁场的速度称为同步转速。同步转速通常用符号 n_0 表示。电动机的转速（转子的旋转速度）与同步速度之间有着密切的关系。

🗝 **同步转速与哪些因素有关？**

对于两极（一对极）电动机来说，当电流变化一周（一个周期）时，旋转磁场正好旋转一圈，如图1.28所示。

那么对于四极（二对极）电动机，当电流变化一个周期时，旋转磁场又转动了多少角度呢？

图1.29为该电动机 U 相绕组展开图。该电动机每相绕组由两个线圈串联而成，当通以三相正弦交流电流后，电流变化一个周期时，旋转磁场变化情况如图1.30所示。

从图1.30中可以清楚地看出，四极电动机定子电流变化一个周期时，磁场旋转半圈，比两极电动机速度慢一倍。

通过以上分析不难发现：磁场的旋转速度与电动机的极数有关，也与电源的频率有关。而电动机的极对数则由定子绕组的结构决定。

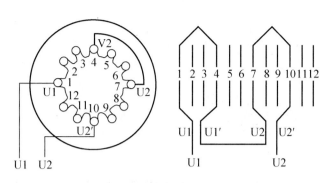

图 1.29　四极电动机 U 相绕组分布及展开图

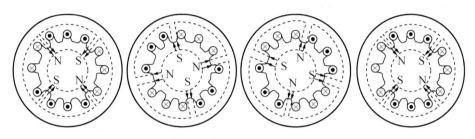

图 1.30　四极异步电动机旋转磁场的速度分析

进一步分析发现，旋转磁场与电动机的极对数、电源的频率之间存在以下关系。

$$n_0 = 60f/P$$

上式中，n_0 为同步转速，单位为 r/min（转/分）；f 为电源频率，单位为 Hz；P 为电动机的极对数。

我国标准交流电源频率为 50Hz，并被称为工频交流电。电动机极对数不同时，同步转速也不同。

表 1-2 为工频情况下，对应不同极对数时的同步转速。

表 1-2　不同极对数三相异步电动机在工频情况下的同步转速

电动机极对数	同步转速(r/min)	电动机极对数	同步转速(r/min)
$P=1$	$n_0=3000$	$P=4$	$n_0=750$
$P=2$	$n_0=1500$	$P=5$	$n_0=600$
$P=3$	$n_0=1000$	$P=6$	$n_0=500$

4. 三相异步电动机旋转磁场的方向

旋转磁场的速度由电动机的极对数和电源频率决定，那么旋转磁场的旋转方向是由什么决定呢？

下面以两极电动机模型为例进行分析。

为了分析方便，将两极电动机模型、通入的三相交流电流波形重画，如图 1.31 所示。

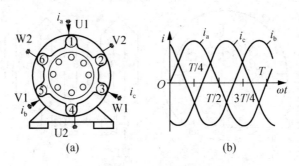

图1.31 两极电动机模型及电流波形

在图1.27中，电动机三相绕组所加电源的顺序（称为相序）为：U相绕组电流超前V相绕组电流120°，V相绕组电流超前W相绕组电流120°。也就是说，电源的相序为U→V→W。

在图1.31中，电动机三相绕组所加电源的相序为：U相绕组电流超前W相绕组电流120°，W相绕组电流超前V相绕组电流120°，即相序为U→W→V。

图1.32电动机定子绕组已经接成星（Y）形，假设流入绕组首端的电流为正。在一个周期的3个不同时刻电动机定子绕组产生的磁场的变化情况如下所示。

在$t=0$时刻：各相绕组产生的合成磁场的方向如图1.32(a)所示；

在$t=T/4$时刻：各相绕组产生的合成磁场的方向如图1.32(b)所示；

在$t=T/2$时刻：各相绕组产生的合成磁场的方向如图1.32(c)所示。

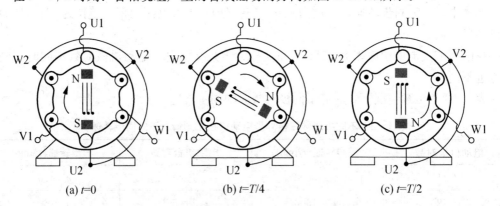

图1.32 绕组通入三相交流电流后产生的磁场

通过分析一个周期内不同时刻的磁场变化情况，不难发现，此时磁场的旋转方向是顺时针方向，与图1.28时的情况正好相反。

图1.28与1.32两种情况的区别仅仅在于，施加在定子绕组上电源的相序不同，因此可以得出以下重要结论：

旋转磁场的方向由施加在电动机上的电源相序决定，改变施加在定子绕组上的电源相序就可以改变旋转磁场的方向。

由于异步电动机旋转的方向与旋转磁场的方向一致，因此要改变电动机的旋转方向，只需要把3根电源线中的任意两根对调即可。

5. 三相异步电动机的旋转速度

电动机转子因受到电磁力的作用而旋转，转子受到电磁力的原因是由于转子导体中有感应电流存在，而转子中产生的电流又是因为转子与同步转速之间有相对运动，即转子导体在切割磁场。

🔑 **那么异步电动机的旋转速度是多少？又与哪些因素有关？**

如果说电动机的旋转速度（n）与同步转速（n_0）相等，那么转子与旋转磁场之间的相对运动就不存在了，即转子导体不再切割磁场，转子导体中的电流就会消失，从而使转子上的电磁力消失，电动机会停止运行。显然这与平常看到的电动机连续运行的现象是不相符的。因此电动机工作时的转速与同步转速是不相等的。

 这种电动机为什么被称为异步电动机？

要保持电动机稳定旋转，电动机的转速 n 不可能与旋转磁场的速度相同，一定要"异"于旋转磁场的速度，这样转子才能产生持续不断的电磁力推动电动机转动。异步电动机的转速"异"于同步转速这正是"异步电动机"名称的由来。

通过以上分析，就不难明白，电动机的同步转速 n_0 与电动机的转速 n 有差异是异步电动机运行的必要条件。通常把同步转速 n_0 与转子转速 n 二者之差称为"转差"，"转差"与同步转速 n_0 的比值称为转差率（s），表示为

$$s=(n_0-n)/n_0$$

转差率 s 是三相异步电动机运行时的一个重要物理量，当同步转速 n_0 一定时，转差率的数值与电动机的转速 n 相对应，正常运行的异步电动机，一般 $s=0.01\sim0.05$，n 约在 $(0.99\sim0.95)n_0$ 之间，非常接近同步转速。

综合前面所述，三相异步电动机具有以下特点：

（1）三相异步电动机同步转速的大小正比于电源频率、反比于电动机极对数。改变电动机电源的相序可以改变旋转磁场的旋转方向。

（2）三相异步电动机的极对数由电动机定子绕组的结构决定。

（3）三相异步电动机正常运行时，其旋转方向与旋转磁场方向一致，但速度略低于同步转速。

（4）三相异步电动机的旋转方向正常情况下始终与旋转磁场的方向一致，因此改变旋转磁场的方向就能改变电动机的旋转方向。

（5）三相异步电动机定子绕组有丫形和△形两种接法，电动机的接法与施加的电压有关，所以在使用电动机前一定要看清楚它的接法。

下面的例子可以加深对三相异步电动机的极对数、同步转速、转差率等物理量之间关系的理解。

【例1-1】某三相异步电动机的电源频率 50Hz，空载转差率 $s_1=0.00267$，额定转速 $n_N=730$r/min。试求：电机的极对数 p、同步转速 n_0、空载转速 n_1、额定转差率 s_N 分别是多少？

解：三相异步电动机工作时，额定转速略小于同步转速。由此可知，电动机的同步转速应为 $n_0 = 750 \text{r/min}$。

电动机的极对数为 $p = 60f/n_0 = 60 \times 50/750 = 4$。

电动机额定转差率为 $s_N = (n_0 - n_N)/n_0 = (750 - 730)/750 = 0.0267$。

电动机空载转速为 $n_1 = (1 - s_1) \times n_0 = (1 - 0.00267) \times 750 = 748 \text{r/min}$。

1.3.2　三相异步电动机的铭牌参数

在电动机机座上都有一个铭牌，如同人的身份证，它记录着电动机的型号、额定电压、额定功率、额定效率、防护等级、绝缘等级等各种参数和定子绕组连接方法等。所以在使用异步电动机之前必须看清楚！

1. 三相异步电动机的型号

图 1.33 为一台型号为 Y132S2‐2 的三相异步电动机的铭牌，下面以此为例说明各种数据的含义。

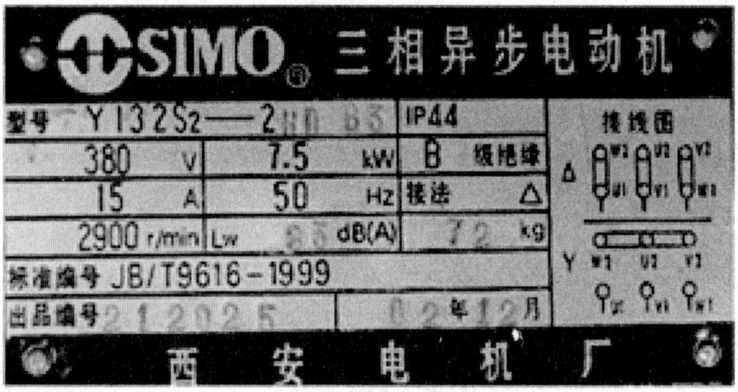

图 1.33　三相异步电动机铭牌

型号用来表明电动机类型、规格、结构特征和使用范围等。一般用大写印刷体的汉语拼音字母和阿拉伯数字组成。

Y132S2‐2 表示二极三相异步电动机，机座中心高为 132mm，短机座。

目前市场上主要使用的异步电动机产品主要有以下几种。

（1）Y 系列。一般小型全封闭自冷式三相异步电动机。主要用于金属切削机床、通用机械、矿山机械和农业机械等。

（2）YD、YR 和 YB 系列。YD 系列为变极多速三相异步电动机；YR 系列为三相绕线式异步电动机；YB 系列为防爆型鼠笼式异步电动机。

（3）YZ 和 YZR 系列。起重和冶金用三相异步电动机，YZ 为鼠笼式；YZR 为绕线式。

我国生产的异步电动机种类很多，有老系列和新系列之分。目前老系列虽然已不再生产，但依然在使用，如表 1‐3 所列。

表 1-3 异步电动机新旧产品代号对照表

产品名称	新代号	老代号	意 义
异步电动机	Y	J、JO、JS、JK	异
绕线转子异步电动机	YR	JR、JRO	异绕
高启动转矩异步电动机	YQ	JQ、JQO	异起
多速异步电动机	YD	JD、JDO	异多
精密机床异步电动机	YJ	JJO	异精

2. 三相异步电动机的额定值

电动机在额定状态下运行时的参数称为额定值，主要包括额定功率 P_N、额定电压 U_N、额定电流 I_N、额定频率 f_N 和额定转速 n_N 等。

（1）额定功率 P_N。电动机在额定状态下运行时，电动机轴上输出的机械功率，功率单位为 kW。例如，图 1.33 铭牌对应电动机额定功率为 7.5 kW。

（2）额定电压 U_N。电动机额定状态运行时，定子绕组上施加的电压，电压的单位为 V。有的铭牌给出了两个电压值，分别对应定子绕组的两种不同的接法。例如，当铭牌上标有 220D/380YV 时，就表明电动机定子绕组施加 220V 电压时应接成△形，施加 380V 电压时应接成Y形。

（3）额定电流 I_N。电动机在额定电压下，输出功率达到额定值时，电动机的电流，电流单位为 A。例如，图 1.33 铭牌对应电动机额定电流为 15A。

异步电动机额定功率 P_N、额定电压 U_N 和额定电流 I_N 之间存在以下关系：

$$P_N = \sqrt{3} \cdot I_N \cdot U_N \cdot \cos\varphi_N \cdot \eta_N$$

上式中，$\cos\varphi_N$ 和 η_N 分别是额定状态时的功率因数和效率；额定电压 U_N 和额定电流 I_N 是指电动机的线电压和线电流。

三相异步电动机额定状态运行时，$\cos\varphi_N$ 和 η_N 的乘积在 0.8 左右，对于额定电压为 380V 的三相异步电动机，额定电流与额定功率之间有以下近似关系：

$$I_N \approx 2P_N$$

上式中，P_N 的单位是 kW，电流 I_N 的单位是 A。

（4）额定频率 f_N。施加在定子绕组上电源的频率。我国电力电网的标准频率为 50Hz。例如，图 1.33 铭牌对应电源的额定频率为 50Hz。

（5）额定转速 n_N。电动机在额定电压、额定频率和额定输出情况下，电动机的旋转速度称为额定转速，转速单位为 r/min。例如，图 1.33 铭牌对应电动机额定转速为 2900r/min。

在工程计算中，有时需要知道三相异步电动机的额定转矩 T_N，可以通过以下公式计算求取：

$$T_N = P_N/\omega = 9550P_N/n_N$$

上式中，P_N 的单位为 kW；n_N 的单位为 r/min；转矩 T_N 的单位为 N·m；其中 ω 是电动机的角速度。

（6）绝缘等级。指电动机内部绝缘材料允许承受的最高温度等级，它决定了电动机工作时允许的温度。例如，图 1.33 铭牌对应电动机绝缘等级为 B，此电机允许承受的温度可达 130℃。

（7）定额。按电动机在额定运行时的持续时间分为连续工作制（S1）、短时工作制（S2）和断续工作制（S3）3 种情况。

连续工作制（S1）：表示电动机运行不受时间限制，可长期运行。未标注工作方式的电动机为连续工作制。

短时工作制（S2）：表示只能按铭牌规定的工作时间短时使用。

断续工作制（S3）：表示该电动机可短时周期性使用。

（8）噪音量、震动量。噪音量表示电动机运转时带来的噪音，单位是 dB。震动量表示电动机工作时的震动情况。

（9）防护等级。表示电动机防止杂物和进水的能力。它是由外壳防护标志字母 IP 后跟两位具有特定含义的数字代码进行标定的。

例如，图 1.33 铭牌对应电动机的防护等级为 IP44，其中第一位数字"4"的含义是能防止直径大于 1mm 的固体侵入，第二位数字"4"的含义是能防止任何方向的溅水。

以下例子可以加深对交流电动机铭牌额定参数的理解。

【例 1-2】已知 YI00L-2 三相异步电动机的额定功率 $P_N = 3.0$kW，额定电压为 $U_N = 380$V，额定功率因数为 $\cos\varphi_N = 0.87$，额定效率 $\eta_N = 82\%$，额定转速 $n_N = 2870$r/min。试求：电动机额定电流和额定转矩。

解：额定电流为

$$I_N = \frac{P_N}{\sqrt{3} \cdot U_N \cdot \cos\varphi_N \cdot \eta_N} = \frac{3 \times 10^3}{\sqrt{3} \times 380 \times 0.87 \times 0.82} = 6.4 \text{ (A)}$$

额定转矩为

$$T_N = 9550 P_N / n_N = 9550 \times \frac{3}{2870} = 9.983 (\text{N} \cdot \text{m})$$

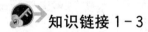 知识链接 1-3

电与磁的基本知识

磁能生电，电也能生磁。为了研究电磁之间的关系，世界上一大批优秀的科学家，如奥斯特、安培、法拉第、阿拉贡等经过不懈地努力，揭示了电与磁之间的内在联系，为人类社会的文明做出了极大的贡献。

丹麦物理学家奥斯特（图 1.34）发现了电流磁效应现象后非常兴奋，他接连 3 个月深入地研究。终于在 1820 年 7 月 21 日发布了实验结果，向世界宣告了电流磁效应现象。

在奥斯特电流磁效应实验及其他一系列实验的启发下，法国物理学家安培（图 1.35）认识到磁现象的本质是电流。安培重新做了奥斯特的实验，实验中安培惊奇地发现小磁针摆动的方向与电流的方向有关。安培总结出了电流方向与磁场方向之间的关系，这就是著名的安培定则，安培定则也称为右手螺旋定则。

图 1.34　丹麦物理学家奥斯特　　　　图 1.35　法国科学家安培

（1）直线电流的安培定则。用右手握住导线，让伸直的大拇指所指的方向跟电流的方向一致，那么弯曲的四指所指的方向就是磁场方向，

图 1.34(a)所示为直线电流安培定则使用示意图。

（2）环形电流的安培定则。让右手弯曲的四指和环形电流的方向一致，那么伸直的大拇指所指的方向就是磁场的方向。

如图 1.36(b)所示为环形电流安培定则使用示意图。

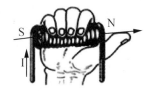

(a) 直线电流安培定则使用示意图　　(b) 环形安培定则使用示意图

图 1.36　安培定则使用示意图

磁场既看不到，也摸不着，比较抽象，为了便于理解，人们用磁力线来定性地反映磁场的大小和方向。

安培不但揭示了电流与其产生的磁场之间的关系，还发现了磁场对电流的作用力。

为了纪念这位伟大的科学家，人们把磁场对电流的作用力称为安培力。

（3）电磁力定律(左手定则)。伸开左手，使大拇指跟其余四指垂直，让磁力线垂直穿入手心，并使伸开的四指指向电流的方向，此时大拇指的指向就是通电导线的受力方向。

图 1.37 为左手定则使用方法示意图。

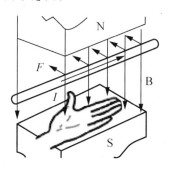

图 1.37　左手定则使用示意图

（4）楞次定律。当闭合回路中的磁通量发生变化时，在该回路中将产生感应电流，感应电流的效果总是反抗原有磁通的变化。

1831 年 8 月，英国科学家法拉第把两个线圈绕在一个铁环上，线圈 A 接直流电源，线圈 B 接电流表。

法拉第发现，当线圈 A 的电路接通或断开的瞬间，线圈 B 中产生瞬时电流。法拉第的这一发现揭示了磁生电（感应电）现象。

俄国物理学家海因里希·楞次（Heinrich Friedrich Lenz）在法拉第发现的基础上，经过反复实验和总结，在 1834 年发现了确定感应电流方向的普遍适用规律，即楞次定律。楞次定律则揭示了磁场与其引起的电流之间的关系。

应用"楞次定律"判定感应电流方向时要注意以下问题：①要明确原磁场或磁通的方向及磁通量的变化情况（增加或减少）；②确定感应电流的磁场方向，依"增反减同"确定；③用安培定则确定感应电流的方向。

图 1.38(a)为楞次定律使用方法示意图。

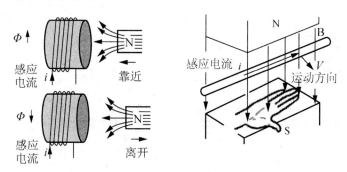

(a) 楞次定律使用方法示意图   (b) 右手定则使用方法示意图

图 1.38   感应电流判断方法示意图

导线在磁场中做切割磁感线运动产生的感应电流，则可以用右手定则判断方向，右手定则是楞次定律的另一种表现形式。

（5）右手定则。右手平展，使大拇指与其余四指垂直。把右手放入磁场中，手心面向磁力线（或面向 N 极），大拇指指向导线运动方向，则四指所指方向为导线中感应电流（或感应电动势）的方向。

图 1.38(b)为右手定则使用方法示意图。

电能生磁，磁也能生电，电与磁之间密不可分。电磁理论主要体现在两方面，即电流的磁效应和电磁感应。电磁理论是电动机、发电机、变压器等电气设备最基本的理论基础，读者一定要了解！

考考您！

1. 什么是三相正弦交流电？正弦交流电的周期、频率是什么意思？单位分别是什么？

2. 旋转磁场的旋转方向与定子绕组是接成Ｙ形还是接成△形有没有关系？怎么做才能改变三相异步电动机旋转磁场的方向？

3. 三相异步电动机的同步转速是什么意思？三相异步电动机的极对数是由什么决定的？

4. 三相异步电动机的同步转速与哪些因素有关？如何计算？如何才能改变三相异步电动机的旋转方向？

5. 三相异步电动机的同步转速可能是 700r/min 吗？为什么？三相异步电动机转速一般要低于同步转速，这是为什么？异步电动机的"异步"是什么意思？

6. 三相异步电动机主要的参数有哪些？电动机的线电流、线电压与相电流、相电压之间有什么区别？电动机的绝缘等级又说明了什么问题？

7. 三相异步电动机的铭牌显示额定转速为 2900r/min，试问该电动机的同步转速是多少？极对数是多少？

8. 丹麦物理学家奥斯特是一位伟大的科学家，他的一生最伟大的贡献是什么？上网查一查。

1.4　三相异步电动机的机械特性

通过以下内容的学习，将了解三相异步电动机机械特性的物理意义，掌握三相异步电动机机械特性的特点、机械特性的表达形式和机械特性所包含电动机的各种信息。这些信息对将来使用电动机是至关重要的。

马儿在不同速度下奔跑时其背负能力肯定不同，骑手若不清楚这一点，那么最好的骏马也不可能得到合理的使用。电动机也是如此，在不同转速下产生的电磁力矩也不相同。通过分析机械特性来了解电动机的性能是十分有效的途径。

什么是电动机的机械特性？

所谓电动机的机械特性是指：电动机在一定条件下，它产生的电磁转矩与转速之间的关系特性。机械特性包含有电动机的许多信息。通过分析电动机的机械特性，了解电动机的性能是读者必须掌握的基本技能。

1.4.1　三相异步电动机机械特性的一般常识

电动机的转速(n)与电磁转矩(T_{em})之间的关系有两种表达方式，一种是用公式表示，即 $n = f(T_{em})$；另一种则是用曲线表示。

由于三相异步电动机转速(n)与转差率(s)之间存在固定的对应关系，即

$$n = (1-s)n_0$$

所以在机械特性曲线表达方式中，纵坐标通常用 s 替代转速 n。

图 1.39 为三相异步电动机机械特性曲线的一般形状。

注意，不同的电动机或同一台电动机在不同条件下的机械特性曲线的形状是不相同的。

由于曲线表示比较直观，所以作定性分析时往往采用曲线表示方法。从图 1.39 上可以看出，机械特性曲线以 B 点为分界，有两个明显不同的区域，AB 段倾斜较大，BC 段则比较平直。

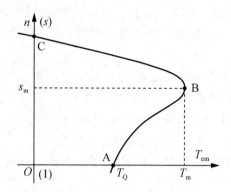

图 1.39 机械特性的基本形状

1. 异步电动机机械特性的特点

通过对机械特性曲线的分析，可以知道电动机的很多信息，例如电动机启动转矩的大小、过载能力的强弱和稳定性的好坏等。

在图 1.39 所示的三相异步电动机机械特性曲线上有 3 个比较特殊的点（A、B、C），这 3 个点决定了机械特性曲线的变化范围。

（1）启动转矩点（图中 A 点，$s=1$、$T_{em}=T_Q$）。电动机接入电源但尚未转动的瞬间，此时 $n=0(s=1)$，电动机的转矩 T_Q 称为启动转矩。电动机启动转矩的大小反映了电动机的启动能力。一般来说，希望 T_Q 越大越好，这样能够实现电动机快速启动。

普通三相异步电动机 T_Q 一般在额定转矩（T_N）的 0.9～2.0 倍之间，起重和冶金专用异步电动机在 2.8～4.0 倍之间。通常把启动转矩和额定转矩的比值（T_Q/T_N）称启动倍数，并用 λ_Q 表示，它反映了异步电动机启动能力的大小。

（2）最大转矩点（图中 B 点，$s=s_m$、$T_{em}=T_m$）。电动机的最大转矩 T_m 也称为临界转矩，对应的转差率 s_m 称为临界转差率。当负载转矩超过最大转矩时，电动机将因带不动负载而发生停车，俗称"闷车"。最大转矩 T_m 反映了电动机过载能力的大小。

为了保证电动机能正常工作，一般要求电动机的最大转矩 T_m 要比额定转矩 T_N 大得多，通常用过载系数 $\lambda_m=T_m/T_N$ 来衡量电动机的过载能力。

三相异步电动机的 λ_m 值一般在 1.8～2.5 之间。不同电动机的 λ_m 值可在电动机产品目录中查到。

（3）同步转速点（图中 C 点，$s=0$、$T_{em}=0$）。该点也被称为理想空载点，此时电动机的转速 $n=n_0$，由于转子与旋转磁场之间无相对运动，转子导体中无感应电流产生，因此电磁转矩 $T_{em}=0$。

图 1.40 是同一台三相异步电动机在施加不同电压时的机械特性曲线。通过对特性的分析发现，电动机在降低端电压后，启动性能和过载能力都将下降。

2. 三相异步电动机机械特性的获取

通过对电动机机械特性曲线的分析，可以了解到电动机启动能力、过载能力等很多信息。因此了解三相异步电动机机械特性的特点是十分重要的工作。

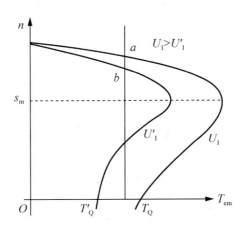

图 1.40　不同电压时的机械特性

🔑 **怎样才能得到三相异步电动机的机械特性曲线？**

当购买电动机后，部分厂家会将电动机的机械特性曲线附在随机提供的说明书上。另外，通过简单计算也可获得电动机的机械特性曲线。

下面是三相异步电动机机械特性的两种公式表达式。

（1）三相异步电动机机械特性的参数表达式为

$$T_{em} = \frac{3pU_1^2 R_2'/s}{2\pi f_1 \left[(R_1 + R_2'/s)^2 + (X_1 + X_2')^2\right]}$$

上式中，除 U_1（定子每相电压）、f_1（电源频率）外、X_1（定子每相绕组漏电抗）、X_2'（拆算到定子侧的转子漏电抗）、R_1（定子每相绕组电阻）、R_2'（拆算到定子侧的转子电阻）和 p（极对数）等均由电动机结构决定，因此称这些参数为电动机的结构参数。

由于获取结构参数比较困难，因此使用参数表达式进行计算是极不方便的。

（2）三相异步电动机机械特性实用表达式为

$$T_{em} = \frac{2T_m}{s/s_m + s_m/s}$$

实用表达式是一个近似公式，但在工程分析计算中已经足够精确了。由于它没有涉及电动机的结构参数，且 s_m 和 T_m 可根据电动机额定参数求取，因此使用非常方便。

下面介绍 T_m 和 s_m 的求取方法。

在已知电动机的额定功率 P_N、额定转速 n_N 和过载系数 λ_m 的情况下，电动机的额定转矩 T_N 转矩为

$$T_N = 9550 P_N/n_N (\text{N} \cdot \text{m})$$

上式中，P_N 的单位为 kW；n_N 的单位为 r/min，转矩 T_N 的单位为 N·m.。电动机的最大转矩 T_m 为

$$T_m = \lambda_m \cdot T_N$$

电动机的额定转差率 s_N 为

$$s_N = (n_0 - n_N)/n_0$$

电动机在额定状态运行时，有 $T_{em}=T_N$，$s=s_N$，并将此数据代入实用表达式中得

$$T_N = \frac{2T_m}{s_N/s_m + s_m/s_N} = \frac{2 \cdot \lambda_m \cdot T_N}{s_N/s_m + s_m/s_N}$$

整理上式可得

$$s_m^2 - 2\lambda_m s_N s_m + s_N^2 = 0$$

解得

$$s_m = s_N(\lambda_m + \sqrt{\lambda_m^2 - 1})$$

求出相应的 T_m 和 s_m 后，实用表达式便成了已知的特性方程。只要给定一系列的 s 值，便可求出相应的 T_{em} 值，进而可画出特性曲线。

下面通过具体的例题来说明实用表达式求取和曲线的绘制。

【例 1-3】一台 Y80L-2 型三相鼠笼式异步电动机，已知 $P_N=2.2\text{kW}$，$U_N=380\text{V}$，$I_N=4.74\text{A}$，$n_N=2840\text{r/min}$，过载能力 $\lambda_m=2.0$。绘制其固有的机械特性曲线。

解：电动机的额定转矩 T_N 为

$$T_N = 9550P_N/n_N = 9550 \times 2.2/2840 = 7.4(\text{N} \cdot \text{m})$$

最大转矩 T_m 为

$$T_m = \lambda_m T_N = 2.0 \times 7.4 = 14.8(\text{N} \cdot \text{m})$$

额定转差率 s_N 为

$$s_N = (n_0 - n_N)/n_0 = (3000 - 2840)/3000 = 0.053$$

临界转差率 s_m 为

$$s_m = s_N(\lambda_m + \sqrt{\lambda_m^2 - 1}) = 0.053 \times (2 + \sqrt{2^2 - 1}) = 0.198$$

机械特性实用表达式为

$$T_{em} = \frac{2 \times 14.8}{s/0.198 + 0.198/s}$$

把不同的 s 值代入上式中，求取相应的 T_{em} 值，列入表 1-4 中。表中 T_{em} 的单位为 N·m。

表 1-4　三相交流电动机机械特性计算

	A	B	C	D	E	F	G	H	I	J	K	L
s	1.0	0.9	0.8	0.7	0.6	0.5	0.4	0.3	0.2	0.15	0.1	0.053
$T_{em}/\text{N} \cdot \text{m}$	5.64	6.21	6.90	7.75	8.81	10.1	11.8	13.6	14.8	14.3	11.9	7.40

根据表中数据，可以绘制出如图 1.41 所示的 Y80L-2 型三相异步电动机固有机械特性曲线。

从特性曲线上可以看出，这台电动机启动转矩很小。

前面已经分析了机械特性曲线的特点，事实上，知道了特性曲线上的特殊点，就可以大致绘出曲线形状。因此更多的时候，只计算 3 个特殊点就可以了。

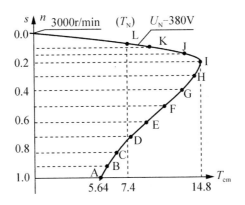

图 1.41　Y80L－2 型电动机特性曲线

1.4.2　三相异步电动机不同条件下的机械特性

为了达到某种目的(例如启动、调速、制动等)，经常会改变施加在电动机上的电压的大小、频率的高低或在电动机定子、转子(绕线式异步电动机)回路中串联电阻或其他电路元件等。由此会带来电动机工作状况的变化。通过对异步电动机机械特性的分析，会比较容易掌握这种变化规律。

如前所述，异步电动机机械特性上的同步转速点($s=0$、$T_{em}=0$)、启动转矩点($s=1$、T_Q)和最大转矩点(s_m、T_m)确定了特性曲线的范围。

🔑　**当异步电动机在不同条件下工作时，机械特性上的这些点会如何变化?**

电动机机械特性的参数表达式非常适合对电动机作定性分析。为此，把电动机机械特性的参数表达式重写如下所示的式子。

$$T_{em}=\frac{3pU_1^2R_2'/s}{2\pi f_1\left[(R_1+R_2'/s)^2+(X_1+X_2')^2\right]}$$

将 $s=1$ 代入上式，可得到电动机启动瞬间启动转矩 T_Q 为

$$T_Q=\frac{3pU_1^2R_2'}{2\pi f_1\left[(R_1+R_2')^2+(X_1+X_2')^2\right]}$$

用高等数学中求最大值的方法，令 $dT_m/dt=0$，可求取最大转矩 T_m 对应的临界转差率 s_m 为

$$s_m=\frac{R_2'}{\sqrt{R_1^2+(X_1+X_2')^2}}\approx\frac{R_2'}{(X_1+X_2')}$$

将 s_m 代入参数表达式，即可得到最大电磁转矩 T_m 为

$$T_m=\frac{3pU_1^2}{4\pi f\left[R_1+\sqrt{R_1^2+(X_1+X_2')^2}\right]}\approx\frac{3pU_1^2}{4\pi f(X_1+X_2')}$$

不同条件下获得的机械特性(曲线)是不相同的。电动机的机械特性依据施加的条件的不同，可以分为固有机械特性和人为机械特性。

1. 异步电动机的固有机械特性

所谓固有特性是指：对电动机施加额定电压 U_N，额定频率 f_N，电动机定子绕组按规

定的接法，转子和定子中不采用任何措施，由此得到的机械特性称为固有特性。

固有机械特性的参数表达式如下所示。

$$T_{em}=\frac{3pU_N^2R_2'/s}{2\pi f_N\left[(R_1+R_2'/s)^2+(X_1+X_2')^2\right]}$$

（1）启动点的求取。将 $s=1$ 代入上式，可得到电动机启动转矩 T_Q 为

$$T_Q=\frac{3pU_N^2R_2'}{2\pi f_N\left[(R_1+R_2')^2+(X_1+X_2')^2\right]}$$

（2）最大转矩点的求取。电动机的临界转差率和最大电磁转矩分别为

$$s_m=\frac{R_2'}{\sqrt{R_1^2+(X_1+X_2')^2}}\approx\frac{R_2'}{(X_1+X_2')}$$

$$T_m=\frac{3pU_N^2}{4\pi f_N\left[R_1+\sqrt{R_1^2+(X_1+X_2')^2}\right]}\approx\frac{3pU_N^2}{4\pi f_N(X_1+X_2')}$$

图 1.42 中①为三相异步电动机的固有特性曲线。

2. 异步电动机的人为机械特性

人为地改变异步电动机的一个或多个参数（U_1、f_1、p、定子或转子回路串联电阻或电抗等），可以得到不同特点的机械特性，这些特性统称为人为机械特性。

（1）降低定子端电压时的人为机械特性。受电动机磁路饱和的影响，额定电压是所能施加的最大电压，因此电动机端电压只能在额定电压以下调节。

若电动机的其他条件与固有特性一样，仅仅降低定子电压所得到的机械特性就是降压时的人为特性，其特点如下所示。

① 由于同步转速仅与电源频率（f_1）和电动机极对数（p）有关，即 $n_0=60f/p$。改变电压并不会改变同步转速的大小，因此，同步转速与固有机械特性曲线相同。

② 从机械特性的参数表达式可知，启动转矩正比相电压的平方（U_1^2）。因此，在降低电压时转动转矩（T_Q）将大大减小，这对电动机启动是不利的。

③ 电动机的临界转差率为 $s_m=R_2'/\sqrt{R_1^2+(X_1+X_2')^2}$，可见，$s_m$ 仅由电动机结构参数决定而与电压无关，因此降压时的临界转差率与固有特性时相同。最大转矩正比相电压的平方（U_1^2），因此，最大转矩（T_m）将减小，这对电动机过载是不利的。

图 1.42 中②和③为电动机施加 1/2 和 2/3 定额电压时的人为机械特性曲线。

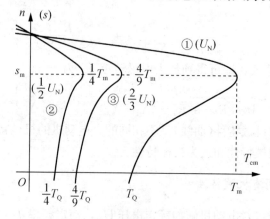

图 1.42　异步电动机的机械特性

可以看出，电动机的启动转矩(T_Q)和最大转矩(T_m)降到了额定电压时的1/4和4/9。因此，降压将导致电动机的启动能力和过载能力的急剧下降。

(2) 绕线式异步电动机转子串电阻时的人为机械特性。鼠笼式异步电动机降压将导致电动机的启动能力和过载能力下降，严重时可能出现电动机无法启动或“闷车”现象。因此，在启动要求较高或经常过载的场合可考虑采用绕线式异步电动机拖动。

在绕线式异步电动机转子中串联三相对称电阻R，其他条件与固有特性相同。此时电动机的机械特性曲线将发生以下所示的几种变化。

① 临界差率s_m随所串联电阻的增加而增加，最大转矩T_m与固有特性时相同，且保持不变。

② 启动转矩T_Q开始时随所串联电阻R的增加而增加。当$T_Q = T_m$后，若再增大电阻，则启动转矩反而将变小。

③ 电动机同步转速与所串联电阻无关，与固有特性时相同。

根据以上分析，可以定性地画出绕线式异步电动机转子串联电阻时的人为机械特性曲线，如图1.43所示。

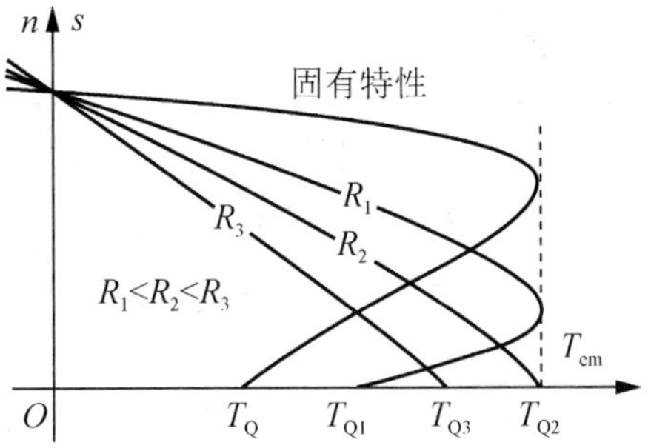

图1.43　绕线式异步电动机串联电阻特性

可以看出，绕线式异步电动机串联合适的电阻后可以增加启动转矩。进一步的分析还发现，串联电阻后可以使启动电流降低，这对电动机启动是极为有利的。

(3) 改变频率时的人为机械特性

三相异步电动机改变频率主要用于调速，变频时电动机机械特性的变化情况比较复杂，以后将在第4章学习这方面的知识。

知识链接 1-4

异步电动机的工作特性

分析电动机的机械特性是了解电动机的性能的重要途径，但这还不够，还需要了解电动机在不同负载下的电流、功率因数、电磁转矩和效率等变化情况。只有这样，才能掌握电动机在不同情况下的运行性能。

三相异步电动机的工作特性是指在$U_1 = U_N$和$f = f_N$及定子、转子绕组不串联任何阻抗的条件下，电动机的转速n、定子电流I_1、电磁转矩T_{em}、功率因数$\cos\varphi_1$、效率η与输出功率P_2之间的关系(曲线)。

三相异步电动机的工作特性可以通过实验的方法测量取得，也可以通过计算的方法取得。下面只做定性分析。

(1) 转速特性 $n=f(P_2)$。三相异步电动机空载时($P_2=0$)时，电动机的转速(n)接近同步转速(n_0)，随着负载的增加，即输出功率增加时，转速要下降。这是因为只有转速下降才能使转子导体切割磁场的速度加快，从而使转子感应出更大的电动势以产生更大电流，最终达到转矩与负载平衡。所以异步电动机的转速特性是一条向下倾斜的曲线，如图1.44中①所示。

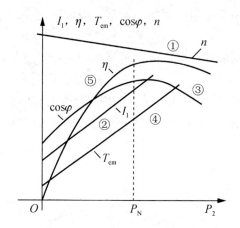

图1.44 异步电动机工作特性

以上情况如同一个行走的人一样，当人没有背负重物(负载)时，其行走的速度比背负重物时的速度要快。

(2) 定子电流特性 $I_1=f(P_2)$。毫无疑问，三相异步电动机定子电流(I_1)将随着负载(P_2)的增加而增加。

电动机空载时($P_2=0$)时，由于没有输出，此时输入电动机的电流(I_1)必定很小，随着负载的增加，转速下降，在一定范围内，定子电流几乎随P_2的增加按正比例增加。当P_2增加到一定值后，转子功率因数将下降，此时定子电流的增长将比原来加快。所以特性曲线将向上弯曲，如图1.44中②所示。

(3) 功率因数特性 $\cos\varphi_1=f(P_2)$。电动机空载时，定子的电流为空载电流(I_0)，空载电流主要用于建立旋转磁场，表现为感性负载，功率因数很低($\cos\varphi_1<0.2$)。当负载增加时，电流的有功分量增加，功率因数也随之提高；当负载接近额定值时，功率因数最高。当负载超过额定值后，功率因数呈下降趋势，如图1.44中③所示。

(4) 转矩特性 $T_{em}=f(P_2)$。电动机的转矩反映了输出功率的大小，因此转矩(T_{em})将随着输出功率(P_2)的增加而增加，考虑到电动机的转速随输出功率(P_2)的增加而有所下降，因此转矩增加的速度比功率增加的速度要快一些，如图1.44④所示。

(5) 效率特性 $\eta=f(P_2)$。电动机的效率为电动机的输出功率(P_2)与电动机的输入功率(P_1)的比值，即效率为

$$\eta=P_2/P_1=P_2/(P_1+\Delta P)$$

上式中，ΔP为电动机本身的耗损功率。空载时$P_2=0$，此时效率为零，当负载增加时，电动机的效率将快速增加，一般情况下，当异步电动机的输出达到$(0.7\sim1.0)P_N$时

效率最高，当继续增加输出功率时，效率将开始下降，如图1.44中⑤所示。

从图1.44可以看出，三相异步电动机的效率和功率因数都是在额定负载附近达到最大值，因此在选择电动机的功率时，应注意功率与负载相匹配。若电动机的功率过大时，则功率因数和效率都很低，对电动机和电网都是浪费，如同大马拉小车；若电动机的功率过小，则电动机会长期过载而影响其使用寿命。

考考您！

1. 什么是异步电动机的机械特性？什么是异步电动机的固有特性？什么又是异步电动机的人为特性？

2. 为什么说机械特性曲线上的特殊点决定了特性曲线在坐标系中的变化范围？电动机的特性曲线能反映电动机的哪些性能？

3. 在机械特性的表达形式中，为什么说参数表达式不适用于计算，但适用于定性分析？

4. 三相笼式异步电动机降压后得到的人为机械特性有什么特点？绕线式异步电动机转子串联电阻得到的人为机械特性又有什么特点？

5. 一台三相笼式电动机，已知 $P_N = 4.2\text{kW}$，$U_N = 380\text{V}$，$I_N = 9.4\text{A}$，$n_N = 2840\text{r/min}$，过载能力 $\lambda = 2.4$，请确定该电动机固有特性的实用表达式。

6. 什么是电动机的工作特性？电动机的效率反映了什么？电动机在什么情况运行最为经济？

7. 了解电动机的工作特性对使用电动机有什么帮助？为什么？

1.5 异步电动机的运行与负载特性

电动机总是在一定负载下运行的，负载的性质将直接影响电动机的工作状态。通过以下学习，您将了解到生产机械典型负载具有的特点、电动机稳定工作的概念和条件；同时还将学会电动机稳定工作点的判别方法。

1.5.1 三相异步电动机的运行

电动机的运行过程可以分为启动过程、稳定运行过程和停止过程。启动和停止是一个过渡过程，一般经历的时间较短，绝大多数时间电动机处在稳定运行状态。

电动机总是在一定负载下工作的。绝大多数情况下，负载对电动机的运行是起阻碍作用的，电动机要保持运行，必须源源不断地产生电磁力矩推动转子转动。在电动机的转子上存在有两个力矩，即驱动转子旋转的电磁力矩 T_{em} 和阻碍转子旋转的负载力矩 T_f。

在高中物理中已经知道：当物体在力的作用下做直线运动时（如图1.45所示），其运动速度的大小必须受到牛顿第二定律的约束，即

$$F_Q - F_f = ma = m\,dv/dt$$

上式也称为直线运动物体的运动方程，其中 a 为物体的加速度。

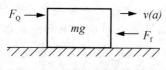

图 1.45　直线运动物体分析

🔑 **当物体做旋转运动时，它所受到力（力矩）与旋转运动之间有什么关系？**

图 1.46 是一台三相异步电动机工作时，电动机转子的受力情况。电动机在工作时既受到电磁力矩的作用，又受到负载力矩的作用，转子在这些力矩的共同作用下旋转。

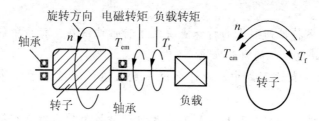

图 1.46　三相异步电动机转子受力分析

电动机的运转过程也必须遵循动力学的基本规律。针对图 1.46 电动机的受力情况，可以列出以下运动方程，即

$$T_{em} - T_f = \frac{GD^2}{375} \cdot \frac{dn}{dt}$$

上式也可以称为旋转物体的牛顿第二定律。式中 GD^2 为旋转物体的飞轮矩，单位是 $N \cdot m^2$，它体现了旋转物体惯性的大小，其值与旋转体的重量、尺寸有关。电动机和生产机械的 GD^2 可以从有关产品样本或设计资料中查到。

由旋转物体的牛顿第二定律可知，电动机的旋转运动分为以下 3 种状态。

(1) 当 $T_{em} > T_f$，$dn/dt > 0$ 时，电动机处于加速状态，例如，启动时的状态。

(2) 当 $T_{em} = T_f$，$dn/dt = 0$ 时，电动机处于恒转速或静止状态，即稳定状态。

(3) 当 $T_{em} < T_f$，$dn/dt < 0$ 时，电动机处于减速状态，例如，停车时的状态。

当生产机械的负载类型和大小不同时，电动机的运行状况也不相同。为了使电力拖动运动方程具有普遍意义，对运动方程中各物理量的正方向作以下规定。

首先规定电动机运行时的旋转方向 n 为正方向。在此情况下，规定电磁转矩 T_{em} 的正方向与 n 的正方向相同，负载转矩 T_f 的正方向与 n 的正方向相反。

运动方程中涉及到两个转矩，即电磁转矩 T_{em} 与负载转矩 T_f，电动机的机械特性反映了不同转速下电磁转矩 T_{em} 对转速 n 的影响。而负载转矩在不同的转速下对电动机转速的影响也是不一样的。

1.5.2　生产机械的负载特性曲线

电动机总是在负载情况下运行，生产机械负载的大小与性质将直接影响电动机的工作状态。而负载特性就是用来反映不同负载对电动机转速影响的。

什么是生产机械负载特性？

所谓生产机械的负载特性是指作用在电动机轴上的负载转矩与电动机旋转速度之间的关系。生产机械种类繁多，但是其负载转矩的基本特性可以分为 3 类，即恒转矩负载特性、恒功率负载特性和泵类负载特性。那么这些负载的转矩 T_f 与转速 n 之间又存在怎样的关系呢？

1. 恒转矩负载特性

所谓恒转矩负载特性是指：负载转矩 T_f 的大小恒定不变，与转速 n 的大小无关。

恒转矩负载又可以分为反抗性恒转矩负载和位能性恒转矩负载两种。

（1）反抗性恒转矩负载。负载转矩的大小恒定不变，但方向始终与转速方向相反，总是对电动机的运行起阻碍（反抗）作用。

由于负载转矩 T_f 正方向取得与的 n 正方向相反，当 $n>0$ 时，$T_f>0$；当 $n<0$ 时，$T_f<0$，因此负载特性曲线在第一和第三象限，如图 1.47（a）所示。

反抗性恒转矩负载特性的数学表达式为

$$T_f = \pm \text{const}$$

例如，皮带运输机、轧钢机、起重机行走机构等由摩擦力产生的转矩均属于反抗性恒转矩负载。

（2）位能性恒转矩负载。负载转矩的大小和方向都恒定不变，与电动机的旋转速度及方向无关。位能性恒转矩负载的特性曲线如图 1.47(b)所示，在第一和第四象限。

位能性恒转矩负载特性的数学表达式为

$$T_f = \text{const}$$

例如，起重机提升或下放物体时，重物作用在电动机轴上的转矩。这类负载转矩往往是由物体的重力所产生，因此称之为位能性恒转矩负载。

(a) 负载特性曲线在第一、三象限　　(b) 负载特性曲线在第一、四象限

图 1.47　恒转矩负载特性曲线

2. 恒功率负载特性

恒功率负载特性的特点是：负载转矩 T_f 与转速 n 的乘积为常数。由于负载转矩 T_f 与转速 n 的乘积体现了功率的大小，因此称这类负载为恒功率负载。

恒功率负载的功率 P_f 的计算方法如下所示。

$$P_f = T_f \times \omega = 2\pi T_f n / 60 = \text{const}$$

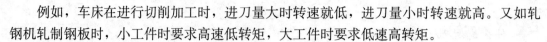

例如，车床在进行切削加工时，进刀量大时转速就低，进刀量小时转速就高。又如轧钢机轧制钢板时，小工件时要求高速低转矩，大工件时要求低速高转矩。

图 1.48(a)为恒功率负载时的特性曲线。恒功率负载转的方向矩始终与转速相反，因此表现为反抗性质。

3. 泵类负载特性

水泵、油泵、通风机和螺旋桨等生产机械的负载转矩 T_f 基本上与转速 n 的平方成正比，即

$$T_f = K \times n^2$$

上式中，K 为常数。这类负载特性曲线为抛物线。图 1.48(b)为泵类负载特性曲线。泵类负载转矩表现为反抗性质。

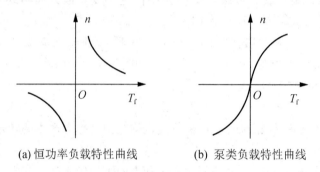

(a) 恒功率负载特性曲线   (b) 泵类负载特性曲线

图 1.48　恒功率负载特性曲线

4. 综合性负载特性

以上介绍的几种负载特性都是从实际负载中概括出来的典型负载。事实上，生产机械的负载特性可能是以某种典型负载为主，几种典型负载的组合。

例如在泵类负载中，除了叶轮产生的负载转矩 T_{f1} 外[图 1.49(a)]，其传动机构(轴承等)还将产生一定的摩擦力矩 T_{f2}[反抗性恒转矩，图 1.49(b)]，因此实际的泵类负载为这两种负载的合成 T_f[图 1.49(c)]。

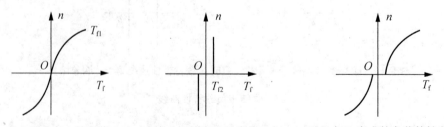

(a) 叶轮产生的负载T_{f1}　(b) 传动机构产生的摩擦力矩T_{f2}　(c)T_{f1}与T_{f1}合成的负载特性曲线

图 1.49　实际泵类负载特性曲线

在工程中，为了简化计算，通常忽略影响较小的转矩。例如，上述实际的泵类负载[图 1.49(c)]往往近似看成单纯的泵类负载[图 1.49(a)]。

1.5.3　电动机的运行与特性曲线

电动机在运行时总是处在电磁力矩 T_{em} 和负载力矩 T_f 相互作用状态。图 1.50 为三相异步电动机驱动泵类负载时的特性曲线图。

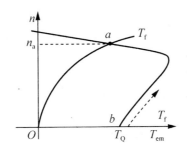

图 1.50　异步电动机驱动泵类负载

电动机启动时的启动转矩 T_Q 必须大于负载转矩 T_f，否则是无法启动的。从图 1.48 上可以看出，启动时的转矩 T_Q 远大于负载转矩(图中启动瞬间泵类负载转矩为零)，电动机的运行轨迹将沿着机械特性曲线从 b 点逐渐上升到 a 点，转速也将从 0 上升到 n_a。

当转速上升到 a 点后，由于 $T_{em} = T_f$，加速度 $dn/dt = 0$，电动机的速度达到稳定(n_a)。因此，电动机的稳定工作点必定是机械特性与负载特性的交点。

1. 电动机的稳定运行

在电动机机械特性与负载特性交点处有 $T_{em} = T_f$，此时加速度 $dn/dt = 0$。通常把此交点称为电动机的转矩平衡点。

图 1.51 为异步电动机驱动恒功率负载时的特性曲线图，图中的 b 点和 c 点就是转矩平衡点。

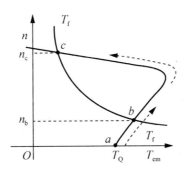

图 1.51　异步电动机驱动恒功率负载

电动机稳定运行一定发生在机械特性与负载特性的交点(平衡点)，但并非所有的平衡点均能稳定运行(即稳定工作点)。

在图 1.51 中，电动机最终以 n_c 的速度稳定运行在 c 点；而不是以 n_b 的速度运行在 b 点。具体分析如下所示。

启动时在 $a \to b$ 段，由于 $T_{em} > T_f$，$dn/dt > 0$，电动机加速。当到达 b 点时，由于 $T_{em} =$

T_f，$dn/dt=0$，从理论上讲，电动机的转速应当稳定在 n_b，但实际情况是电动机的负载转矩 T_f、电磁转矩 T_{em} 和转速 n 都会在一定范围内波动（原因是多方面的），当转速稍大于 n_b 时，就会出现 $T_{em}>T_f$，$dn/dt>0$，电动机的转速将沿着机械特性曲线远离 b 点而向 c 点逼近，因此 b 点不是稳定工作点，也就是说电动机不会以 n_c 的速度稳定运行。

当转速上升 n_c 时，又出现 $T_{em}=T_f$，$dn/dt=0$，电动机又进入到平衡状态，正如前面所说，负载转矩 T_f、电磁转矩 T_{em} 和转速 n 都会在一定范围内波动，工作点会偏离 c 点，但当这种波动消失后，电动机转速又会向 c 逼近。因此 c 点是稳定工作点，也就是说电动机最终将以 n_c 的速度稳定运行。

上述情况类似于图 1.52 中小球受力平衡与稳定状态。小球在 a 点处，一旦受力平衡被打破，小球离开 a 后不可能再在该点重新建立平衡。而在 b 点处则不然。因此 a 点为不稳定平衡点，b 点则是稳定平衡点。

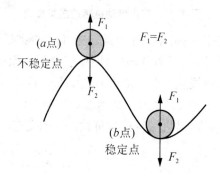

图 1.52　小球受力平衡与稳定

2. 电动机稳定运行的条件

从以上分析可知，电动机在平衡点处是否能稳定运行与电动机的机械特性曲线、负载特性曲线有关。进一步研究发现，以下所示为电动机稳定运行的条件。

（1）稳定运行必要条件。电动机的机械特性与负载特性必须有交点，即稳定工作点必须满足 $T_{em}=T_f$。

（2）稳定运行充分条件。在工作点以上（转速上升时），必须有 $T_{em}<T_f$ 关系。而在工作点以下（转速下降时），必须有 $T_{em}>T_f$ 关系。

应当指出，上述电动机稳定运行的条件，无论对交流电动机还是直流电动机都是适用的，它具有普遍意义。

【例 1-4】图 1.53 为三相笼式电动机驱动反抗性恒转矩负载时的机械特性曲线和负载特性曲线，试问电动机最终的的稳定速度是多少？为什么？

解： 从图中可知，平衡点有两个，即 a 点和 b 点。

由于在 a 点处以上有 $T_{em}>T_f$，a 点处以下有 $T_{em}<T_f$ 关系，不符合稳定运行充分条件，因此 a 点为不稳定运行点。

而在 b 点以上处有 $T_{em}<T_f$，b 点以下处有 $T_{em}>T_f$ 关系，符合稳定运行充分条件，因此 b 点为稳定运行点。

上例中，电动机最终将以 n_b 速度稳定地运行在 b 点。

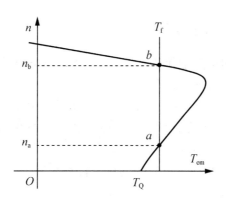

图 1.53 稳定工作点判别

1.5.4 三相异步的稳定运行区

特性上的临界点把异步电动机机械特性曲线分为相对平直和相对倾斜两部分。如图 1.50 所示的 $L1—L2$ 区和 $L2—L3$ 区。通常把 $L1—L2$ 区称为稳定运行区，而把 $L2—L3$ 区称为不稳定运行区。

根据电动机稳定运行的充分和必要条件，不难判断对典型的恒功率负载和恒转矩负载（图 1.54 中①和④），a 点和 e 点是稳定工作点，而 b 点和 f 点是不稳定工作点。而对泵类负载（图 1.54 中②和③），c 点和 d 点都是稳定工作点，但在 d 点处运行时，电动机的损耗大、效率低。

可见，稳定运行区和不稳定运行区是针对恒转矩负载和恒功率负载而言的，对泵类负载来说都是稳定的。

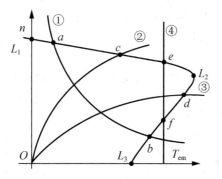

图 1.54 电动机不同负载时的运行情况

1.5.5 异步电动机的等效电路与能量

三相异步电动机利用电磁感应把电能转变为机械能，通过电动机转子带动生产机械工作，从而实现能量的转换和传递。那么电动机工作时中具有怎样的能量关系呢？

电动机定子与转子之间通过磁场联系在一起，这种联系比较抽象，给工程分析、计算带来了不方便。聪明的工程技术人员通过一系列的折算和变换后，最终将电动机工作时存在的各种关系转变成了电路关系，这就是电动机的等效电路。

電机控制与实践

1. 三相异步电动机的等效电路

等效电路方便了电动机的定量计算，它既反映电动机电流、电压、功率因数等之间的关系，也反映了输入、输出等能量关系。

（1）三相异步电动机的 T 型等效电路。图 1.55 为三相异步电动机（每相）的 T 型等效电路。电路中电阻元件消耗的功率代表电动机的各种功率（电磁功率、机械功率、损耗功率等），图中电流 I_{1L} 为定子绕组相电流、U_{1L} 为定子绕组相电压、I_{0L} 为每相励磁电流、I'_{2L} 为转子电流折算值，而 $(1-s)R'_2/s$ 则代表转子产生的机械功率对应的电阻（电动机的负载）。

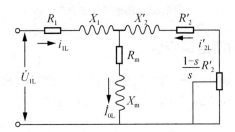

图 1.55　三相异步电动机 T 型等效电路

电路中，R_1 和 X_1 分别为定子每相绕组的电阻和电抗，R'_2 和 X'_2 则为转子每相电阻和电抗的折算值，R_m 和 X_m 分别为定子每相绕组的励磁电阻和励磁电抗。这些参数均为电动机的结构参数。

（2）三相异步电动机简化后的等效电路。T 型等效电路准确地反映了异步电动机的各种关系，但它是一个比较复杂的电路，在进行分析计算时比较麻烦。

在实际的应用中，可以将其简化为图 1.56 所示相对简单的电路。当然这样做会引起一些误差，但在工程上是允许的。

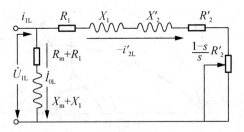

图 1.56　三相异步电动机简化等效电路

2. 电动机的功率及转矩关系

（1）三相异步电动机的功率关系。当异步电动机以 n 的转速稳定运行时，电动机定子向电网吸取的功率为 P_1，该功率也是电动机的总的功率，计算公式为

$$P_1 = 3I_{1L} \times U_{1L}\cos\varphi$$

上式中，$\cos\varphi$ 为电路（电动机）的功率因数。

从电路图 1.55 的角度看，电动机的输入功率 P_1 就是等效电路输入的功率，也是电路中所有电阻元件消耗的总功率。

电动机工作时自身温度要升高，这表明电动机自身也在消耗电能。电动机自身的损耗主要有定子铜耗、定子铁耗和转子铜耗等，下面分别进行说明。

电动机向电网吸取功率 P_1 后，一小部分能量消耗在定子绕组的电阻 R_1 上，这部分损耗就是定子铜耗，计算公式为

$$P_{Cu1} = 3\,(I_{1L})^2 \times R_1$$

另有一部分能量消耗在定子铁心中（涡流损耗等），这部分能量损耗就是在电阻 R_m 上消耗的功率，称为定子铁耗，计算公式为

$$P_{Fe} = 3\,(I_{OL})^2 \times R_m$$

余下的大部分功率通过气隙传递给转子，这部分功率称为电动机的电磁功率 P_{em}，其大小为

$$P_{em} = P_1 - P_{Cu1} - P_{Fe} = 3\,(I'_{2L})^2 \times \left(R'_2 + \frac{1-s}{s}R'_2\right) = 3\,(I'_{2L})^2 \times R'_2/s$$

电磁功率传递到转子后，有一小部分将被转子电阻 R'_2 消耗，这部分消耗的功率就是转子铜耗，计算公式为

$$P_{Cu2} = 3\,(I'_{2L})^2 \times R'_2 = s \cdot P_{em}$$

异步电动机正常工作时转子中电流的频率仅为 $1 \sim 3\text{Hz}$，所以转子铁心损耗可以忽略不计。这样转子得到的电磁功率扣除转子铜耗后的剩余部分就是总的机械功率，即电阻 $(1-s)R'_2/s$ 上消耗的功率，其大小为

$$P_m = 3\,(I'_{2L})^2 \times (1-s)R'_2/s = (1-s)P_{em}$$

此外，电动机旋转时还有轴承摩擦和风扇摩擦等引起的附加机械损耗，这些附加损耗统称为空载损耗（P_Δ）。因此电动机轴上输出的机械功率（P_2）应为总的机械功率 P_m 扣除空载损耗（P_Δ）后有剩余部分，即

$$P_2 = P_m - P_\Delta$$

电动机的空载损耗功率一般占到额定功率 P_N 的 $0.5\% \sim 3\%$。根据能量守恒定律以及上述的分析，可以列出输入、输出及电动机内部损耗功率之间的平衡方程：

$$P_1 = P_{Cu1} + P_{Fe} + P_{em} = P_{Cu1} + P_{Fe} + P_{Cu2} + P_2 + P_\Delta$$

根据上式，可以画出图 1.57 所示三相异步电动机功率流向图。

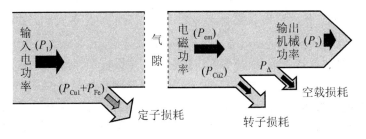

图 1.57　三相异步电动机电动工作状态时的功率流向图

（2）三相异步电动机的转矩关系。从动力学角度来看，旋转运动物体的机械功率等于作用在物体上的力矩（T）与其旋转速度（ω）的乘积，即

$$P = T \times \omega$$

由于电动机输出的机械功率(P_2)等于总的机械功率(P_m)减去空载损耗功率(P_Δ)，即 $P_2=P_m-P_\Delta$，所以有

$$\frac{P_2}{\omega}=\frac{P_m}{\omega}-\frac{P_\Delta}{\omega}$$

得

$$T_2=T_{em}-T_0$$

上式中，T_0 称电动机的空载损耗转矩，T_{em} 为电动机总的机械转矩，即电磁转矩。上式说明，电磁转矩扣除空载损耗转矩后得到的剩余部分就是电动机的输出转矩。

$$T_{em}=\frac{P_m}{\omega}=(1-s)P_{em}/2\pi n/60=\frac{P_{em}}{\omega_0}$$

上式中，ω_0 为旋转磁场的速度。可见电磁转矩也等于电磁功率 P_{em} 除以旋转磁场的速度。

从图 1.53 所示电路还可以导出电磁转矩另一种计算公式(推导过程略)，即

$$T_{em}=P_{em}/\omega_0=C_T\Phi_0I_2'\cos\varphi_2$$

上式中，C_T 为电动机的转矩系数，由电动机结构决定；Φ_0 为气隙每极磁通；$\cos\varphi_2$ 则为转子功率因数。上式也说明电磁转矩是由转子电流与磁场相互作用而产生。

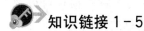

知识链接 1-5

同步电机介绍

同步电机也属于交流电机，它的旋转速度与定子绕组所产生的旋转磁场的速度是一样的，所以称为同步电机。同步电机的主要运行方式有 3 种，即发电运行方式、电动运行方式和补偿运行方式。同步电机的主要用途是发电，现代电力电网中几乎全部电能都由同步发电机提供。

1. 同步电机的工作原理

同步电机的定子与异步电机相同，也是由定子铁心、三相励磁线圈、机座等部件构成，其作用是产生旋转磁场。但同步电机的转子与异步电动机有较大的区别，它的铁心是由整块铸(锻)钢制成，铁心上安放有直流励磁线圈，工作时需要用专门的直流励磁电路进行励磁。

图 1.58 是一台两极同步电机(模型)工作原理示意图。工作时转子磁极绕组通过装在轴上的滑环和电刷与外电路直流电源相连，使转子产生两极磁场。

(1) 同步发电机工作原理。原动带动转子(磁极)旋转，极性相间的转子磁场随轴一起旋转并顺次切割定子各相绕组，由于三相绕组安装彼此相间 120°电角度，因此定子绕组将输出三相交流电压。

(2) 同步电动机工作原理。当对称三相正弦交流电流通入电动机定子绕组时，便产生了旋转磁场，转子磁极要受到磁场力的作用。根据磁阻最小原理，转子就会跟随定子产生的旋转磁场同步旋转。

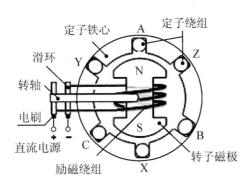

图 1.58 同步电机(模型)工作原理

所谓"磁阻最小原理"是指"磁通总是沿着磁阻最小的路径闭合,从而产生磁拉力,进而形成磁阻性质的电磁转矩"和"磁力线具有力图缩短磁通路径以减小磁阻和增大磁导的本性"。

图 1.59 可以说明"磁阻最小原理"在同步电动机运行中所起的作用。

图 1.59 (a)中转子磁极 N(或 S)始终受到定子磁极 S(或 N)的吸引,从而沿磁力线缩短的方向(磁阻最小方向)旋转,最终达到图 1.59 (b)所示位置。当电动机定子磁极(磁场)旋转时,转子磁极始终跟随定子磁极旋转,且速度相同。

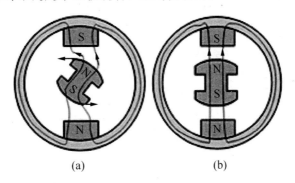

(a)   (b)

图 1.59 磁阻最小原理的作用

三相交流同步电动机的启动较麻烦,因为三相交流旋转磁场的速度很快,启动时转子不可能立即加速跟上磁场旋转,所以是转不起来的,这种现象称为"失步"。

为使同步电动机正常启动,经常采用以下 3 种方法。

① 辅助电动机启动法。用一台与同步电动机极数相同的小型异步电动机作为启动电动机。启动时,先用启动电动机将同步电动机带动到接近同步转速,再将同步电动机接上三相电源,这样同步电动机便可启动运行。这种方法仅适用于空载。

② 变频电源启动法。先采用变频电源向同步电动机供电,使变频电源的频率从零缓慢升高,旋转磁场转速也从零缓慢升高,带动转子缓慢加速,直到额定转速。该方法多用于大型同步电动机的启动。

③ 异步启动法。在同步电机转子上增设一套鼠笼或启动绕组,使之具有异步电动机功能。在启动时励磁绕组不通电,相当异步电动机启动,待转速接近磁场转速时再接通励磁电源,电机便进入同步运行。

2. 同步电机的结构

同步电机根据转子结构的不同，可分为显极式同步电机和隐极式同步电机。显极式转子上有明显凸出的成对磁极和集中励磁绕组，多极同步电机往往做成显极结构。隐极式转子上没有凸出的磁极，转子本体表面开有槽，槽中嵌放励磁绕组。

图1.60为同步电机结构示意图。其中图1.60(a)为结构示意图，图1.60(b)为隐极式转子示意图，图1.60(c)为显极式转子示意图。

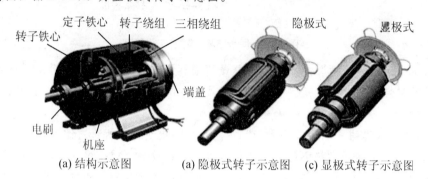

(a) 结构示意图　　(a) 隐极式转子示意图　(c) 显极式转子示意图

图1.60　同步电机结构示意图

3. 永磁式同步电动机介绍

永磁式同步电动机因其转子磁极为永磁体而得名。永磁式同步电动机无需直流励磁，省去了电刷与滑环。它具有结构简单、维修方便、功率因数高、效率高等优点，是一种很有前途的节能电机。

(1) 永磁式同步电动机的结构。永磁同步电动机的定子结构与异步电动机定子结构相同。同步电动机转子上安装有永磁体磁极，永磁体磁极安装在转子铁心表面。

图1.61为四极永磁式同步电动机的定子与转子结构示意图。永磁体磁极安装在转子铁心圆周表面上，称为凸极式永磁转子。永磁体磁极嵌装在转子铁心内部的称为嵌入式永磁转子。

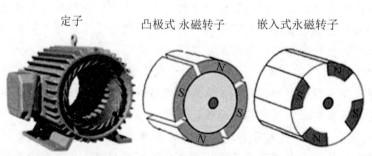

图1.61　四极永磁式同步电动机定子与转子结构示意图

(2) 永磁式同步电动机的启动。与普通同步电动机一样，这种永磁同步电动机不能直接通三相交流电启动。它多应用于变频调速场合，启动时变频器输出频率从零开始上升到工作频率，电动机则跟随变频器输出频率同步旋转，它是一种很好的变频调速电动机。

（3）异步启动永磁同步电动机。为了解决永磁式同步电动机自行启动（不借助于外部设备的启动）问题，往往在永磁转子上加装笼式绕组以实现自行启动，这种电机称为异步启动永磁同步电动机。

为了安装笼式绕组，异步启动永磁同步电动机在转子铁心叠片圆周上冲有许多安装导电条的槽，在转子铁心内部嵌装永磁体，永磁体安装方式有多种，也可以按前面介绍的形式安装。

图 1.62 为一台异步启动永磁同步电动机转子结构示意图。

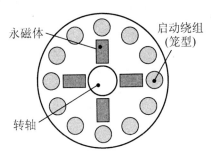

图 1.62　异步启动永磁同步电动机转子结构示意图

图 1.62 中启动绕组为鼠笼式转子。鼠笼转子可制成焊接式或铸铝式；在转子每个槽内插入铜条，铜条与转子铁心两侧的铜端环焊接在一起便制成了焊接式笼式转子；若将熔化的铝液直接注入转子槽内便可制成铸铝式转子。铸铝方法可以同时铸出端环与风扇叶片，是较廉价的做法，采用较多。

异步启动永磁同步电动机可以直接接通三相交流电源使用。电动机在接通三相交流电源产生旋转磁场时，就会在笼式绕组中感应出电流，转子就会像交流异步电动机一样启动旋转，最终进入同步运行。

考考您！

1．什么情况下电动机会加速？什么情况下会减速？什么情况下速度会稳定？

2．电动机的稳定运行点总是出现在电动机机械特性与负载特性的交点，那么是否所有的交点都是稳定运行点？为什么？

3．什么是恒转矩负载？什么又是反抗性恒转矩负载？什么又是位能性恒转矩负载？反抗性恒转矩负载与位能性恒转矩负载有什么区别？

4．电动机电动状态运行时，功率是如何传递的？电动机本身的损耗有哪些？

5．三相异步电动机 T 型等效电路中，每个电阻上消耗的功率分别代表什么？

6．三相异步电动机稳定运行时，为什么转子中电流（或电动势）变化的频率要比定子中电流的频率要低得多？

7．什么是同步电机？什么是永磁式同步电动机？它们工作原理是什么？

8．同步电动机的工作原理与异步电动机有什么区别？同步电动机如何启动？

9．图 1.63 中①为某电动机的机械特性曲线，图 1.63 中②、③分别为负载特性曲线，试判定哪些点是稳定工作点。

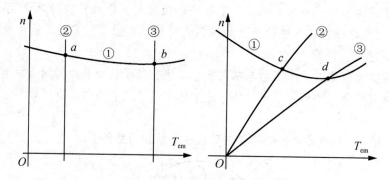

图 1.63　电动机稳定工作点判定

第 **2** 章

三相异步电动机的
启动与控制

知识目标	掌握常用低压电器的结构、使用方法和基本参数；掌握异步电动机启动原理和启动特点，掌握异步电动机典型的启动控制环节
能力目标	能根据电动机及启动要求选择低压电器种类、参数等；能正确阅读、绘制异步电动机电气控制系统图纸；会根据图纸安装、检修异步电动机启动电路

↘ 本章导语

电动机的启动、制动和调速是电动机控制的三大基本内容。本章将学习三相异步电动机启动原理、特点、适用场合；常用低压电器结构、参数和典型的启动控制电路。这些知识是今后正确使用电动机的基础。

2.1　电动机启动的一般要求和方法

电动机的启动过程是指电动机从加上电压开始运行到速度达到稳定的这个过程。电气设备是用电动机拖动的，因此电动机的启动过程实际上就是被控设备的启动过程。启动问题是电动机控制的重要问题之一。

2.1.1　电动机启动的一般要求

大家都坐过动车吗？它的最高时速接近 300km/h，但是它的速度是从零开始渐渐上升，最后达到稳定的。乘客在动车上肯定会想：启动时速度上升得越快越好，但过程一定要平稳舒适。

动车是靠电动机来拖动的，这种想法恰恰反映了电动机启动过程的两点要求。

（1）启动过程电动机的加速度要大，这样才能快速启动，有利于提高运行（生产）效率；

（2）启动时最好是匀加速，这样才能做到启动平稳，有利于延长设备寿命。

南方的夏天很热，很多教室装有电风扇，使用者经常会先把风扇的调速开关调到最高挡，待速度上升后再调到合适的挡位，为什么要这样做呢？无非是让电动机快速启动，而启动是否平稳的问题在这里就不重要啦！

可见，对电动机的启动过程，不同设备会有不同的要求，而电动机的启动过程必须要满足这些要求。

对电动机启动过程的一般要求是什么？

不同的设备对电动机启动的要求也是不相同的，一般来说有以下几个指标可以定性地说明电动机的启动性能的好与坏。

指标 1：启动时转矩要大，这样启动的加速度就大，速度上升快，启动时间短，设备的工作效率就高。

指标 2：启动过程越平稳越好，这样可以减小对电动机自身和传动环节的冲击。

指标 3：启动时向电网吸取的电流不能过大，否则会引起对电网过大的冲击，造成网压波动。

有的设备要求电动机启动速度快，例如数控机床中伺服电动机；有的设备则要求电动机启动平稳，例如电梯门厅的开门电机；有的设备则要求两方面都要好，例如前面讲到的动车电动机以及电梯的升降电动机。由此可见，电动机的启动性能关键是要满足设备对启动的要求。

一般来说，电动机启动时的性能能满足设备对启动的要求就可以了，一味追求好的启动性能是没有必要的，相反会使系统复杂化，成本也将增加，这样就得不偿失了。

2.1.2　三相异步电动机启动方法介绍

您肯定要问：电动机启动性能好坏是由什么决定的？小轿车大家都坐过，要使汽车启动快速且平稳，汽车自身的性能一定要好，另一个重要的因素就是需要有一位技术高超的司机！

　　电动机也是一样的，不同种类的电动机启动性能不一样，直流电动机的启动性能比异步电动机相对要好些，绕线式异步电动机启动性能比笼式异步电动机的启动性能要好些。另一个因素就是与电动机启动的方法有关，选择一种好的启动方法对改善电动机的启动性能是很有帮助的。

三相异步电动机有哪些启动方法？

　　三相异步电动机的启动方法主要有全压启动和降压启动两类，其中降压启动又可以分为多种。

　　表 2-1 为三相交流笼式电动机启动方法列表。

表 2-1　三相交流异步电动机启动方法列表

三相异步电动机的启动方法	
异步电动机全压启动	手动全压启动、自动全压启动
笼式电动机降压启动	丫—△降压启动、定子串电阻降压启动、定子串自耦变压器降压启动、延边三角形降压启动、软启动器启动
绕线型异步电动机启动	转子串电阻启动、串频敏变阻器启动

 知识链接 2-1

启动电流对电网电压的影响

　　各种电气设备在额定电压下工作才能最大限度地发挥作用。但电网电压始终处在波动状态，过大的波动会影响电网上用电设备正常运行，甚至引起事故。引起网压波动的原因很多，其中大功率电动机启动也是引起网压波动的原因之一。

　　电网电压并不是固定不变的，而是在一定的范围内波动。晚上用电高峰时，家庭照明灯的亮度会明显下降，凌晨用电低谷时照明灯的亮度要高一些。读者一定还会有这样的经历，在家里使用大功率家用电器时，例如使用微波炉时，电灯会突然暗了下去，当停止使用微波炉时电灯又恢复了明亮。

　　照明灯的明暗变化说明了电网电压的波动(大小变化)，用电高峰和用电低谷说明了电网中总电流的大与小。可以断定，电网中电流的大小变化会引起电网电压的波动，电流大时电网的电压低，电流小则电压高。

　　为什么会出现上述情况？

　　通过对图 2.1 电路的分析，来解释为什么"使用微波炉，电流增加"时会造成电网电压下降的原因。

　　电路中的电源是有内阻的，在图 2.1 所示电路中，把电源内阻等效为 r_0，导线本身也有电阻，把从电源到用户间的导线电阻等效为 R_1。

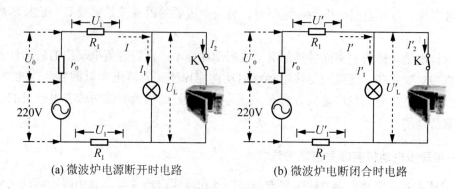

(a) 微波炉电源断开时电路　　　　　　　(b) 微波炉电断闭合时电路

图 2.1　电路分析

比较图 2.1(a)和图 2.1(b)中，微波炉开关断开时的总电流 I 比开关闭合时总电流 I' 要小得多，因此电源内阻 r_0 和导线电阻 R_1 产生的压降分别为

$$U_0'=I'\times r_0 > U_0=I\times r_0$$
$$U_1'=I'\times R_1 > U_1=I\times R_1$$

电源提供的总电压($U_S=220V$)是相同的，由于电路中总电流的增加，导致电源内部和线路上的电压损失加大，从而造成用户端电压下降，上例中有

$$U_L' < U_L$$

用户端电压下降过多就会影响电气设备的正常工作，例如电灯亮度下降、电冰箱过载等。特别是三相工业电网，网压波动过大会影响到电网上电气设备的正常工作，严重时甚至引起电网过载跳闸等事故。

我国电力部门规定电压允许波动的范围：380V 电压允许波动幅度为 5%~10% 以内；660V 电压的允许波动幅度为 10%~15% 以内。

三相异步电动机在直接启动瞬间，启动电流可达额定电流的 4~7 倍。若电动机的功率很大，则启动电流可能会超过电网允许值而造成电网电压下降过大，从而影响电网上电器的正常工作，这是不允许的。

考考您!

1. 什么是电动机的启动过程？为什么对电动机的启动会有要求？描述电动机启动性能的指标有哪些？这些指标分别说明了什么问题？

2. 是不是所有电动机都要求有很好的启动性能？为什么？

3. 电网电压始终处在波动状态，但电压波动超过允许值就不允许了，这是为什么？

4. 为什么用电高峰时电网电压要比正常低一些？

2.2　隔离开关控制的全压启动

通过以下内容的学习，掌握三相异步电动机全压启动的原理、特点和适用的场合；了解隔离开关种类、作用和参数；了解隔离开关在电气控制电路中的作用、使用和参数选择；学会电气原理图的绘制和电气线路的安装、接线。

鼠笼式异步电动机全压启动是指电动机定子绕组按铭牌规定接法，并在额定电压下启动，因此也叫直接启动。全压启动线路简单、维护方便，在小功率电动机中得到广泛应用。

　　在日常的生活和生产中，可以举出很多全压启动的实际应用例子。例如，普通车床平移机构驱动电动机、电子流水线驱动电动机、小型台钻电动机、机床冷却泵电动机等。

　　图2.2是企业中广泛使用的电动门。外行看热闹，内行看门道，对于熟悉电气控制的技术人员来讲，电动门的控制实际上就是电动机全压启动控制。

　　电动机全压启动的方法很多，还是先看看全压启动特点吧！

图2.2　企事业单位电动门

2.2.1　三相交流电动机全压启动特点

　　电动机全压启动时，施加的电压为额定电压 U_N、电源的频率为额定频率 f_N、电动机定子绕组按铭牌规定的接法，电动机转子和定子中不串接任何其他启动专用器件。

　　全压启动时，电动机的机械特性为固有特性，电动机将在固有特性上运行。

　　电动机在接通电源后，在启动的瞬间，转子尚未旋转，此时 $n=0$，$s=1$，旋转磁场将以最大的速度切割转子导体，转子导体中的感应电动势和感应电流达到最大值，导致定子启动电流 I_Q 也很大，其值约为额定电流的 4～7 倍。尽管启动电流很大，但启动转矩 T_Q 并不大，其值一般在额定转矩 T_N 的 0.9～2.0 倍之间。

　　图2.3为Y80L-2型三相笼式电动机的固有特性。从曲线上可以看出，这台电动机启动能力很弱(启动转矩仅为 5.64N·m＜7.4N·m 的额定转矩)，甚至无法在额定负载下顺利启动。

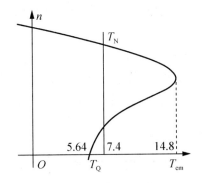

图2.3　异步电动机固有机械特性

可见，三相异步电动机全压启动的特点是启动电流大，一般可达额定电流的 4～7 倍；启动转矩小，一般为额定转矩的 0.9～2.0 倍。这与用户对启动的要求是矛盾的。

1. 启动电流过大的原因

全压启动瞬间，启动电流可达额定电流的 4～7 倍，过大的启动电流可能会引起电网电压明显降低，进而影响到同一电网上其他设备的正常工作，严重时连电动机本身也转不起来。如果是频繁启动，不仅使电动机温度升高，还会因为过于频繁的电磁冲击，影响电动机的寿命。

🔑 **启动电流大是什么原因引起的？**

 为什么直接启动电流会这么大？

定性的解释可以参考图 2.4 简化后的异步电动机等效电路。在电动机启动瞬间（$s=1$），负载电阻 $(1-s)R_2'/s=0$，电路中 a、b 间短路。电路的总阻抗最小，因此定子电流 I_{1L} 最大。

也可以通过对图 2.4 的计算，求取电动机启动电流。

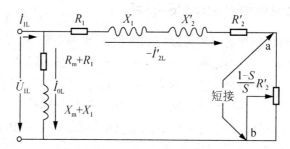

图 2.4　三相异步电动机简化等效电路

根据等效电路，在启动瞬间的定子电流，即启动电流为

$$\dot{I}_{1L}=\dot{I}_{0L}+(-\dot{I}_{2L}')=\dot{I}_{0L}+\frac{-\dot{U}_{1L}}{(R_1+R_2'/s)+\mathrm{j}(X_1+X_2')}$$

上式中，励磁电流 I_{QL} 的大小远比 I_{2L}' 要小得多，若忽略励磁电流 I_{QL}，则上式可写成如下形式。

$$\dot{I}_{1L}\approx-\dot{I}_{2L}'=-\frac{\dot{U}_{1L}}{(R_1+R_2'/s)+\mathrm{j}(X_1+X_2')}$$

在电动机启动瞬间 $n=0$、$s=1$，负载 $(1-s)R_2'/s=0$（相当于电路短路）。此时定子电流达到最大值，其有效值为

$$I_{1L}=I_{QL}=\frac{U_{1L}}{\sqrt{(R_1+R_2')^2+(X_1+X_2')^2}}$$

从以上分析可知，电动机在启动的瞬间电流最大，随着转速 n 的上升，电流将逐渐下降，当电动机转速稳定时，电流也达到恒定。

对于小容量异步电动机，尽管直接启动电流可达额定电流的 4～7 倍，但是相对电网容量而言，电流依然较小，对电压不会造成过大影响，一般说来可以直接启动。

2. 电动机全压启动的判别

在工程实践中，电动机是否允许采用直接启动，可按以下经验公式核定，只有在满足下式的前提下才允许直接启动。

$$\frac{I_{Q}}{I_{N}} \leqslant \frac{3}{4} + \frac{s_{N}}{4P_{N}}$$

上式中，I_{Q} 为电动机的启动电流；I_{N} 为电动机的额定电流；P_{N} 为电动机的额定功率（kW）；s_{N} 为电源的总容量（kV·A）。

【例 2-1】 一台 20kW 的三相异步电动机，启动电流与额定电流之比为 6.5 倍，当电源变压器容量为 560kV·A 时，电动机能否全压启动？另一台 75kW 电动机，其启动电流与额定电流之比为 7 倍，能否全压启动？

解： 对 20kW 电动机，根据经验公式有

$$\frac{3}{4} + \frac{s_{N}}{4P_{N}} = \frac{3}{4} + \frac{560 \times 10^{3}}{4 \times 20 \times 10^{3}} = 7.75 > 6.5$$

该电动机全压启动电流倍数（6.5）小于电网允许启动电流倍数（7.75），所以允许全压启动。

对于 75kW 电动机，根据经验公式有

$$\frac{3}{4} + \frac{s_{N}}{4P_{N}} = \frac{3}{4} + \frac{560 \times 10^{3}}{4 \times 75 \times 10^{3}} = 2.26 < 7$$

该电动机全压启动电流倍数（7）大于电网允许启动电流倍数（2.26），所以不允许全压启动，应当采用降压启动。

2.2.2　隔离开关控制的电动机全压启动电路

图 2.5 是笼式电动机最简单的全压启动电路。在这个电路中，把隔离开关安装在一块木板上，然后把木板固定在墙上，通过 PVC 管或铁管把电源、隔离开关和电动机三者用导线连通构成控制电路。

图 2.5　电动机最简单的直接启动电路（实物）

目前这种控制在一定场合还在使用。例如，农村小型灌溉站浇灌用电动机的控制和农作物加工机械的控制等。

在电气控制中，图纸是很重要技术资料。无论做什么都要先画图，再根据图纸进行安装施工。

图纸不但自己要能看懂，别人也要能看懂。这样就要求在绘制图纸时要按一定的规定进行，这个规定就是标准。

1. 电气控制原理图

电气控制中所有用到的电动机和电器都有专门的符号，符号由图形符号和文字符号两部分组成。电路中用符号替代实物，这样电路的绘制就大大简化了。

图2.6所示为全压启动电气原理图。图中使用了两种隔离开关，一种自带熔断器，另一种则不带熔断器。图2.6中电动机和开关都采用国家统一的标准符号，这样大家都能看懂，画起来也很方便。

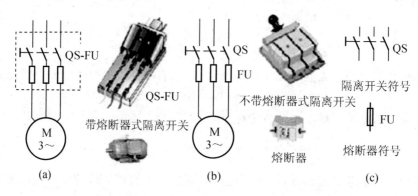

图2.6　隔离开关控制的全压启动电气原理图及电器符号

由于图2.6仅反映它的工作原理，不能反映实际的安装情况，因此称之为电气原理图。注意！电气原理图是最重要的图纸！

 绘制电气图纸要遵循什么标准？

绘制电气原理图必须遵循的国家标准包括GB/T4728 1996—2000《电气简图用图形符号》、GB/T6988 1993—2000《电气技术用文件的编制》、GB 7159—1987《电气技术中的文字符号制订通则》及GB 4026—1992《电器设备接线端子和特定导线线端的识别及应用字母数字系统的通则》等。

2. 电气原理图的绘制规律

图2.7所示为某机床电气原理图，下面以此为例，说明电气原理图绘制时应当遵循的一些原则。

（1）电气控制系统的电路一般分为主电路和辅助电路。辅助电路又可分为控制电路、信号电路、照明电路和保护电路等。

① 主电路是指从电源到电动机的电路。一般情况下，主电路的电流相对辅助电路的

电流要大。主电路电源部分要水平线绘制,动力设备及保护电器支路应垂直于电源电路绘制。如图 2.7 所示的电源开关、电动机电路。

电源及保护	主电机	启动/停止控制	变压器	照明、信号

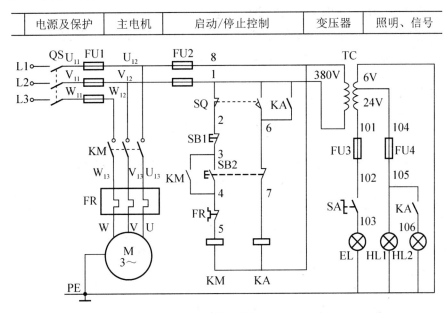

图 2.7　某机床电气原理图

② 控制电路、照明电路、信号电路以及保护电路等应垂直绘制在两条水平电源线之间。耗能元件的一端应直接连接在电位低的一端,控制触头连接在上方水平线与耗能元件之间。

③ 不论是主电路还是辅助电路,各元件一般应按动作顺序从上到下,从左到右依次排列。

(2) 在电气原理图中,所有电器元件的图形、文字符号、接线端子标记必须采用国家规定的统一标准。

(3) 电器元件在原理图中采用展开画法,即同一电器元件的各部分可以绘制在电路不同的位置,但需用相同符号标出。

(4) 当电路中有多个同类元件出现时,可在文字符号后加上数字序号以示区别。例如,KM1、KM2 等。

(5) 在原理图中,所有电器按自然状态绘制。即所有按钮、触头按未通电或未受外力时的原始状态绘制。

(6) 绘制原理图时,应尽量避免线条交叉。对有电连接的交叉导线连接点要用黑圆点表示,无直接联系的交叉导线连接点不画黑圆点。

(7) 电路图中导线的线号标志应符合以下几点规定。

① 主电路在电源开关的出线端按相序依次编号为 U_{11}、V_{11}、W_{11}。然后按从上至下、从左到右的顺序,每经过一个电气元件后,编号要递增,如 U_{12}、V_{12}、W_{12};U_{13}、V_{13}、W_{13}……

② 对于单台三相异步电动机(或设备)的 3 根引出线按相序依次编号为 U、V、W。对于多台三相交流电动机引出线的编号,可在字母前用不同的数字加以区别,例如 1U、

1V、1W；2U、2V、2W……

③ 对于辅助电路的编号，则按"等电位"原则从上而下、从左到右的顺序用数字依次编号，每经过一个电气元件后，编号要依次递增。

④ 控制电路编号的起始数字必须是"1"，其他辅助电路的编号依次增加100。如照明电路编号从101开始，指示电路编号就从201开始等。

 知识链接 2-2

隔离开关的基本常识

从现在开始，将接触到隔离开关、熔断器这类低压电器，这些电器在工矿企业中广泛使用，它们是构成电气控制电路的基本器件。这些电器的结构、工作原理与使用方法是学习电动机控制必须掌握的一些基本知识。

低压电器：凡是用手动或自动接通或断开电路，以及能实现对电路或非电对象进行切换、控制、保护、检测和调节等作用的电器元件都称为电器。低压电器则是指用在交流1200V 及以下、直流 1500V 及以下电路中的电器。

 这里的低压电器与家用电器有什么不同？

这里的电器是指能根据具体要求接通和断开电路的"开关"，因而有时也称为"开关电器"。而家用电器则是指在家庭及类似场所中使用的各种电气和电子器具，其作用是使人们从繁重、琐碎、费时的家务劳动中解放出来。

需要注意的是，这里的"低压"对人是很危险的！220V 的交流电会致人死亡，更何况超过 1000V 的电压。只有当电压小于 36V 时，人触及才没有危险。因此 36V 以下的电压被称为安全电压。

低压电器种类繁多，分类也较复杂。像上面隔离开关这种通过人力使电路接通或断开的低压电器叫手动电器，而像熔断器这种用于电路保护的电器则叫保护电器。

1. 隔离开关的基本结构

隔离开关(俗称闸刀)种类繁多、结构简单、应用广泛。主要用于不频繁地接通和断开电流，或用来将电路与电源隔离。

常用的隔离开关有开启式负载开关、封闭式负载开关、组合开关、倒顺开关等。

不同类型隔离开关的基本结构大同小异，一般包括绝缘底板、动触刀、静触座、灭弧装置和操作机构。灭弧装置并不是必备装置，当隔离开关用于电源隔离时通常不配置灭弧装置。隔离开关的动触头是触刀，操作人员通过移动触刀(动触头)的位置，使其与底座上的静触头接触或分离，以接通或断开电路。

在图 2.6(a)所示电路中，所使用的隔离开关也称为开启式负载开关。图 2.8 所示为开启式负载开关的结构示意图。开启式负载开关不带灭弧装置，因此断流能力(断开电流的能力)较弱。

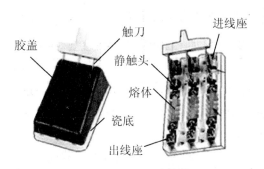

图 2.8　开启式负载开关的结构

图 2.9 所示为一种带灭弧装置的隔离开关结构图。它的触头置于金属灭弧栅下方,当开关切断电流时产生的电弧在金属灭弧栅的作用下能迅速熄灭。这种隔离开关断流能力较强,可用于较大电流的电路中。

在图 2.6 所示电路中,电动机的启动运行是直接通过手动电器实现的,因此该电路也称为手动控制电路。

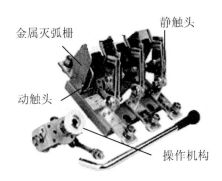

图 2.9　带灭弧装置的隔离开关

可以完成异步电动机全压启动的手动电器还有很多! 图 2.10 所示的这些电器就经常用于电动机的全压启动。当然这些电器还有其他用途。

铁壳开关　　　组合开关　　　转换开关　　　倒顺开关

图 2.10　常用于直接启动的部分手动电器

由于隔离开关是一种手动电器,操作者通过手臂操作开关接通或断开电路,当隔离开关发生意外事故时,就可能危及人身安全。因此对隔离开关的选择和使用要谨慎。

2. 隔离开关的使用场合与参数

不同类型的隔离开关,使用场合也各不相同。了解这些知识对今后使用这些电器很有帮助。

表 2-2 列举了几种常用隔离开关的主要使用场合。

表 2-2　几种常用隔离开关的主要使用场合

名　称	主要作用
开启式负载开关	适用于交流 50Hz,额定电压为单相 220V 至三相 500V,额定电流至 100A;可作为电阻性负载等的操作开关或电源隔离开关,也可作为小功率交流电动机的不频繁全压启动及停止之用
封闭式负载开关	适用于额定工作电压 380V、额定工作电流至 600A,频率为 50Hz 的交流电路中,可作为手动不频繁地接通断开有负载的电路,并对电路有过载和短路保护作用
倒顺开关	适用于交流 50Hz(或 60Hz)额定工作电压至 380V,主要用作全压通断单台鼠笼式感应电动机,使其启动、运转、停止及反向
组合开关	主要适用于交流 50~60Hz,电压 380V 及以下,直流电压 220V 及以下的电路中,作手动不频繁地接通或断开电路,换接电源或负载,测量电路之用,也可控制小容量电动机

从表 2-2 中可知,上述开关都可以用来控制电动机全压启动。但采用不同的隔离开关控制时,参数的选择方法就不相同。

下面介绍几种常用隔离开关的使用方法。

1. 开启式负载开关的用途与参数(以 HK2 系列为例)

开启式负载开关主要用作隔离开关以及照明电路、电热电路、小容量电动机不频繁启动控制开关,也可作为电路分支路的配电开关。

图 2.11 所示为 HK2 系列三极开启式负载开关的外形及符号。

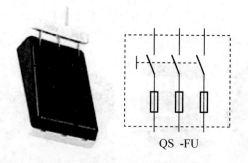

QS -FU

图 2.11　开启式负载开关及符号

开启式负载开关用于照明电路时,可选用额定电压为 220V 或 250V 的二极开关,额定电流应等于或大于电路中各负载额定电流的总和。

开启式负载开关用于控制电动机全压启动时,可选用额定电压为 380V 或 500V 的三极开关,额定电流应不小于电动机额定电流的 3 倍。

开启式负载开关安装时注意:接通电路时手柄应当向上,不得倒装或平装,以避免可能出现的由于重力自动下落引起误合闸。接线时,应将电源线接在上方,负载线接在下端,这样拉闸后更换熔丝不会带电。

表 2 - 3 为三极 HK2 型开关控制电动机时的主要技术参数。

表 2 - 3　HK2 系列开关控制电动机时的主要技术参数

型号规格	额定电压	额定电流	控制交流电动机功率(推荐值)	熔丝规格
HK2 - 100/3	380V	100A	7.6kW	ϕ1.15mm
HK2 - 63/3	380V	63A	5.5kW	ϕ1.12mm
HK2 - 32/3	380V	32A	4.0kW	ϕ0.75mm
HK2 - 16/3	380V	16A	2.2kW	ϕ0.44 mm

注：熔丝含铜量不少于 99.9%

2. 封闭式负载开关的用途与参数(以 HH3 系列为例)

封闭式负载开关也叫铁壳开关，主要由钢板外壳、触刀、熔断器、灭弧装置和操作机构等组成。一般用于小型电力排灌、电热器、电气照明电路的配电设备和小型异步电动机的不频繁启动控制，并对电路有过载和短路保护作用。

封闭式负载开关用于控制异步电动机全压启动时，开关的额定电流应为电动机额定电流的 3 倍。若用于一般电热、照明控制时，开关的额定电流应等于或大于被控制电路中各负载额定电流的总和。

封闭式负载开关具有储能合闸机构。操作机构与外盖间有联锁装置，能起到合闸后不能打开外盖、外盖打开后不能进行合闸的联锁作用。使用时外壳还要可靠接地。

封闭式负载开关的图形及文字符号与开启式负载开关相同。

3. 倒顺开关的用途与参数(以 HY23 系列为例)

HY23 系列倒顺开关主要用于交流 50Hz，额定电压 380V 及以下，额定工作电流 20A 及以下的单台异步电动机的正、反转和停止控制。也可作为电气设备的电源引入开关。

HY23 系列倒顺开关的参数见表 2 - 4。

表 2 - 4　HY23 系列倒顺开关的参数

型号规格	额定电流	额定电压	控制电动机功率	
			电机电压 220V	电机电压 380V
HY23 - 131	20A	380V		
HY23 - 132	20A	380V	2.2kW	3.0kW
HY23 - 133	20A	380V		
HY23 - 134	20A	380V		

4. 组合开关参数的用途与参数(以 HZ10 系列为例)

适用于交流 50Hz，额定工作电压 380V 及以下、直流电压 220V 及以下、额定电流

100A 及以下的电气线路中，供手动不频繁地接通断开电路；也可用作控制 5kW 以下小容量交流电动机的正反转和停止。

如图 2.12 所示为常见 HZ10 组合开关的外形及符号。

图 2.12 HZ10 组合开关及符号

组合开关用作隔离开关时，其额定电流应不低于被隔离电路中各负载电流的总和；用于控制电动机时，其额定电流一般取电动机额定电流的 2.0～3.0 倍。

电器的选择包括型号、规格和适用场合等。电路中使用的电器若选择不当时，轻则损坏电器，重则造成设备或人身事故。所以选择合适的电器很重要，但选择过程比较繁锁，不需要死记硬背，只需要学会查表就可以了。一般的电工手册上均会有相应的参数，另外 Internet 上也可查到相应的参数。

以下网站读者可以经常去看看。

(1) http：//www.delixi－electric.com/cn/index.aspx(德力西电气网)；

(2) http：//www.electric.cn/(中国电气网)；

(3) http：//www.chint.net/(正泰电气网)。

实践项目 2 笼式电动机手动控制电路的安装

通过以下实践，进一步了解隔离开关的结构、不同类型隔离开关之间的区别、适用的场合；学会隔离开关控制的电动机全压启动手动控制电路的安装、接线注意事项；理解隔离开关在电路中的"隔离"和"控制"之间的区别。

知识要求	通过隔离开关的拆装进一步了解其结构、不同隔离开关结构上的区别，掌握隔离开关储能操作机构的工作特点
能力要求	会正确使用工具完成隔离开关的拆卸，知道隔离开关拆装时的注意问题；掌握电动机倒顺开关控制电路的连接

1. 隔离开关的拆装

隔离开关的操作机构有带储能机构和不带储能机构两种。绝大多数手动电器的操作机构都具有储能机构。

什么是储能机构？

所谓储能机构是指人在操作时，通过手柄拉伸或压缩操作机构中弹簧，使弹簧储存能量，当手柄到达一定位置时，弹簧中储存的能量瞬间释放出来，推动触头系统快速动作。因此，具有这种机构的隔离开关，触头的动作速度快，且与操作者的操作速度无关。

每一种隔离开关的内部结构都不完全相同，了解开关的内部结构和工作特点有助于正确使用隔离开关。

下面就打开开启式负载开关、封闭式负载开关和倒顺开关的外壳，看看它们的内部结构有什么不同，观察时请注意以下几个问题。

（1）上述 3 种开关的触头闭合或断开的速度是由什么决定的？哪种开关的触头动作速度快？哪种开关触头动作速度慢？电器触头动作的速度是快好还是慢好？为什么？

（2）哪些开关的操作机构具有储能机构？能否通过对开关实物的操作而判断出操作机构是否具有储能机构？

（3）在上述 3 种开关中，哪一种有灭弧装置？灭弧装置有什么用？为什么灭弧装置要这样安装？

根据观察结果，完成表 2-5 的填写。

表 2-5　几种隔离开关结构比较

开关种类	型　　号	有无灭弧装置	有无储能机构	触头接触形式
开启式负载开关				
封闭式负载开关				
倒顺开关				
组合开关				

注：触头是指电器中接通或断开电路的部件，由动触头和静触头组成

2. 倒顺开关控制的电动机正反转电路的安装

图 2.13 所示为倒顺开关控制的电动机正反转电路原理图，图中 QF 为空气开关。请按以下步骤进行操作。

（1）检查电路所需电器是否正常。经检查后，将低压电器元件和接线端子排固定在实验室提供的控制板上。

（2）电路中导线一般采用单股或多股铜芯线。导线截面积按 $5A/mm^2$ 来估算。

（3）两个固定元件之间的连接导线可采用硬线或软线进行。若两个元件之间有相对运动或振动时，则必须采用截面积大于或等于 $0.5\ mm^2$ 的软线进行连接。

（4）在进行电路连接时，先从电源侧开始。连接时按从上而下、从左到右顺序进行。导线中间不得有接头。明露导线敷设时必须走线合理并遵循"横平竖直"的原则。

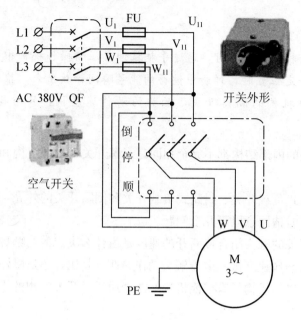

图 2.13　电动机正反转手动控制电路

（5）控制板内电器与板外电器之间的连接要通过接线端子排进行。一般一个接线端子只连接一根导线。控制板内电器元件接线端最多同时连接两根导线。

（6）电气设备所有裸露在外的导电部件（包括电动机的机座等），必须连接到保护接地专用端子上。

（7）通电试车前再检查电路，必要时可用万用表检查电路通断情况。

（8）通电试车时要密切注意电动机的工作情况。如发现电动机启动困难、发出噪声过大等异常情况时，应立刻停车检查。

在完成本次实践后，请完成表 2-6 的填写。

表 2-6　电动机正反转手动控制电路元件

电机/电器元件名称	型号、规格
三相异步电动机	
空气开关	
熔断器	
倒顺开关	

考考您！

1. 什么是三相笼式电动机全压启动？三相笼式电动机全压启动的特点是什么？适用于什么的情况？

2. 为什么启动电流过大时可能会造成电网电压的波动？我国电力部门一般规定 380V 电网允许波动的范围是多少？

3. 什么是电气原理图？绘制电气原理图时应遵循什么规律？

4. 一台 10kW 电动机，直接启动时的启动电流与额定电流之比为 7.5，电源变压器容量为 160kV·A，电动机能否采用全压启动？

5. 隔离开关的储能机构一般由什么构成？有储能机构的隔离开关为什么较无储能机构隔离开关的断流能力要强？

6. 隔离开关的主要用途是什么？当隔离开关用来控制电动机工作时，为什么要慎之又慎？

7. 请查阅资料说明隔离开关"隔离"是什么意思？这里的"隔离"与"控制"有什么区别？

8. 用倒顺开关控制电动机启动时，电路中使用的导线的面积如何确定？若电动机的额定功率为 2.2kW，额定电压为 380V，估算铜芯导线的截面积是多少？

9. 根据实践体会，总结一下万用表在电路检查中的应用。

2.3　接触器控制的单向全压启动

通过以下内容学习，将了解接触器、按钮的结构特点；掌握接触器和按钮在电路中的作用、使用方法和参数选择方法；掌握接触器控制的直接启动电路的原理、电路特点；掌握电气控制电路原理的文字描述方法。

用隔离开关直接控制电动机启动的电路存在较大不安全因素，一旦隔离开关自身出现故障时可能会威胁操作人员的安全。因此这种电路一般只用于功率小于 4.5kW 以下的电动机控制。当电动机功率大于 4.5kW 时就应当考虑采用接触器控制的启动方法。

接触器是一种使用广泛的电磁式自动电器。所谓电磁式自动电器是指触头的动作是通过电磁吸力来实现的。

图 2.14 所示是接触器控制的鼠笼式异步电动机全压启动原理图。该电路使用了一只隔离开关(QS)、一只交流接触器(KM)和两只按钮开关(SB1、SB2)。

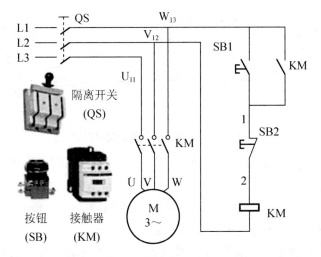

图 2.14　接触器控制的全压启动电路

首先来了解各低压电器的结构和工作原理吧。

2.3.1 电路中元件介绍

1. 交流接触器

交流接触器适用于远距离频繁地接通或断开交流主电路及大容量控制电路。具有控制容量大、操作频率高、使用寿命长等优点。主要用于电动机控制，也可用于其他负载控制。

接触器有交流接触器与直流接触器之分，交流接触器的触头主要用于控制交流电路，直流接触器的触头主要用于控制直流电路。

图 2.15 所示是常见的小型交流接触器外形及接触器符号。

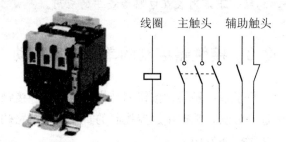

线圈　主触头　辅助触头

图 2.15　常见交流接触器外形及符号

下面仅介绍小型交流接触器结构与工作原理。

（1）交流接触器结构。交流接触器由电磁机构、触头系统和灭弧系统 3 部分组成。

① 触头系统：由静触头和动触头组成，用于接通或断开电路，它是电路的一部分，是接触器的核心部件。

触头一般由导电性能良好的铜、银和铜银合金等材料构成。图 2.16 所示为常见低压电器触头的接触方式和外形。

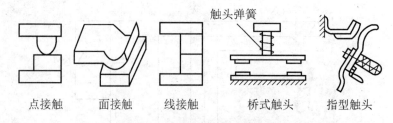

触头弹簧

点接触　　面接触　　线接触　　桥式触头　　指型触头

图 2.16　低压电器触头的常见形式

接触方式不同意味着触头电流容量的不同。根据电流容量不同。接触器的触头有主触头和辅助触头之分。

a. 交流接触器主触头：主触头用以通断电流较大的电路，一般由 3 对接触面较大的常开（动合）触头组成。主触头往往带有弧绝装置。

b. 交流接触器辅助触头：用以通断电流较小的辅助电路，小型接触器一般由两对常开触头和两对常闭触头组成。由于控制电流较小，因此无需灭弧装置。

② 接触器的电磁机构：由静铁心、衔铁（动铁心）和吸引线圈等部件构成。它的作用是驱动触头系统动作，驱使触头闭合或断开。

根据接触器电磁机构吸引线圈使用的电流的性质不同，电磁机构有交流电磁机构和直流电磁机构之分。绝大多数情况下，交流接触器使用的电磁机构为交流电磁机构。

下面仅介绍交流电磁机构的特点。

图 2.17 所示为常见交流电磁机构形状。它由铁心、吸引线圈和短路环等组成。

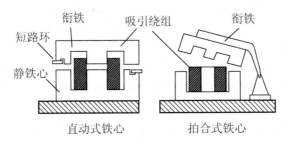

图 2.17　常见交流电磁机构

a. 交流电磁机构铁心。交流电磁机构的铁心一般采用双 E 型，静铁心用于安装线圈，动铁心则用于驱动动触头闭合或断开。

由于线圈中通入交流电流，铁心因存在涡流损耗而发热，为了减小涡流损耗，铁心用硅钢片叠压并铆成。

图 2.18(a)所示是双 E 型铁心示意图。

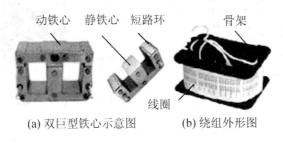

(a) 双巨型铁心示意图　　　(b) 绕组外形图

图 2.18　常见交流电磁机构的铁心和线圈

b. 交流电磁机构线圈。交流电磁机构的线圈用漆包线绕制而成，一般做成粗而短的"矮胖型"，且绕在绝缘骨架上。安装时，铁心与线圈之间有一定间隙，以增加静铁心的散热，防止线圈受热烧损。

图 2.18(b)所示为线圈外形图。

c. 交流电磁机构短路环：在交流电磁机构铁心和衔铁的两个不同端部各开一个槽，槽内嵌装一个用铜、康铜或镍铬合金材料制成的短路环，又称减振环或分磁环，其作用是保证衔铁可靠吸合。

图 2.19 所示为短路环减振原理示意图。

短路环将铁心端面的磁通分成相位不同的两部分，即 Φ_1 和 Φ_2 不同时为零，则由 Φ_1 和 Φ_2 产生的电磁吸力 F_1 和 F_2 不同时为零，这就保证了铁心与衔铁在任何时刻都有吸力，衔铁将始终被吸住，振动就会消失。

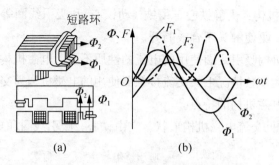

图 2.19　短路环减振原理示意图

③ 灭弧系统。当接触器触头切断电流时，若触头间的电压大于 10V，电流超过 80mA 时，触头间会产生电弧。电弧会灼伤电器触头，延长电路切断的时间，甚至造成弧光短路，缩短电器的使用寿命等。

因此，容量在 10A 以上的接触器中，主接触头都装有灭弧装置。常见的交流灭弧装置有金属栅灭弧、双断点桥式灭弧和窄缝灭弧等。

🔑 有关电弧产生与灭弧的原理请参见"知识链接 2－3"。

（2）交流接触器工作原理。图 2.20 所示是交流接触器的工作原理示意图。图中控制对象为电动机，信号灯显示电动机是否运行。图 2.20 仅反映接触器的工作原理。

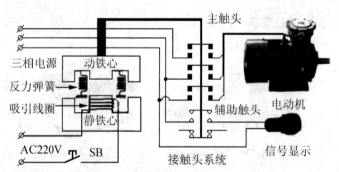

图 2.20　交流接触器工作原理示意图

当按下按钮 SB 时→吸引线圈通电→电磁机构产生电磁吸力而将衔铁吸下→衔铁带动连杆使动触头动作→主触头和辅助触头动作→分别接通电动机和信号灯。

当按钮 SB 断开电路时→吸引线圈断电→电磁机构产生电磁吸力消失→衔铁在反力弹簧作用下恢复原来位置→从而使触头复位。

从上面分析可知，接触器触头的动作由电磁机构驱动，因此这类电器称为自动电器（区别于手动电器）。

（3）交流接触器选用。选择内容包括接触器型号、额定电压、额定电流、吸引线圈额定电压等。

① 为使用方便，交流接触器吸引线圈的额定电压一般按实际电网电压选取，通常选择 220V 或 380V。

② 交流接触器的额定电压应大于或等于负载回路的额定电压。

③ 交流接触器的额定电流应大于或等于被控主回路的额定电流。对于不同的负载，接触器额定电流选择的范围不同。

a. 若电动机操作频率不高时，例如压缩机、水泵、风机、空调等，可选用 CJ10、CJ20 等接触器，接触器额定电流大于负载电流即可。

b. 对重任务电动机，如印刷机、镗床等操作频率可达 600～12000 次/小时，电动机处在不断启动、反接制动、反转等状态时，可选用 CJ10Z、CJ12 等接触器，接触器额定电流按电动机启动电流选取。

c. 对于电热设备，例如电炉、电热器等，负载冷态电阻较小，因此启动电流相应要大些，选用接触器时可不考虑负载的启动电流，而直接按负载额定电流选取接触器额定电流，型号可选 CJ10、CJ20 等。

d. 当用于控制变压器时，应考虑浪涌电流大小。例如交流电弧焊机、电阻焊机等，一般可按变压器额定电流的两倍选取接触器额定电流，型号可选 CJ10、CJ20 等。

e. 当用于将电容投入电网或从电网中切除时，应考虑电容器合闸冲击电流对接触器的影响。一般接触器额定电流可按电容额定电流的 1.5 倍选取。

f. 对于散热条件较差的封闭环境，接触器的额定电流在上述基础上再扩大 10％～20％。对于长时间(大于 8 小时)吸合的接触器，考虑到触头上氧化膜没有机会得到清除，导致触头发热加剧，可将接触器额定电流降低 30％ 使用。

(4) 直流电磁机构与交流电磁机构的区别。直流电磁机构也是由铁心(动铁心和静铁心)和线圈组成。由于直流电磁机构的线圈通入的是直流电，它产生恒定磁通和稳定的吸力，铁心不产生涡流损耗，也不存振动。因此直流电磁机构的铁心是用整块的铸钢制成，铁心端面也无需短路环防振。

为了方便直流电磁机构线圈散热，线圈通常制成高而薄的"瘦高型"，且线圈紧套在铁心上，这样便于线圈通过铁心散热。

2. 控制按钮

按钮是操作者用来发布命令的手动电器，例如启动、停止命令等。这类用于发布命令的电器统称为主令电器。主令电器除按钮外，还有行程开关、接近开关、万能转换开关和主令控制器等。

按钮种类繁多，颜色各异，但基本结构相同。图 2.21 所示是常见按钮的外形、结构示意图及表示方法。

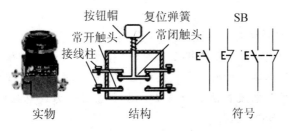

图 2.21　常见按钮外形、结构示意及符号

按钮的触头允许通过的电流较小，一般不超过5A。通常情况下它不直接控制主电路，而是在控制电路中发出指令或信号去控制接触器、继电器等电器的线圈，再由它们去控制主电路的通断、功能转换或电气联锁。

控制按钮有单式按钮、复式按钮等。为便于识别各按钮的作用，避免误操作，在按钮帽上制成不同标志并采用不同颜色以示区别，一般红色表示停止、绿色表示启动。

不同场合使用的按钮还制成不同的结构。例如，紧急式按钮装有突出的蘑菇形按钮帽以便于紧急操作，旋钮式按钮通过旋转进行操作，指示灯式按钮在透明的按钮帽内装和信号进行显示，钥匙式按钮必须用钥匙插入方可操作等。

图2.22为各种常用按钮外形图。

图2.22 常用按钮外形图

2.3.2 接触器控制的全压启动电路原理分析

通常用文字把电路的工作原理描述出来，以便其他电气工程技术人员能方便理解电路的原理和特点。因此描述电路的工作原理也是必须掌握的一项基本技能。

1. 工作原理描述

在图2.14所示的电路中，接触器控制的异步电动机全压启动控制电路的控制原理描述如下所示。

（1）启动控制。合上电源开关QS→接通电源→按下按钮SB1→接通接触器线圈KM→接触器辅助触头、主触头闭合→控制电路自锁、电动机通电运行→启动结束。

（2）停止控制。按下按钮SB2→接触器线圈KM断开→辅助触头、主触头释放→控制电路自锁解除、电动机断电→电动机断电停车。

（3）电路的保护。电路未采取短路保护和电动机的过载保护措施，仅有失压和欠压保护功能。因此当电路短路或电动机过载时将引发严重事故。

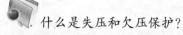 什么是失压和欠压保护？

所谓失压和欠压保护就是当电源停电或者由于某种原因导致电源电压降低过多（欠压）时，保护装置能使电动机自动脱离电源。接触器控制的电路具备这种保护功能，因为当失压或欠压时，接触器线圈电流将消失或减小，失去电磁吸力或电磁吸力不足以吸住动铁心，从而断开主触头，切断电源。

具有失压和欠压保护功能的电路具有以下优点。

① 当电源电压恢复时，如不重新按下启动按钮，电动机就不会自行启动，避免发生事故。

如果直接用隔离开关进行控制，在发生停电事故时，操作人员有可能忘记拉开电源开关，当电源电压恢复时，电动机就会自行启动，可能会发生事故。

② 在电动机负载不变的情况，若电源电压下降，电动机可能出现过载情况。欠压保护可以保证电动机不在电压过低的情况下运行，对电动机起到保护作用。

2. 隔离开关的作用

隔离开关在电路中有两种作用，一种是起控制作用，另一种则起到与电源的隔离作用。例如，在图 2.14 所示电路中，隔离开关起隔离作用。

（1）隔离作用。在图 2.14 所示电路中，隔离开关是在接触器尚未吸合时，电路中没有电流的情况下进行通断操作的，它不承担接通和断开电流的任务，起到隔离电源的作用，因此称其为隔离开关。隔离开关是绝对不允许用来切断电流的。

（2）控制作用。在图 2.6 所示电路中，隔离开关直接用于接通和断开电流，在操作时开关上就会出现电火花或电弧。

开关用作控制时，当断开电流时在动、静触头间会产生电火花或电弧，电火花或电弧对触头的影响很大，其承担的任务远比隔离开关要重要得多。

隔离开关工作在不同情况下时，其参数的选择也是不相同的。

 知识链接 2-3

电弧的基本知识

电弧是一种空气放电现象。触头在切断电流时往往伴随有电弧出现，电弧的存在一方面延长了电路导通的时间，另一方面由于电弧的温度很高，会烧坏触头并造成严重事故。所以必须采取措施，迅速熄灭电弧。

大家一定知道电焊！钢铁在蓝色弧光作用下瞬间熔化，这蓝色弧光就是电弧，如图 2.23（a）所示。电弧可产生 4000～6000℃ 的高温。伴有雷声和闪电的天气称为雷暴天气，会看到闪电从天而降击中地面的建筑物造成雷击事故，如图 2.23（b）所示，闪电也是电弧。闪电的电流通常可达几万安培，温度可达两万摄氏度，如此强大的电流和高温，其危害程度可想而知。

(a) 钢铁电弧　　　　　　　　　　(b) 闪电电弧

图 2.23　弧光（电弧）放电现象

那么电弧到底是什么呢？

研究表明，当电流通过空气时表现出来的现象就是电弧。电流越大则弧光越强，电流越小弧光越弱。无论是电焊产生的电弧还是雷雨天气产生的闪电都是由于电流通过空气而形成的。

在有触头电器中，触头断开电流时往往伴随着电弧的产生。在日常生活中，大家一定会注意到，拔出笔记本电脑电源插头时，就会在插座中产生电火花，这种电火花就是电弧的初级阶段，当火花足够多和足够大时就会形成电弧。

当触头在断开电流时，若触头之间的电压超过 10V，电流超过 80mA 时，触头间隙内就会产生电弧。由于电弧形成了导电通道，电路实际上没有断开。电弧的温度极高，对触头有很大危害。经常看到电器的触头表面发黑、变毛，导致接触不良，这都是电弧危害的结果。

那么电弧到底是怎么形成的呢？

1. 电弧产生的原因

简单来说，电弧就是空气导电。触头在断开电流时，在动、静触头之间产生了电弧，这说明动、静触头之间的空气中有电流存在。

在电路基础中已经知道，物体导电的前提必须是存在有足够数量且可以自由移动的带电粒子(电子、离子等)。

那么原本绝缘的空气为什么会出现带电粒子呢？

1) 游离现象

这里的游离现象是指原本不带电荷的中性空气产生了可以自由移动的电荷的现象或过程。

开关在断开电流时会发生多种游离现象。

(1) 热电子发射。触头即将分断电流的瞬间，动、静触头的接触面会收缩到一个或几个点，这些点的电流密度极高，出现了炽热点。炽热点的温度很高，自由电子能量增加、运动加剧，有的电子就会跑出触头表面，变成气隙中的自由电子。这种游离称为热电子发射。

(2) 强电场发射电子。触头刚刚分离的瞬间，动、静触头间距离很小，产生很强的电场。触头表面的电子就会被电场强行拉出，而变成气隙中的自由电子。这种游离方式称为强电场发射。

(3) 碰撞游离。在强电场的作用下，气隙中的自由电子向阳极加速运动，具有很高的速度和很大的动能，不断地与其他中性质点发生碰撞，使中性质点变成自由电子和正离子。这种现象就称为碰撞游离。

(4) 热游离。电弧的温度很高，气体分子在高温作用下，产生迅速的不规则运动，具有很大的动能，相互碰撞游离出自由电子和正离子。这种现象就称为热游离。

(5) 电弧形成。当动、静触头之间的自由电荷浓度达到一定值时，气隙中就会有电流流过而形成电弧。

2）去游离现象

这里的去游离现象是指：气隙中自由移动的带电粒子减少的现象或过程称为去游离现象或者去游离过程。

电弧中发生游离的同时，还进行着使带电粒子减少的去游离过程。去游离的方式主要有复合和扩散两种。

（1）复合去游离是指气隙中的正离子与负离子互相吸引，结合在一起，电荷互相中和的过程。

（2）扩散去游离是指带电质点从电弧内部逸出而进入周围介质的现象。

游离和去游离是电弧燃烧过程中的两个相反的过程，游离过程使弧道中带电粒子增加，有助于电弧燃烧；去游离使弧道中带电粒子减少，有利于电弧熄灭。当这两个过程动态平衡时，将使电弧稳定燃烧。

2. 电弧熄灭的方法

若游离过程大于去游离过程，将会使电弧愈加强烈地燃烧。若去游离过程大于游离过程，将会使电弧燃烧减弱，以至最终电弧熄灭。

因此灭弧的原理是设法减弱游离过程和增强去游离过程。

在开关电器中，常用的灭弧方法有电动力灭弧、双断口灭弧、纵缝灭弧、金属栅片灭弧、磁吹灭弧等方法。

1）电动力灭弧

桥式触头在分断时具有电动力吹弧功能。在图 2.24(a) 所示示意图中，当桥式触头断开时，在断口中产生电弧，同时也产生磁场。根据左手定则，电弧电流要受到一个指向外侧的力 F 的作用，使其向外运动并拉长，迅速离开触头而熄灭。

这种灭弧方法多用于小容量交流接触器中。

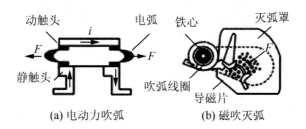

(a) 电动力吹弧　　(b) 磁吹灭弧

图 2.24　电动力吹弧与磁吹灭弧

2）磁吹灭弧

在电路中串入吹弧线圈，如图 2.24(b) 所示。

吹弧线圈产生的磁场由导磁夹板引向触头周围，触头间的电弧也产生磁场。这两个磁场在电弧下方方向相同而增强，在电弧上方方向相反而减弱。电弧在下强上弱的磁场作用下，受到 F 所示的磁场力的作用，在 F 的作用下，电弧被吹离，经引弧角引进灭弧罩，使电弧熄灭。

3）金属栅片灭弧

图2.25所示为金属灭弧栅装置。灭弧栅是一组薄钢片，它们彼此间相互绝缘。

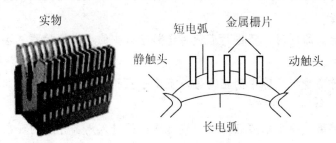

图 2.25　金属栅片灭弧装置

当电弧进入栅片时被分割成一段段串联的短弧，而栅片就是这些短弧的电极，这样就使每段短弧上的电压达不到燃弧电压。同时每两片灭弧片之间都有150～250V的绝缘强度，使整个灭弧栅的绝缘强度大大加强，以致外加电压无法维持，电弧迅速熄灭。

此外，栅片还能吸收电弧热量，使电弧迅速冷却。

基于上述原因，电弧进入栅片后就会很快熄灭。由于栅片灭弧装置的灭弧效果在电流为交流时要比直流时强得多，因此在交流电器中常采用栅片灭弧。

4）窄缝灭弧

这种灭弧方法是利用灭弧罩的窄缝来实现的。灭弧罩内有一个或数个纵缝，缝的下部宽，上部窄，如图2.26所示。

图 2.26　交流接触器窄缝灭弧

当触头断开时，电弧在电动力的作用下进入缝内，窄缝可将电弧柱分成若干直径较小的电弧，同时可将电弧直径压缩，使电弧同缝紧密接触，加强冷却和去游离作用，使电弧熄灭加快。

灭弧罩通常用耐弧陶土、石棉水泥或耐弧塑料制成。

实践项目3　自动控制控制电路的安装

通过以下实践，将进一步了解交流接触器结构特点、使用方法和接线注意事项。掌握接触器控制的三相笼式电动机电路具有的优点；学会笼式电动机全压启动自动控制电路的安装、接线和故障检查方法。

知识要求	了解接触器的结构、使用方法和参数，掌握接触器控制的全压启动电路的原理和电路的特点
能力要求	能正确安装接触器控制的笼式电动机全压启动控制电路，正确处理实践中电路出现的故障

笼式电动机单方向启动电路常用于风机、水泵、砂轮、传动带运输机、锯床、通用机床等机电设备。

图 2.27 所示为接触器控制的笼式电动机启动电路原理图。图中的组合开关 SA 为电源引入开关。设电动机额定功率为 15kW，电压 380V、额定电流 30A。

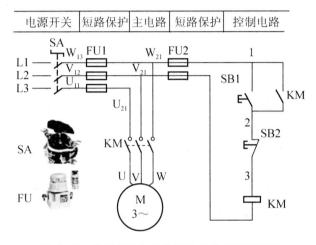

图 2.27　接触器控制的电动机启动电路原理图

按以下步骤进行实践操作。

（1）对比电路图 2.6 和图 2.27，指出两者之间的区别。回答图 2.27 所示电路中电源引入开关 SA 的作用是什么？

（2）熟悉图 2.27 电路的电气控制原理，写出电动机启动、停止控制过程。

（3）检查电路中使用的接触器等低压电器是否正常。

（4）将熔断器 FU1、FU2、接触器 KM 和接线端子排安装在实验室提供的控制板上，将组合开关 SA 和控制按钮 SB1、SB2 安装在控制面板上。

（5）按先主电路，后控制电路的顺序完成电路的连接。采用板前明敷，敷设时注意走线合理、横平竖直。

（6）完成电路连接后，请再次检查电路连接是否有误，确认无误后再通电试车。

① 不带电动机试验。首先拆下电动机定子绕组连接线，合上电源引入开关 SA→按下启动按钮 SB1→接触器 KM 通电吸合并保持吸合状态。按下停止按钮 SB2→接触器 KM 应立即释放。实践时认真观察接触器动作是否正常，细听接触器线圈通电后有无异常响声。

② 带电动机试验。断开电源并接上电动机定子绕组引线，重复不带电动机试验时的步骤。

③ 带电动机试验时密切注意电动机及电路的工作情况，若接触器有振动、电动机无法启动或嗡嗡作响时，立即停车并切断电源。排除故障后重新开始试车。

考考您!

1. 低压电器触头常见的有哪些形式? 有些电器触头的接触面上往往镀有金属银或合金,这是为什么? 上网查查。

2. 查阅相关资料并说明,从灭弧角度来看,双断点桥式触头有什么优点?

3. 查阅相关资料说明接触电阻是怎么回事? 指型触头闭合时对消除接触电阻有什么优点?

4. 交流接触器由哪些部分组成? 各组成部分的作用是什么? 应该怎样选择交流接触器?

5. 交流电磁机构铁心中的短路环有什么作用? 当短路环断裂时,电磁机构会发生什么情况?

6. 查阅资料说明交流电磁机构的吸引线圈为什么要先绕制到骨架上,然后再将线圈套入静铁心中,且静铁心与线圈间留有间隙?

7. 直流接触器结构如何? 直流电磁机构与交流电磁机构有什么区别? 查阅相关资料回答。

8. 隔离开关用于控制和用于电源隔离时有什么不同? 在图 2.14 所示电路中,应当如何操作隔离开关? 为什么?

9. 主令电器是什么意思? 为什么控制按钮是主令电器的一种?

10. 接触器控制的电动机启动电路比隔离开关直接控制的电动机启动电路要安全,这是为什么?

11. 某宾馆通风用风机的额定功率为 10kW,额定电流为 20A,额定电压为 380V。若风机采用接触器控制直接启动,为其选择接触器的型号和规格。

12. 图 2.27 为接触器控制的电动机启动电路中,请根据提供的电动机参数确定使用导线的规格。

13. 在图 2.27 所示电路安装时,为什么要将 FU1、FU2、KM 和组合开关 SA、SB1、SB2 安装在不同的地方?

14. 在图 2.27 所示电路中,能否通过断开 SA 来实现电动机停车? 为什么?

15. 接触器的失压保护和欠压保护是什么意思? 它们又是如何实现的?

2.4　接触器控制的正反转控制

接触器控制的笼式电动机正反转电路是最常见的控制电路。通过本节的学习,要求读者不但要掌握电动机正反转控制的原理和特点;还要掌握空气开关的结构、工作原理以及它在电路中的作用;学会笼式电动机正反转控制电路的安装接线等。

绝大多数生产机械工作机构正反方向的运动是通过电动机的正反转来实现的,例如电梯的上升与下降、电力机车的前进与后退、铣床的顺铣与逆铣等。

图 2.28 所示是接触器联锁的电动机正反转控制电路原理图。该电路使用了一只空气开关(QF)、两只交流接触器和三只按钮开关。

电源开关	主电路	控制电路	
		正转控制	反转控制

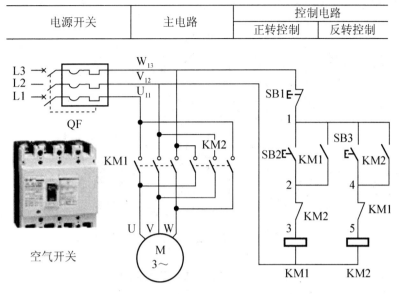

图 2.28　接触器联锁的正反转控制电路

下面先来分析电路中新出现的空气开关的结构、工作原理及选择使用原则。

2.4.1　空气开关介绍

空气开关也称为空气断路器，是一种非常重要的低压电器。空气开关除了能完成电路的接通和断开外，还能对电路或电气设备发生的短路、严重过载、欠电压、过电流等进行保护。空气开关也常用于不频繁地启动、停止电动机。

（1）空气开关的结构。空气开关主要由操作机构、系统、各种保护机构等三大部分组成。

空气开关的触头系统与接触器的触头系统相似。较大容量的空气开关还采用灭弧栅片灭弧，因而具有较大的断流能力。起保护作用的是各种脱扣器，主要有过电流脱扣器，热脱扣器和失压保护脱扣器等。

低压空气开关按结构形式可分为框架式（DW）和塑料外壳式（DZ）。框架式常作为电源总开关和负载近端支路开关，如在配电电网中用于过载、短路、欠压保护。塑料外壳式主要用于正常条件下电路不频繁接通、分断以及电气设备的过载及短路保护等。

图 2.29 所示是常见空气开关外形及符号表示。

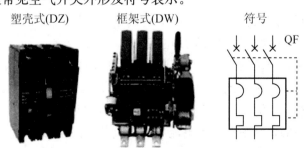

图 2.29　常见空气开关外形及符号表示

(2) 空气开关工作原理。图 2.30 所示为空气开关的工作原理示意图。

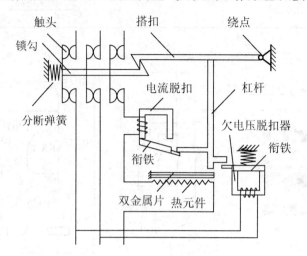

图 2.30　空气开关工作原理示意图

空气开关的触头串联在被控制的电路中。将操作手柄扳到合闸位置时,搭扣勾住锁勾,触头接通电路。同时分断弹簧被拉长,为分断作准备。

过电流脱扣器线圈串联在主电路中,当电流为正常值时,电磁机构的吸力不足以吸住衔铁,衔铁处于打开位置。当电路中电流超过规定值时,电磁吸力将衔铁吸合,通过杠杆使搭扣脱开,触头在分断弹簧作用下切断电路,达到过电流或短路保护的目的。

当电路失压或电压过低时,欠压脱扣器的衔铁释放,同样由杠杆使搭扣脱开,起到欠压和失压保护作用。

当电路长时间过载使得热脱扣器的双金属片弯曲,同样由杠杆使搭扣脱开,起到过载保护作用。

当电源恢复正常时,必须重新合闸后才能工作。

应当说明的是,并不是所有的空气开关都具备上述各种保护功能,使用时应当根据实际情况选择具有相应保护的空气开关。

(3) 空气开关的参数。低压空气开关的主要参数有额定电压、额定电流、通断能力和脱扣器整定值的选择。选用原则如下。

① 额定电压是指空气开关长期工作时的允许电压。实际使用中它应大于或等于电路的额定电压。

② 额定电流是指断路器在长期工作时允许的通过电流。实际使用中要考虑安装环境和负载性质的影响,它应大于电路的额定电流。

③ 通断能力是指在规定的电压、频率以及规定的电路参数(交流电路为功率因数,直流电路为时间常数)下,所能接通和分断的短路电流值。

④ 热脱扣器的整定电流应等于所控制负载的额定电流。

⑤ 过电流脱扣器的瞬间脱扣整定电流应大于负载电路正常工作时的峰值电流。当用于保护电动机负载时有以下两种情况。

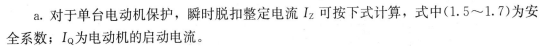

a. 对于单台电动机保护，瞬时脱扣整定电流 I_Z 可按下式计算，式中 $(1.5\sim1.7)$ 为安全系数；I_Q 为电动机的启动电流。

$$I_Z \geqslant (1.5\sim1.7)\times I_Q$$

b. 对于多台电动机保护，瞬时脱扣整定电流 I_Z 可按下式计算，式中 $(1.5\sim1.7)$ 为安全系数，$I_{Q_{max}}$ 为最大容量电动机的启动电流；$\sum I_N$ 为其余电动机额定电流的总和。

$$I_Z \geqslant (1.5\sim1.7)\times(I_{Q_{max}}+\sum I_N)$$

⑥ 欠电压脱扣器的额定电压等于线路额定电压。

2.4.2　控制电路工作原理分析

图 2.28 所示电路中使用了具有过电流和过载保护功能的空气开关作为电源开关。因此电路中未单独安装熔断器和热继电器进行短路和过载保护。

对图 2.28 所示接触器联锁的电动机正反转控制电路原理描述如下。

（1）正转启动控制。合上电源开关 QF→接通电源→按下正转启动按钮 SB2→接通接触器线圈 KM1→接触器 KM1 辅助触头、主触头闭合→控制电路自锁、电动机正转启动并运行→正转启动结束。

（2）停止控制。按下停车按钮 SB1→接触器线圈 KM1 断开→KM1 辅助触头、主触头释放→控制电路自锁解除、电动机断电→电动机停车。

（3）反转启动控制。按下反转启动按钮 SB3→接通接触器线圈 KM2→接触器 KM2 辅助触头、主触头闭合→控制电路自锁、电动机通电反转。

（4）电路的保护。

① 空气开关在电路作电源开关，能起到短路保护和过载保护的作用；

② 接触器自锁具有失压和欠压保护功能；

③ 接触器之间利用辅助触头 KM1、KM2 的互锁，既能避免接触器线圈同时得电的可能，又可避免触头熔焊可能出现的短路事故。

　什么是接触器互锁？

当两个或两个以上的接触器不允许同时吸合时（例如图 2.28 所示电路中，接触器 KM1 和 KM2），通常采用将彼此的辅助触头串入对方线圈回路中的方法来实现，这种方法称互锁或联锁。互锁是提高电路可靠性的重要手段。图 2.28 也称为接触器互锁的控制电路。

在图 2.28 电路中，电动机由正转到反转或由反转到正转时，操作者必须先按下停车按钮 SB1，然后再按相应的启动按钮（SB2 或 SB3），这样往往不方便。

若采用图 2.31 所示的接触器、按钮联锁的电动机正反转控制电路就方便多了，试分析一下该电路的与图 2.28 所示电路在性能和操作上的区别。

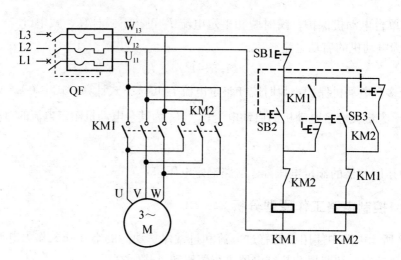

图 2.31 接触器、按钮联锁的正反转控制电路

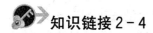 **知识链接 2-4**

电气控制施工图

电气控制系统施工图主要有电器元件布置图、电气安装接线图等，这些资料是电气设备安装施工的基本资料。绘制电气施工图也是必须掌握的基本技能！

1. 电气设备总体布置设计

在电气控制系统中，电动机、执行器件、检测元件等各种器件按实际要求分布在生产机械的不同位置。

例如，各种控制按钮、控制开关等经常操作的电器安装在控制面板或便于操作的地方；指示灯、指示仪表等则安置在便于观察的地方；各种控制电器，如接触器、继电器、控制变压器、熔断器等，可以单独安放在电气控制板或控制箱内。

由于各种元件安装位置的不同，电气控制系统在整体设计时，必须对上述问题进行全面考虑。

1）控制系统的组件划分

所谓组件是指功能相对独立的控制部件。它往往由功能相近的元件组合在一起构成。例如控制箱、操作面板、信号板等。

划分组件时可参考以下原则。

（1）功能相似的元件组合在一起。例如，用于操作人员操作的主令按钮、转换开关，信号指示、调节元件等集中在控制面板上。各种继电器、接触器、熔断器等集中安装在控制箱中。电源相关的变压器、整流装置、滤波元件等组成电源类组件。

（2）经常需要调整、维修、更换和容易损坏的元件尽量集中并布置在便于操作的位置。对于发热严重的器件，如电阻器、电动机启动电阻等安放在不影响其他电器的位置，必要时可考虑专门的冷却措施。

（3）强弱电控制器分开安放以减少相互间的干扰。

在上述原则的指导下，根据设备的具体要求，选择控制装置的外形，如控制屏、操纵台、悬挂箱等。如企事业单位的电动门控制装置可选择操纵台，而普通机床则可考虑选择悬挂操纵箱等。

例如，在图 2.32 所示的某机床电气控制原理图中，熔断器、接触器、中间继电器、热继电器、变压器等这些电器元件组合在一起构成控制板。而把控制按钮、信号灯等集中在一起安装在控制面板上，电源引入开关 QS 则独立安放。

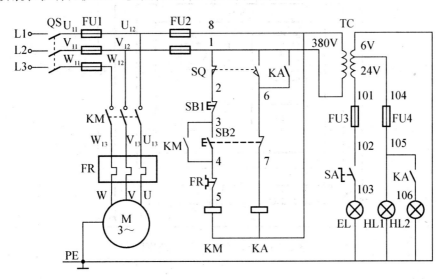

图 2.32　某机床电气控制原理图

2）控制系统组件之间的连接方式

为了方便施工和维修，各组件之间电器的连接和进出线一般都要求通过接线端子进行。

电气控制箱与控制设备或电气控制箱之间还可考虑采用多孔插件进行连接。

2. 绘制系统的电器元件布置图

电器元件布置图必须反映各元件的真实位置。布置图中各元件均用粗实线绘制出简单的外形轮廓，并标出各元件之间的间隔尺寸。元件之间必须隔开规定的距离并考虑维修、维护的方便。绘制元件布置图时，还要根据组件进出线的数量和采用的导线规格，选择进出线方式，选择适当的端子排或接插件。

对于电气柜或控制屏中的电器元件布置，可考虑以下几个原则。

（1）体积大或较重的电器元件布置在控制柜的下方；发热元件布置在控制柜的上方，并注意将发热元件与感温元件隔开，以免对感温元件产生影响。

（2）需要经常维护、检修、调整的电器元件考虑布置在不宜过高或过低的位置，以便于操作为好。

（3）电器元件布置不宜过密，要留有一定的距离。若采用板前走线槽布线方式，应适当加大各排电器间的间距，以利布线和维修。

（4）电器元件布置应考虑整齐、美观、对称。外形尺寸与结构类似的电器安放在一起，以利于加工、安装和布线。

图 2.33 所示是某机床的控制板的电器元件布置图。

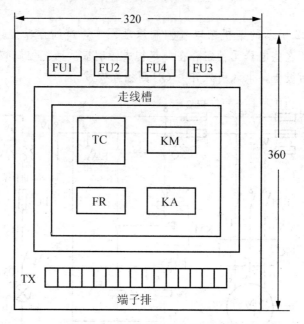

图 2.33　控制板电器元件布置图

3. 绘制电气系统的安装接线图

安装接线图是施工时主要的图纸，它是在电气原理图和电器元件布置图的基础上进一步绘制的图纸。绘制的原则如下所示。

（1）图中所有电器元件的位置与元件布置图一致。电器元件相关部分（触头、线圈等）用图形符号画在一起（集中画法），标注的符号必须与原理图保持一致；图上电器元件的引线必须标出与原理图一致的线号标志。

（2）电气接线图一律采用细线条绘制，应清楚地表示出各电器元件的接线去向。走线方式有板前走线和板后走线两种，一般板前走线优先考虑。

（3）对于简单电气控制组件，电器元件数量较少，接线关系简单时，可直接画出元件间的联线。对于元件数量较多，接线关系复杂的组件，一般采用线槽走线方式，此时只要标注各电器元件上接线标志以表明相互连接的关系，不必画出各元件之间的连线。

（4）接线板或控制柜的进出线除大截面导线外，都必须经过接线端子外接，不得直接进出线。接线图中应标出导线的型号、规格、截面及颜色要求。

（5）接线端子排上各接点按线号顺序排列，并将动力线、交流控制线、直流控制线等分类排开。

图 2.34 所示为某机床的控制板的安装接线图。图 2.34 中各元件只标出了接线标志，不必进行实际连接。

控制板采用板前线槽走线，施工时只需将编号相同的端子相连接即可。

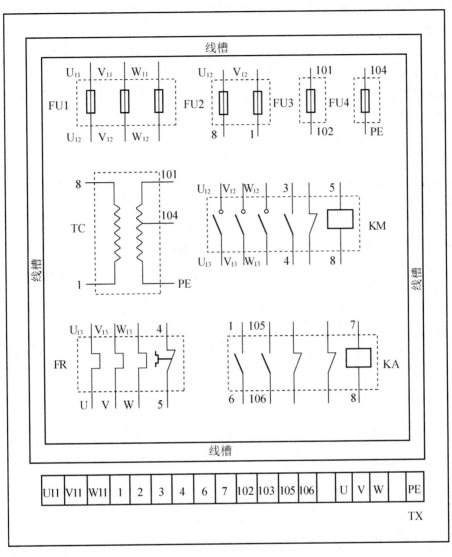

图 2.34　某机床控制板安装接线图

实践项目 4　电动机双向控制电路安装

以下实践将帮助读者进一步了解空气开关的结构、使用方法和特点；通过绘制电动机双向控制系统的施工图，掌握电气控制系统施工图的绘制方法和要领；通过电动机双向控制电路的安装，了解施工图在电气系统安装中的作用。

知识要求	了解空气开关的结构，安装与使用，掌握接触器互锁的作用，了解电气控制施工图的绘制要领，掌握电气控制施工图绘制的方法
能力要求	能正确使用空气开关，会正确绘制电气施工图，会正确安装接触器控制的电动机正反转电路并处理实践中电路出现的问题

假设图 2.28 所示为某工厂电动门接触器联锁的正反控制电路，图中的电源开关 QF 为空气开关。

设三相笼式异步电动机额定电压 380V、额定功率 1.1kW，额定电流 2.4A。按以下步骤进行实践操作。

（1）熟悉图 2.28 所示的电气控制原理，写出电动门打开（电动机正转）和关闭（电动机反转）的控制原理。

（2）根据电动门的工作特点和电动机的额定电流选择空气开关、接触器和控制按钮的型号、规格等参数。

（3）若门卫采用控制台控制，设计电气设备总体布置图，并绘制控制板电气元件布置图和安装接线图。

（4）检查电路中使用的低压电器是否正常。检查无误后将接触器、接线端子排等安装在实验室提供的控制板上。空气开关和控制按钮单独安装。

（5）按先接主电路，后接控制电路的顺序完成电路的连接。采用板前明敷，敷设时注意走线合理、横平竖直，严格照图施工。

（6）完成电路连接后请再次检查电路是否有误，确认无误后再通电试车。试车时按以下步骤进行。

① 不带电动机操作。试车时认真观察接触器动作是否正常，细听接触器线圈通电后有无异常响声。

② 带电动机操作。断开电源并接上电动机定子绕组引线，重复不带电动机操作时的步骤。

带电动机试验时请密切注意电动机及电路的工作情况，若有异常情况出现，立即停车并切断电源。排除故障后重新开始试车。

考考您！

1. 空气开关由哪些部分组成？各组成部分的作用是什么？如何选择空气开关？

2. 用空气开关替代普通隔离开关有什么优点和缺点？上网查阅相同容量的空气开关和普通隔离开关在价格上有多少差别？

3. 上网查阅相关资料，回答双金属片式热脱扣器的工作原理是什么。

4. 接触器互锁是什么意思？什么情况下必须进行接触器互锁？

5. 图 2.31 所示电路已经进行了按钮互锁，为什么还要进行接触器互锁？

6. 某笼式异步电动机额定功率为 10kW，额定电流为 20A，额定电压为 380V。若采用空气开关为电源开关，为其选择型号和规格。

7. 根据实践的体会，谈谈电气控制电路中的线号对电路施工和电路故障检查有什么帮助？

2.5 三相异步电动机的位置控制

洗衣机在脱水过程中转速很高，如果此时有人伸手进去，就很容易造成伤害，为了避免这类事故的发生，在洗衣机的门盖上装一个开关，当打开门盖时开关就会被触动，洗衣机就自动停止。这种根据工作机构的位置进行控制的方式称为位置控制。

位置控制也称行程控制，应用十分广泛。工厂中很多机床的工作台，起重设备等机械上都有。家庭中使用的洗衣机、电冰箱、微波炉、打印机等电器的控制中，也存在有位置控制的特点。

图 2.35 所示为某送物小车工作示意图，小车在 A、B 间循环往复直至发出停止命令。图中小车的前进与后退是通过电动机的正反转实现。

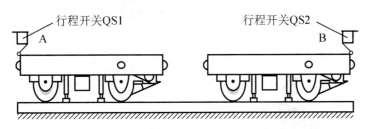

图 2.35　某送物小车自动往返工作示意图

图 2.36 所示为自动往返送物小车的控制原理图。图中 SQ1、SQ2 为行程开关，FU1、FU2 为熔断器。

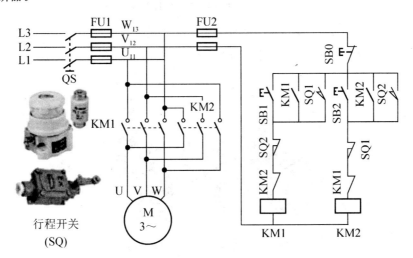

图 2.36　自动往返养料小车控制电路

2.5.1　电路中使用的低压电器介绍

图 2.36 所示电路中，使用了行程开关和熔断器。那么，这些电器在电路有什么作用呢？它们的结构和工作原理如何？又该如何选择和使用这些电器呢？

1. 行程开关

行程开关也称为位置开关或限位开关，它是主令电器的一种。其用途与按钮相同，不同之处在于，行程开关触头的动作不是通过人手，而是通过生产机械某些运动部件上安装的挡铁（或碰块）碰撞使其动作的。

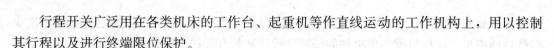

行程开关广泛用在各类机床的工作台、起重机等作直线运动的工作机构上，用以控制其行程以及进行终端限位保护。

在电梯的控制电路中，还利用行程开关来控制轿厢门的开关速度、门的左右限位和轿厢的上、下限位等保护。

（1）行程开关结构及表示。行程开关种类繁多，但结构基本相同或相似，都是由触头系统（微动开关）、操作机构和外壳等组成。通常行程开关的触头用在控制电路中，因此本身不带灭弧装置。

图2.37所示为微动开关结构及行程开关符号。微动开关配上不同形式的操作机构就构成不同种类行程开关。

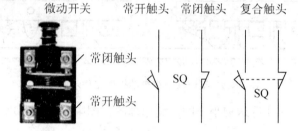

图2.37　微动开关结构及行程开关符号

操作机构主要有单轮旋转式、双轮旋转式、直动式等。

图2.38所示是几种常见行程开关外形。其中双轮旋转式开关不能自动复位。

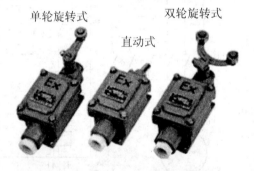

图2.38　常见几种行程开头外形

（2）行程开关的参数。行程开关的参数主要有额定电压和约定发热电流。选用时，两者均应大于或等于所控回路的电压和电流。

表2-7为几种常用行程开关的参数。

表2-7　几款常用行程开关的主要使用场合

名　　　称	主要作用
LXK3系列 行程开关	适用于交流50～60Hz，电压380V以下；直流电压220V以下的控制电路及辅助电路中，作为操纵、控制信号，联锁之用。额定工作电压380V，约定发热电流8A
JLXK1系列 行程开关	适用于交流50Hz，电压380V以下直流电压220V以下的电路中，用来控制运动机构的行程和变换运动的方向或速度

名　　称	主要作用
LX19 系列 行程开关	适用于交流 50Hz，电压 380V 以下；直流电压 220V 以下，作控制运动机构的行程和变换其运动方向或速度之用。额定工作电压 380V(AC)、220V(DC)，约定发热电流 5A
LX10 系列 行程开关	适用于交流 50Hz，电压 380V 以下；直流电压 220V 以下，以及电流不大于 10A 的控制线路中，作为机构行程的终点保护之用，主要用于起重机、水利设备机构上。额定工作电压 380V(AC)、220V(DC)，约定发热电流 10A。

注：约定发热电流是指在规定的试验条件下试验时，开关电器在 8 小时工作制下，各部件的温升不超过规定极限值所能承载的最大电流

2. 低压熔断器

熔断器俗称保险丝，用于电路或电器设备的短路和严重过载保护。当通过熔断器的电流大于规定值时，以其自身产生的热量使熔体熔化而自动分断电路。短路保护是电路最基本的保护之一。熔断器在一百多年前由爱迪生发明，最初用来保护珍贵的白炽灯。

（1）低压熔断器的结构及参数。

① 熔断器的结构。低压熔断器种类繁多，无论哪种类型的熔断器，都是由熔座和熔体两部分组成。熔体串入电路中起短路保护作用，而熔座则用于安放熔体。

图 2.39 所示为封闭管式熔断器的外形图及熔断器的符号。

熔断器　　　　熔座　　　　熔体　　　　符号

图 2.39　封闭管式熔断器外形及熔断器符号

使用时，熔体串联在被保护的电路中，当电路发生短路或严重过载时，熔体因电流过大而烧断，达到保护电路（电器）的目的。

熔断器的熔体材料分为低熔点和高熔点两类。低熔点材料如铅、铅合金等，由于其熔点低、电阻率大，熔断时产生较多的金属蒸气，故适用于低分断能力的熔断器。高熔点材料如铜、银等，其熔点高、电阻率低，熔断时产生的金属蒸气少，故适用于高分断能力的熔断器。

熔体的形状分为丝状和带状两种。改变熔体截面的形状和尺寸可显著改变熔断器的熔断特性。

图 2.40 所示为几种典型熔体的形状。

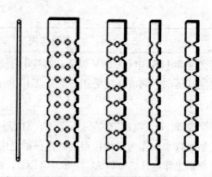

图 2.40　几种典型熔体的形状

图 2.41 所示是几款常用的低压熔断器外形图。

图 2.41（a）为 RL1 系列螺旋式熔断器，图 2.41（b）为 RT14 型圆筒型帽熔断器，图 2.41(c)RC1 系列瓷插式熔断器等。

(a) RL1系列螺旋式熔断器　　　(b) RT14型圆筒型帽熔断器　　　(c) RC1系列瓷插式熔断器

图 2.41　几款常用低压熔断器外形

表 2-8 为几款中常用熔断器的使用场合。

表 2-8　几款常用熔断器使用场合

名　　　称	型　　号	主要作用
螺旋式熔断器	RL1 系列	适用于交流额定电压 380V 以下，额定电流不大于 100A 的电路中作保护之用
瓷插式熔断器	RC1 系列	主要用于低压分支电路的短路保护，由于其分断能力小，常用于民用和工业照明电路及小功率电动机的短路保护
圆筒型帽熔断器	RT14 系列	适用于额定电压为交流 380V，额定电流不大于 63A 的配电装置中作过载和短路保护之用

② 熔断器的特性。熔断器熔断时间与电流的关系曲线称为熔断器的保护特性或安秒特性。

电流通过熔体时产生的热量与电流的平方以及电流通过的时间成正比。电流越大，熔体熔断时间就越短；电流越小，熔断时间就越长。

熔体熔断时间近乎与电流的平方成反比，即 $t \propto 1/I^2$。

图 2.42 所示为熔断器的保护特性曲线，它具有反时限特点。注意，不同熔断器保护特性曲线是不相同的。

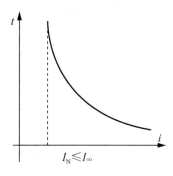

图 2.42　熔断器保护特性曲线

　反时限特性是什么意思？

所谓反时限特性是指当通过熔断器的电流超过一定值时，电流越大，熔体熔断的时间就越短，反之则越长。这一特点从表 2-9 的熔断器熔断电流与时间之间关系中也可以反映出来。

每一熔体都有一最小熔化电流或称为临界电流（图中 I_∞）。当通过熔体的电流若小于此电流时熔体不会熔断。一般定义熔体的最小熔断电流与熔体的额定电流之比为最小熔化系数，常用熔体的熔化系数在 1.25～2.0 之间。

若某一熔断器的熔化系数为 1.25，则额定电流为 10A 的熔体在电流 12.5A 以下时不会熔断。

表 2-9 为某熔断器熔断电流与熔断时间之间的关系。

表 2-9　某熔断器熔断电流与熔断时间之间的关系

熔断电流	$(1.25\sim1.3)I_N$	$(1.6)I_N$	$(2.0)I_N$	$(2.5)I_N$	$(3.0)I_N$	$(4.0)I_N$
熔断时间	∞	1h	40s	8s	4.5 s	2.5 s

③ 熔断器的额定参数。熔断器的额定参数是指熔座的额定参数。主要有额定电压、额定电流和极限分断能力等。

a. 额定电压：熔断器的额定电压是从安全使用熔断器的角度提出的，它是指熔断器长期工作时和分断后能够承受的最高电压。

熔断器只能安装在工作电压小于或等于熔断器额定电压的电路中。只有这样，熔断器才能安全有效工作，否则熔体在熔断时可能出现电弧无法熄灭的现象。

b. 额定电流：熔断器额定电流指的是安装熔断体的熔座（基座）能够安全、连续运行的最大允许电流，它由熔断器长期工作时的允许温升决定。

c. 极限分断能力：熔断器在故障条件下能可靠分断的最大短路电流，它是熔断器的主要技术指标之一。

d. 熔体的额定电流：长期通过熔体而不熔断的最大电流。

表 2-10 为 RL1 系列螺旋式熔断器的主要技术参数。

表 2-10　RL1 系列螺旋式熔断器的主要技术参数

型　　号	额定电压	额定电流	熔体额定电流	极限分断能力
RL1-15	380V	15A	2、4、6、10、15	50kA
RL1-60	380V	60A	20、25、30、35、40、50、60	50kA
RL1-100	400V	100A	60、80、100	50kA
RL1-200	400V	200A	100、150、200	50kA

注：同一型号的熔断器可以装入不同规格的熔体，但额定电流不得大于熔断器额定电流

（2）熔断器使用注意事项。合理选择型号、规格是熔断器使用的关键。对小容量电动机和照明支线常选用铅锡合金熔体的 RQA 系列熔断器。对于较大容量的电动机和照明干线常选用具有较高分断能力的 RM10 和 RL1 系列的熔断器。当短路电流很大时，宜采用具有限流作用的 RT0 和 RTl2 系列的熔断器。

在确定熔断器的类型后，再确定具体的规格。一般首先选择熔体的规格，再根据熔体的规格去确定熔断器的规格。具体方法如下所示。

① 熔体额定电流选择。

a. 保护无启动过程的平稳负载时，如照明线路、电阻、电炉等，熔体的额定电流略大于或等于负荷电路中的额定电流；

b. 保护单台笼式电动机时，熔体的额定电流＝(1.5～2.5)×电动机额定电流；

c. 保护多台笼式电动机时，熔体的额定电流＝(1.5～2.5)×各电动机额定电流之和；

d. 保护绕线式电动机时，熔体的额定电流＝(1.2～1.5)×电动机额定电流；

e. 为防止发生越级熔断、扩大事故范围，上、下级熔体的额定电流应保留 1～2 个级差。

② 熔断器额定值选择。

a. 熔断器的额定电压应略大于线路工作电压；

b. 熔断器的额定电流，必须大于或等于所装熔体的额定电流；

c. 极限分断能力应大于电路的最大短路电流；

③ 熔断器安装注意事项

a. 瓷插式熔断器的熔丝应顺着螺钉旋紧方向绕过去，不要把熔丝绷紧，以免减小熔丝截面尺寸；

b. 对螺旋式熔断器，电源线必须与瓷底座的下接线端连接，防止更换熔体时发生触电；

c. 应保证熔体与刀座接触良好，以免因接触电阻过大使熔体温度升高而熔断。更换熔体应在停电的状况下进行。

2.5.2　自动往返送料小车控制原理分析

自动往返控制是典型的位置控制电路。很多机械加工设备工作台的运动都具有自动往返的特点。在自动往返电路中，电路工作状态的改变通过行程开关实现。在以下分析中，将体会行程开关在电路中的作用。

为分析方便，把自动往返电路重画如图 2.43 所示。该电路的工作原理描述如下。

（1）启动控制。合上电源开关 QS→按下 SB1→KM1 线圈通电→KM1 辅助触头、主触头闭合→控制电路自锁、电动机通电正转→小车向前运行→小车运行到 B 点压合 SQ2 时→SQ2 常闭断开、常开闭合→切断 KM1 线圈，同时 KM2 线圈→正向接触器释放，反向接触器接通→电动机通电反转→小车向后运行→小车运行到 A 点压合 SQ1 时→SQ1 常闭断开、常开闭合→切断 KM2 线圈，接通 KM1 线圈→反向接触器释放，正向接触器接通→电动机通电正转→小车向前运行，如此循环往复。

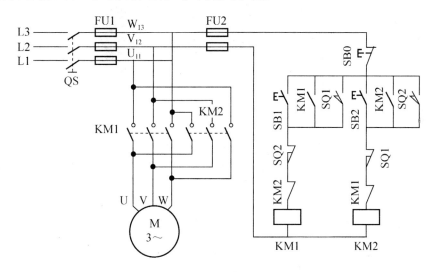

图 2.43　自动往返送物小车控制原理

（2）停止控制。按下 SB0→控制电路失电→接触器释放→电动机停止工作

（3）电路的保护。熔断器实现电路的短路保护。熔断器对电路有一定的过载保护能力，但效果不理想，因此当电动机过载后可能出现熔断器不熔断，从而引发事故。

（4）电路的缺陷。当小车在 A 或 B 点处(图 2.35)SQ1 或 SQ2 受压时，小车将自动启动运行。

 知识链接 2-5

接近开关

有些宾馆、饭店、银行的自动门，当人接近但尚未接触时，门就会自动打开，这到底是怎么回事呢？这是因为在这些门的控制电路中，使用了一种毋需与运动部件直接接触就可以动作的位置开关，这种开关就是接近开关。

接近开关又称为位置传感器，是一种非接触型开关，它除了可以完成行程控制和限位保护外，还可用作检测零件尺寸和测量运动物体的速度等。

接近开关具有工作可靠、寿命长、功耗低、操作频率高以及能适应恶劣的工作环境等优点。广泛应用于机床、冶金、化工等行业。

1. 接近开关的种类

接近开关种类繁多，工作原理也不相同。主要有电感式、电容式、霍尔式、红外线感测式、交直流探测式等。在一般的工业生产场所，通常会选用电感式、电容式或红外线感测式等接近开关。

图 2.44 所示为几种常用接近开关外形图。

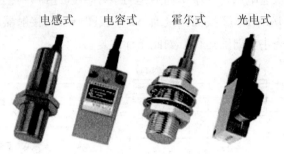

图 2.44 常见接近开头外形图

(1) 电感式接近开关。电感式接近开关由 LC 高频振荡器和放大处理电路组成。

当金属物体在接近电感式接近开关感应区时，金属物体内部产生涡流，这个涡流反作用于接近开关，使接近开关内部电路的参数发生变化，由此识别出有无金属物体接近，进而控制开关的通或断。

这种接近开关所能检测的物体必须是金属导电体。

(2) 电容式接近开关。它的测量头通常是构成电容器的一个极板，而另一个极板是物体的本身，当物体向开关接近时，物体和接近开关间的介电常数发生变化，使得和测量头相连的电路状态也随之发生变化，由此控制开关的通断。

这种接近开关检测的物体并不局限于金属导体，它也可以是绝缘的液体或粉状物体。

(3) 霍尔接近开关。利用霍尔元件做成的开关。当磁性物件移近霍尔开关时，开关上的霍尔元件因产生霍尔效应而使开关内部电路状态发生变化，由此识别附近有无磁性物体存在，进而控制开关的通或断。

这种接近开关的检测对象必须是磁性物体。

(4) 光电式接近开关。利用光电效应做成的开关叫光电开关。将发光器件与光电器件按一定方向装在同一个检测头内。当有反光面(被检物体)接近时，光电器件接收到反射光后便有信号输出，由此便可"感知"有无物体接近。

2. 电感式接近开关的原理

图 2.45 所示为电感式接近开关工作原理图以及接近开关符号。

电感式接近开关的工作原理：当铁磁体没有靠近开关的感应头时，振荡电路维持振荡，L3 上有交流输出，经过二极管 VD 整流后使 VT2 获得足够偏流而工作于饱和导通状态，此时 VT3 截止，射极输出器无输出，接在输出端的继电器 KA 不通电。当铁磁体接近感应头时，铁磁体感应产生涡流，由于涡流的去磁作用，削弱 L1 与 L2 之间的耦合，使得反馈量不足以维持振荡，因而振荡器被迫停振，L3 上无交流输出，VD 截止，此时射极输出器输出也接近 Ucc，接在输出端的继电器 KA 通电，常开触头闭合。

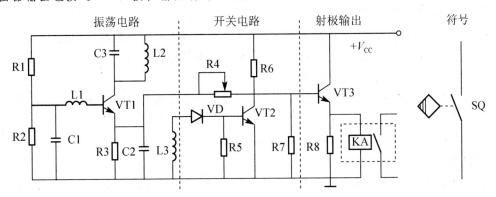

图 2.45 电感式接近开关原理力及接近开关符号

3. 接近开关的用途

接近开关在工农业生产和日常生活中都有广泛的应用。在日常生活中，如宾馆、饭店、车库的自动门、自动热风机等都有应用。在安全防盗方面，如资料档案、财会、金融、博物馆、金库等重地，通常都装有由各种接近开关组成的防盗装置。在测量与控制技术中，如长度、位置的测量，位移、速度的控制等，也都使用接近开关。

在一般的工业生产场所，通常都选用电感式接近开关和电容式接近开关。因为这两种接近开关对环境的要求条件较低。

当被测对象是导电物体或可以固定在金属物上时，一般都选用电感式接近开关，因为它的响应频率高、抗环境干扰性能好、价格较低。

若所测对象为非金属，如液体、粉状物、塑料、烟草等。则应当选用电容式接近开关，这种开关的响应频率低，但稳定性好。

在环境条件比较好、无粉尘污染的场合，可采用光电接近开关。

无论选用哪种类型的接近开关，都应注意对工作电压、负载电流、响应频率、检测距离等各项指标的要求。

实践项目5 自动往返控制电路的安装

行程开关、熔断器的选择、安装和使用是应当掌握的基本技能。通过对自动往返电气控制电路所需元件的选择、检测与安装，加深对这些低压电器的认识和理解。

知识要求	掌握行程开关、熔断器结构和使用方法，掌握自动往返电气控制电路的原理和电路的特点
能力要求	能正确使用行程开关和熔断器，正确安装自动往返电气控制电路并处理实践中的故障

实践电路如图 2.43 所示。设电动机额定电压 380V、额定功率 2.2kW、额定电流 5.0A。按以下步骤进行操作。

（1）熟悉图 2.43 所示的电气控制原理并标注线标。根据电动机的额定电流选择电路中使用的各低压电器的型号、规格。

（2）隔离开关、接触器、熔断器等需要安装在控制板上，绘制控制板的安装接线图。

（3）用万用表检查隔离开关、接触器、熔断器等电器是否正常。检查正常后按图纸要求，将它们固定在实验室提供的控制板上。

（4）按先接主电路，后接控制电路的顺序完成电路的连接。采用板前明敷，敷设时严格照图施工，并注意"横平竖直"走线原则。

（5）完成电路连接后请再次检查电路连接是否有误，确认无误后再通电试车。试车时按以下步骤进行。

① 不带电动机操作。试车时认真观察接触器动作是否正常，细听接触器线圈通电后有无异常响声。

② 带电动机操作。断开电源并接上电动机定子绕组引线，重复不带电动机试验时的步骤。

带电动机试验时需密切注意电动机及电路的工作情况，若有异常情况出现，立即停车并切断电源。排除故障后重新开始试车。

考考您!

1. 什么是行程控制？为什么行程控制中一定要用到行程开关？

2. 行程开关与控制按钮有什么区别？为什么它们都是主令电器？

3. 熔断器是用来做什么的？它的结构如何？主要有哪些种类？

4. 熔断器主要的额定参数有哪几个？应当如何选用？熔体烧断后能否用铜丝替代熔体？为什么？

5. 熔断器能不能对电路或电动机进行过载保护？用熔断器对电动机进行过载保护会有什么问题？查阅相关资料后回答此问题。

6. 对螺旋式熔断器，电源线必须与瓷底座的下接线端连接，这是为什么？

7. 某三相异步电动机额定电流为 20A，采用直接启动，若采用 RL1 系列熔断器进行短路保护，试确定熔断器和熔体的规格。

8. 为什么说熔断器的保护特性具有反时限特点？

2.6 笼式电动机丫-△降压启动与控制

笼式电动机丫-△降压启动是指电动机在启动时将定子绕组接成丫形，启动结束后再将定子绕组接成正常运行时的△形。丫-△启动无需任何辅助启动设备，线路简单、运行可靠，是首选的降压启动方法。

2.6.1 三相交流电动机丫-△降压启动特点

三相异步电动机定子绕组有两种接法，即丫形接法或△形接法。具体要根据铭牌规定要求连接。

只有正常运行时定子绕组要求接成△形的三相异步电动机才能采用这种启动方法。

在第 1 章中已经知道，三相异步电动机每相定子绕组启动瞬间的启动电流和启动转矩可以表示为以下形式。

$$\dot{I}_{QL}\approx-\frac{\dot{U}_{1L}}{(R_1+R_2')+\mathrm{j}(X_1+X_2')}$$

$$T_Q=\frac{3pU_{1L}^2R_2'}{2\pi f_1\left[(R_1+R_2')^2+(X_1+X_2')^2\right]}$$

从以上两式可知，电动机启动电流与端电压成正比，而启动转矩则与电压的平方成正比。由此可见，无论采用哪种降压启动方法，都是以牺牲启动转矩为代价来换取启动电流的减小。

图 2.46 所示为电动机定子绕组接成△形和接成丫形时的情况。

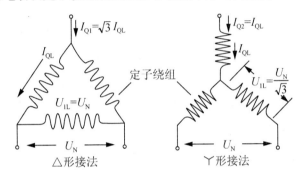

图 2.46　定子绕组丫形和△形接法

从图 2.46 中可知，在电源电压相同时，△形接法时电动机每相绕组需要承受全部线电压；而丫形接法时电动机每相绕组承受的电压仅为线电压（U_N）的 $1/\sqrt{3}$。

若电动机在△形接法下进行启动，则其启动瞬间的电流（线电流有效值）I_{Q1} 和启动转矩 T_{Q1} 计算如下。

$$I_{Q1}\approx\sqrt{3}\frac{U_{1L}}{\sqrt{(R_1+R_2')^2+(X_1+X_2')^2}}=\frac{\sqrt{3}U_N}{|Z|}$$

$$T_{Q1}=\frac{3pU_{1L}^2R_2'}{2\pi f_1\left[(R_1+R_2')^2+(X_1+X_2')^2\right]}=\frac{3pU_N^2R_2'}{2\pi f_1\ |Z|^2}$$

若电动机在丫形接法下进行启动，则其启动瞬间的电流 I_{Q2}（线电流有效值）和启动转矩 T_{Q2} 计算如下。

$$I_{Q2}\approx\frac{U_{1L}}{\sqrt{(R_1+R_2')^2+(X_1+X_2')^2}}=\frac{U_N/\sqrt{3}}{|Z|}$$

$$T_{Q2}=\frac{3pU_{1L}^2R_2'}{2\pi f_1\left[(R_1+R_2')^2+(X_1+X_2')^2\right]}=\frac{1}{3}\times\frac{3pU_N^2R_2'}{2\pi f_1\ |Z|^2}$$

比较上述不同接法启动瞬间的电流和转矩，可以得出丫-△降压启动的以下几个结论。

（1）启动时把电动机接成丫形，则每相绕组仅承受额定电压的 $1/\sqrt{3}$。

（2）启动时把电动机接成丫形，则启动电流仅为△形接法时的 1/3。

（3）启动时把电动机接成丫形，则启动转矩仅为△形接法时的1/3。

可见，丫-△降压启动在降低启动电流的同时，启动转矩也将下降。启动转矩下降这是不希望看到的，这也决定了丫-△降压启动只能适用轻载启动的场合。

2.6.2 笼式电动机丫-△降压启动手动控制

三相异步电动机丫-△降压启动应用十分广泛，其原因之一就是不需要专门的启动设备，电路结构简单、运行可靠。

多数三相异步电动机正常运行时，定子绕组都要求接成△形接法，原因之一就是便于实现丫-△降压启动。

电动机在实际运行中，经常会遇到过载运行的情况，电动机的过载是导致电动机使用寿命缩短甚至烧毁的重要原因。因此过载保护如同短路保护一样，也是电动机的基本保护。

 什么是电动机过载？

所谓过载是指电动机工作时电流超过额定值的情况。若电动机过载不严重、时间短，绕组不会超过允许的温度，这种过载是允许的。但如果过载情况严重、时间又长，电动机的温度就会超过允许值。这样，轻则缩短电动机使用寿命，重则烧毁电动机，因此通常情况下必须对电动机进行过载保护。

用于电动机过载保护的器件很多，在低压电器控制系统中，常用双金属片式热继电器作电动机的过载保护。

下面先学习双金属片式热继电器的结构、工作原理和使用方法。

1. 双金属片式热继电器介绍

（1）双金属片式热继电器的结构。双金属片式热继电器主要由热元件、双金属片组成。热元件由发热电阻丝做成，双金属片由两种热膨胀系数不同的金属辗压而成，当双金属片受热时，会出现变形弯曲。

图2.47所示为三相结构双金属片式热继电器外形、结构示意图和符号。

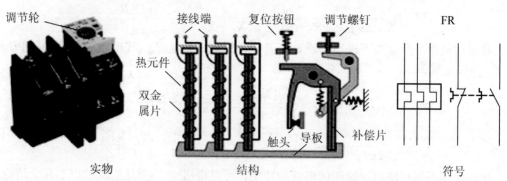

图2.47 三相结构双金属片式热继电器外形、结构和符号

（2）双金属片式热继电器的原理。使用时，把热元件串联（或通过电流互感器）在电动机的主电路中，而常闭触头串接于电动机的控制电路中。当电动机正常运行时，热元件产生的热量虽能使双金属片弯曲，但还不足以使热继电器的动作。当电动机过载时，双金属片弯曲位移增大，推动导板使常闭断开，从而切断电动机控制电路以起保护作用。

　　热继电器动作后一般不能自动复位，要等双金属片冷却后按下复位按钮才能复位。热继电器动作电流的调节可以借助旋转调节轮，改变调节螺钉的位置来实现。

　　图 2.48 所示为热继电器工作原理示意图，此图仅反映工作原理。图中双金属片式热继电器对电热水壶进行过载保护。

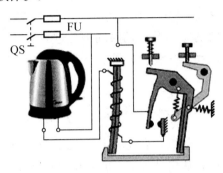

图 2.48　热继电器工作原理示意图

　　当由于某种原因，导致通过电热水壶的电流过大时，双金属片弯曲推动导板移动，使常闭触头断开切断电路，从而起到保护作用。

　　（3）双金属片式热继电器的保护特性。所谓保护特性是指通过热继电器的电流与热继电器触头动作时间的关系。

　　热继电器的保护特性也称为安秒特性，它具有反时限动作的特点，即通过热元件的电流越大，热继电器的动作时间越短；反之，动作时间越长。

　　用于电动机过载保护时，若参数选择合理，就能在电动机的温度达到允许值之前，切断电源。这样既能充分发挥电动机的过载能力，又能使其避免过热损坏。

　　图 2.49 所示为热继电器保护特性曲线与电动机过载特性曲线的配合示意图。图中曲线 1 为热继电器的保护特性。曲线 2 为电动机的过载特性，它是指电动机的过载电流与电动机允许通电时间的关系。

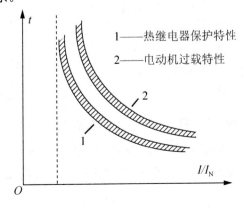

图 2.49　保护特性与过载特性的配合

电动机过载特性曲线应处在热继电器保护特性曲线的上方，两者尽可能接近，这样才能充分发挥电动机的过载能力。

（4）双金属片式热继电器的选用。热继电器根据热元件数量可分为两极型和三极型；三极型又分为具有带断相保护和不带断相保护两种。

① 类型选择：当电动机定子绕组为△形接法时，必须采用三极型带断相保护热继电器；对于丫形接法电动机，可采用不带断相保护的二极型或三极型热继电器。

② 热继电器额定电流选择：热继电器的额定电流应大于电动机额定电流。然后根据该额定电流来选择热继电器的型号。

③ 热元件额定电流的选择和整定：热元件额定电流应略大于电动机额定电流。当电动机启动电流不超过额定电流的 6 倍及启动时间不超过 5s 时，热元件的整定电流调节到等于电动机的额定电流；当电动机的启动时间较长、拖动冲击性负载时，整定电流可调节到电动机额定电流的 1.1～1.15 倍。

2. 三相异步电动机丫-△降压启动手动切换控制分析

所谓手动切换控制是指，电动机在启动时定子绕组接成丫形，启动结束后，操作者人为地把电动机切换成△形运行，从启动到切换的启动时间由操作者自己掌握。当电动机启动时负载经常变化，启动时间不固定时，可考虑采用这种手动控制的方法。

图 2.50 所示为丫-△降压启动手动切换控制电路原理图。电路的工作原理如下所示。

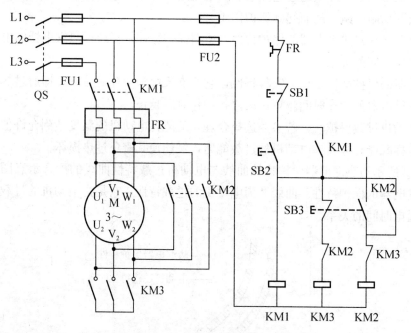

图 2.50　手动控制的丫-△降压启动控制电路

（1）丫形启动控制。合上电源开关 QF→QF 接通电源→按下按钮 SB2→线圈 KM1、KM3 通电→KM1 辅助触头闭合自锁、KM3 主触头闭合电动机接成丫形、KM1 主触头闭合接通电源→电动机丫形启动。

（2）△形运行切换控制。按下按钮 SB3→线圈 KM3 断开，同时线圈 KM2 得电→KM3 主触头释放、KM2 主触头吸合→电动机换接成△形运行。

（3）停车控制。按下按钮 SB1→线圈 KM1、KM2 断电→KM1、KM2 主触头释放→电动机停止运行。

（4）电动机的保护。熔断器的短路保护和热继电器的过载保护；接触器自锁具有失压和欠压保护功能；另外还有接触器辅助触头 KM2、KM3 的互锁保护。

2.6.3 笼式电动机Y-△降压启动自动切换与控制

笼式电动机Y-△降压启动自动切换控制是指电动机在启动时结束时由时间继电器（定时器）自动将定子绕组接成正常运行时的△形。这种控制方法常用于启动时间相对固定的场合。

异步电动机Y-△降压启动手动切换电路操作比较麻烦，切换时间也不易掌握，因此不经常使用。在实际应用中使用较多的是自动切换控制电路，切换时间往往由时间继电器控制。

1. 时间继电器介绍

继电器感测元件得到动作信号后，其执行机构（触头）要延迟一段时间才动作的继电器称为时间继电器。时间继电器种类繁多，有空气阻尼式、电磁式、电动式和电子式等类型。

这里只介绍使用较多的空气阻尼式和电子式两类。

（1）空气阻尼式时间继电器。空气阻尼式时间继电器又称为气囊式时间继电器。它可以制成通电延时型，也可制成断电延时型。

图 2.51 所示为空气式时间继电器外形及符号。其中图 2.51(a)所示为通电延时型，图 2.51(b)所示为断电延时型。

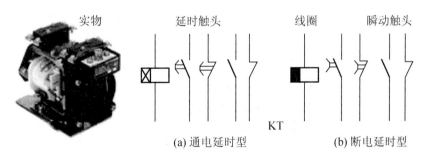

图 2.51 空气式时间继电器外形及时间继电器符号

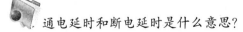

通电延时和断电延时是什么意思？

所谓通电延时型时间继电器是指线圈通电后，其延时触头要经过规定的时间后才动作，断电时所有触头瞬间复位。所谓断电延时型时间继电器是指线圈通电时，其所有触头瞬间动作，但当线圈断电时，其延时触头要经过规定的时间后才能复位。

在实际应用中，通电延时型时间继电器较断电型时间继电器使用要广泛一些。

空气阻尼式时间继电器由电磁机构、延时机构和触头系统 3 部分组成,利用空气通过小孔节流的原理来获得延时动作。它具有结构简单,价格便宜,延时范围(0.4~180s)较宽的特点,但延时精确度较低,只能用于要求不高的场合。

图 2.52 所示是空气阻尼式时间继电器结构和工作原理示意图。

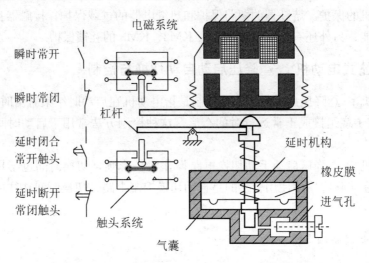

图 2.52　空气阻尼式时间继电器结构和工作原理

常见的型号有 JS7 系列,适用于交流 50Hz,电压至 380V 的电路中,型号有 JS7 - 1A、JS7 - 2A、JS7 - 3A、JS7 - 4A 等,主要技术参数如下。

① 每种型号的继电器按延时范围可分 0.4~60s 和 0.4~180s 两种。

② 按吸引线圈的额定频率及电压可分为频率 50Hz,电压有 24V、36V、110V、127V、220V、380V 6 种规格。

③ 继电器使用的环境温度为+40~0℃时,当作用于继电器线圈的电压为线圈额定电压的 85%~110%时,继电器能可靠工作。

④ 继电器延时时间的连续动作重复误差≤15%。继电器允许用于操作频率不大于 600 次/小时的场合。

JS7 系列时间继电器按其所具有延时与不延时触头的组成,可分为表 2 - 11 所列 4 种型式。

表 2 - 11　JS7 系列时间继电器接触头组合情况

型号	延时触头数量				瞬动触头数量		触头额定电压	触头额定电流	操作频率(次/小时)
	通电后延时		断电后延时						
	常开	常闭	常开	常闭	常开	常闭			
JS7 - 1A	1	1					380V	5A	600
JS7 - 2A	1	1			1	1			
JS7 - 3A			1	1					
JS7 - 4A			1	1	1	1			

（2）电子式时间继电器。电子式时间继电器又称半导体时间继电器。它是由半导体元件制成的，具有适用范围广、延时精度高、调节方便、寿命长等优点，被广泛应用于自动控制系统中。

电子式时间继电器大致可分为晶体管式和数字式两大类。如果延时电路的输出是有的继电器，则称为有输出型；若输出是无电子元件，则称为无输出型。

图 2.53 所示为两种常见的电子式时间继电器外形图。

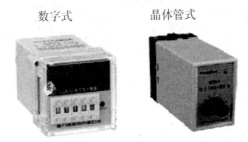

图 2.53　常见电子式时间继电器外形

电子式时间继电器也可分为通电延时型和断电延时型。

图 2.54 所示为 JS20 系列通电延时型晶体管式时间继电器原理图。它由电源、电容充放电电路、电压鉴别电路、输出和指示电路 5 部分组成。

JS20 系列时间继电器的工作原理如下所述：

电源接通后经整流、滤波和稳压后的直流电经 R_{P1} 和 R_2 向电容 C_2 充电。当场效应管 VT1 的栅源电压 U_{GS} 低于夹断电压 U_P 时，VT1 截止，VT2、VD 也截止。随充电的不断进行，电容 C_2 的电压逐渐上升，当满足 U_{GS} 高于 U_P 时，VT1 导通，VT2 和 VD 也导通，中间继电器 KA 吸合，输出延时信号。同时电容 C_2 通过 R_8 和 KA 的常开触头放电，为下次工作作好准备。当电源切断时，继电器 KA 释放，电路恢复原状。调节 R_{P1} 和 R_{P2} 即可获得不同的延时时间。

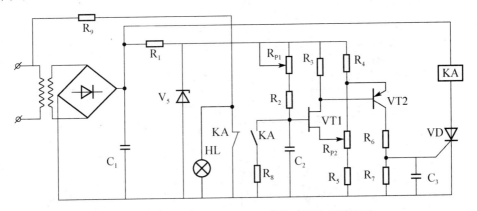

图 2.54　JS20 系列通电延时晶体管时间继电器原理

数字式时间继电器采用数字脉冲计数电路，它比晶体管式时间继电器延时范围更大、精度更高，主要用于需要精确延时以及延时时间较长的场合。这类时间继电器功能很强，有通电延时、断电延时、定时吸合、循环延时等 4 种工作形式供用户选择。

电子式时间继电器常用产品有 JS、JSB、JJSB、JS14、JS20 等系列。其中 JS20 系列为全国统一设计产品，与国内同类产品相比，它具有通用性好、工作稳定、延时范围大、精度高、输出接点容量大等特点。

表 2-12 为 JS20 系列晶体管式时间继电器的主要参数。

表 2-12　JS20 系列晶体管式时间继电器的主要参数

型号	延时范围 /S	延时触头数量				瞬动触头 数量		重复 误差/%	环境 温度 /℃	工作 电压 /V
		通电延时		断电延时						
		常开	常闭	常开	常闭	常开	常闭			
JS20-□/00	0.1～300	2	2					±3		AC：36、127、220、380 DC：24
JS20-□/01	0.1～300	2	2					±3		
JS20-□/02	0.1～300	2	2					±3		
JS20-□/03	0.1～300	1	1			1	1	±3	-10～ +40	
JS20-□/04	0.1～300	1	1			1	1	±3		
JS20-□/05	0.1～300	1	1			1	1	±3		
JS20-□/10	0.1～3600	2	2					±3		
JS20-□/11	0.1～3600	2	2					±3		

2. 自动切换丫-△降压启动电路分析

图 2.55 所示为丫-△自动切换控制电路原理图。时间继电器延时时间根据现场实际启动时间进行调整。

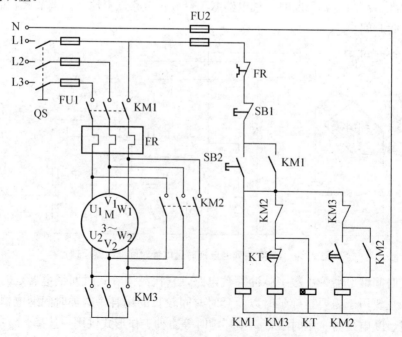

图 2.55　丫-△自动切换控制电路原理

电路的工作原理如下。

（1）丫形启动控制。合上电源开关 QS→QS 接通电→按下 SB2→线圈 KM1、KM3、KT 通电→KM1 辅助触头闭合自锁、KM3 主触头闭合，电动机接成丫形，KM1 主触头闭合接通电源，时间继电器延时开始→电动机丫形启动。

（2）△形运行切换。时间继电器延时结束时→KT 常闭触头断开，同时常开触头闭合→线圈 KM3 失电、KM2 通电→电动机换接成△形运行。

（3）停车控制。按下 SB1→线圈 KM1、KM2 断电→主触头释放→电动机停止运行。

（4）电路的保护。熔断器的短路保护和热继电器的过载保护；接触器自锁具有失压和欠压保护功能；接触器辅助触头 KM2、KM3 的互锁保护。

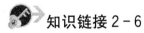**知识链接 2-6**

带断相保护的热继电器

在众多的电动机烧毁事故中，75％以上的原因是由于电动机缺相运行而导致的。电动机在运行过程发生缺相时往往不易察觉，此时若保护装置选择不当或不能很好地发挥作用，则可能引发电动机烧毁事故。

三极型双金属片式热继电器可分为带断相保护和不带断相保护结构两种，其中带断相保护功能的热继电器具有缺相保护功能。电动机定子绕组△形接法时应采用这种具有带断相保护功能的热继电器进行过载保护。

带断相保护和不带断相保护热继电器在结构上的区别在于导板，如图 2.56 所示。带断相保护热继电器的导板在断相情况下的位移有放大作用。这种导板在断相时，通过热元件的电流未达到动作值时就能动作，从而实现断相保护的目的。

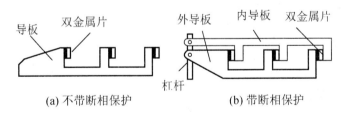

(a) 不带断相保护　　　　(b) 带断相保护

图 2.56　带断相保护和不带断相保护热继电器的区别

那么为什么△形接法的异步电动机须采用带断相保护的热继电器进行过载保护呢？

1. 绕组△形接法电动机缺相时绕组的电流

前面已经知道，电动机内部有很多绝缘材料，每一种绝缘材料均受到最高温度的限制。电动机工作时由于各种损耗导致电动机温度上升，若温度超过了绝缘材料所能承受的最高温度，那么将导致绝缘材料的老化甚至烧毁。

大多数情况下电动机烧毁是指电动机内部的绝缘材料由于高温而烧毁。

电动机的额定电流是电动机长时间正常工作时的最大电流。当通过电动机的电流未超过额定电流时，无需担心电动机会烧毁；但当电流超过额定电流(过载)，且运行时间又较长时，电动机的温度就会超过允许温度而出现烧毁事故。

为了能较好地保护电动机不因过载而烧毁，同时也能很好地发挥电动机的过载能力，通常把热继电器的动作值(整定值)调整到与电动机的额定电流相等。这样只要通过电动机的电流超过额定电流，热继电器都将在规定的时间内动作。

当△形接法的电动机出现缺相故障时，可能会出现通过热继电器的电流未达到动作值，但通过电动机某相绕组的电流已经超过该相绕组额定电流的情况。在这种情况下，若采用不带断相保护热继电器，则热继电器就不会动作，因而也无法实现对电动机的断相保护。

通过对电路图2.57的分析，不难理解为什么会出现上述情况。

在图2.57所示电路中，已知△形接法电动机正常运行，若电动机的额定电流为20A。热继电器的热元件串联在线电路中，通常将其动作值整定为20A。

电动机的额定电流为线电流，因此△形接法电动机每相绕组的额定电流仅为线电流额定电流的$1/\sqrt{3}$倍。在该例中，电动机每相定子绕组额定电流为11.6A。

(1) 图2.57(a)所示为电动机不断相正常运行时的情况。当电动机满载运行时，定子每相绕组的电流分别为11.6A。当电动机过载运行时，热继电器正常发挥保护作用。

(2) 图2.57(b)所示为电动机断相满载运行时的情况。此时通过热继电器的电流将超过整定值，热继电器将在一定时间内动作，从而起到断相保护的作用。

(3) 图2.57(c)所示为电动机断相欠载(60%额定负载)运行时的情况。此时通过热继电器热元件的电流未达到整定值，但电动机某相绕组(图中箭头所示)已经过载。

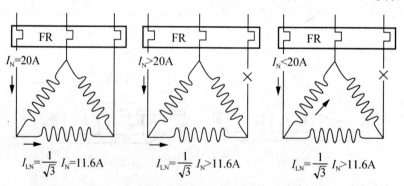

(a) 不断相，正常情况下　　(b) 断相，100%额定负载　　(c) 断相，60%额定负载

图2.57　不同负载情况下断相运行时每相定子绕组中的电流

显然，在图2.57(c)所示电路中，热继电器若不能提前动作，即在断相情况下，通过热继电器的电流未达到整定值而动作，那么电动机某相绕组最终将因过载而烧毁。

2. 带断相保护的热继电器差动放大作用

不带断相保护的热继电器，只有在电流超过热继电器整定值的情况下才能动作。

在电动机△形接法时，当电动机欠载运行，例如上述60%负载下运行时，通过热继电器的电流未达到整定值，但是电动机某相绕组已经过载，此时若采用不带断相保护的热继电器进行保护，在这种情况下热继电器将不会动作。

带断相保护的热继电器，当电动机正常运行(不断相)时，其动作特点与不带断相保护的热继电器相同。但是当发生断相事故时，即使电流未达到整定值，带断相保护的热继电器也能动作，从而实现电动机的断相保护。

那么，带断相保护的热继电器的这种工作特点是如何实现的呢？

带断相保护热继电器的导板与不带断相保护热继电器的导板有很大的区别，它有内、外两块导板构成，这种结构的导板具有差动放大作用，导板的移动距离在断相情况下有放大作用。

带断相保护的热继电器断相时导板的差动放大作用如图2.58所示。

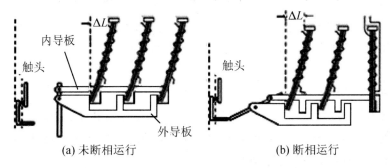

(a) 未断相运行　　　　　　　　(b) 断相运行

图2.58　带断相保护热继电器差动保护机械的放大作用原理图

在图2.58中，(a)为未断相运行，(b)为断相运行情况。在通过热元件电流相同的情况下，双金属片将产生相同的弯曲量(ΔL)。但是由于导板的差动放大作用，可以看出，在断相情况下，杠杆将提前使热继电器的触头动作。

热继电器不能用作电路的短路保护，因热元件受热变形到触头动作需要一定的时间，而短路保护要求瞬时动作。

对于重载、频繁启动的较大容量的电动机，可用过电流继电器(延时动作型)作它的过载和短路保护。

3. 热继电器的安装与调整

热继电器是利用发热元件发热，使双金属片弯曲触动动作机构实现保护的。当热继电器与其他电器安装在一起时，要注意热继电器应安装在其他电器下方且距离50mm以上，以免受其他电器发热的影响。

热继电器的连接线除导电外，还起导热作用。如果连接线太细，则连接线产生的热量会传到双金属片上，加上发热元件沿导线向外散热少，从而缩短热继电器的动作时间；反之，如果采用的连接线过粗，则会延长热继电器的动作时间。所以连接导线截面不可太细或太粗，应尽量采用说明书规定的或相近的截面积。

另外，热继电器在投入使用时，必须对热继电器的整定电流进行调整。

例如，对于一台功率10kW、电压380V、额定电流19.9A的电动机，可使用JR20 - 25型热继电器，发热元件整定电流为17A、21A、25A，先按一般情况整定在21A，若发现经常提前动作，而电动机温升不高，可将整定电流改至25A继续观察；若在21A时，电动机温升高，而热继电器动作滞后，则可改在17A观察，以得到最佳的配合。

常见型号有 JR0、JR9、JR14、JR16、JR36 等系列产品。表 2-13 为 JR36 等系列热继电器的技术参数。

表 2-13　JR36 系列热继电器的主要技术参数

型号	额定电流/A	额定电压/V	有无断相保护	有无温度补偿
JR36-20	20	690	有	有
JR36-63	60	690	有	有
JR36-160	160	690	有	有

JR36 系列热继电器适用于交流 50Hz/60Hz、电压不大于 690V、电流 0.25～160A、长期工作或间断长期工作的交流电动机的过载与断相保护。

**考考您!**

1. 什么是双金属片式热继电器？它的结构如何？在电路中它起什么作用？

2. 热继电器的保护特性具有什么特点？电动机的过载特性又具有什么特点？两者之间如何配合才能更好地进行过载保护？

3. 电动机不允许过载，一旦过载就会造成电动机烧毁，这句话对吗？为什么？

4. 普通双金属片式热继电器与具有差动保护机构的热继电器在结构上有什么区别？

5. 三角形接法的电动机，运行时为什么一定要用具有断相保护功能的热继电器进行过载保护？

6. 电动机星形接法时是否也一定要用具有断相保护功能的热继电器进行过载保护？为什么？

7. 热继电器的整定电流如何调整？为什么？

8. 为什么异步电动机 丫-△ 启动是降压启动的一种？丫-△ 降压启动手动切换是什么意思？

9. 三相异步电动机 丫-△ 降压启动有什么特点？适用于什么的情况？

10. 已知三相异步电动机额定电流为 25A，为其选择电路中使用的热继电器的型号与规格。

11. 丫-△ 自动切换电路中，时间继电器的时间根据什么确定？

12. 空气式时间继电器有什么特点？能否用于对延时精度要求很高的场合？为什么？

13. 通电延时和断电延时有什么区别？延时触头和瞬动触头又有什么区别？

14. 观察空气式通电延时时间继电器的结构，能否将空气式通电延时间继电器改装成断电延时时间继电器？

实践项目 6　丫-△ 自动切换电路安装

通过以下实践，将更加清楚空气式时间继电器、热继电器等电器的结构、工作原理、接线特点以及时间继电器延时时间和热继电器动作值调整方法，掌握笼式三相异步电动机丫-△降压启动自动切换控制电路的安装与检修。

知识要求	掌握时间继电器、热继电器的种类、特点、参数和选用原则；掌握丫-△自动切换控制电路的原理分析方法和电路特点
能力要求	能正确选择、使用时间继电器和热继电器，会正确安装丫-△自动切换控制电路并处理实践中的故障

实践电路如图 2.55 所示，已知电动机额定电流为 2.4A。按以下步骤进行操作。

（1）熟悉图 2.55 所示的电气控制原理并标注线标。绘制控制板电器元件的安装接线图。

（2）检查电路中使用的低压电器是否正常，检查无误后将隔离开关、时间继电器、接触器、熔断器和接线端子排固定到实验室提供的控制板上。

（3）按先接主电路，后接控制电路的顺序完成电路的连接。采用板前明敷，敷设时注意走线合理和横平竖直，并严格照图施工。

（4）完成电路连接后请检查电路连接是否有误，确认无误后再通电试车。试车时按以下步骤进行。

① 时间继电器和热继电器的调整：将时间继电器调整到 3s，热继电器调整到 2.4A；

② 不带电动机试验：试车前先拆下电动机，试车时认真观察接触器动作是否正常，细听接触器线圈通电后有无异常响声。

③ 带电动机试验：断开电源并接上电动机定子绕组引线，重复不带电动机试验时的步骤。

试验时若有异常情况出现，请立即切断电源，排除故障后重新试车。

2.7 自耦变压器降压启动与控制

笼式电动机丫-△降压启动时的启动转矩仅为直接启动时的三分之一，且只能用于正常运行时定子绕组接成△形的情况，因此使用范围受到一定限制。采用自耦变压器降压启动可以在一定程度上提高启动转矩。

2.7.1 自耦变压器介绍

自耦变压器由铁芯和绕组组成，绕组带有中间抽头，原副边共用。当作为降压变压器使用时，绕组的一部分作为副边；当作为升压变压器使用时，外电压加在绕组的一部分线匝上。

自耦变压器与同容量的普通变压器相比，不但尺寸小、效率高，并且变压器容量越大，电压越高，这个优点就越为突出。

图 2.59 所示为常见自耦变压器外形及符号。

107

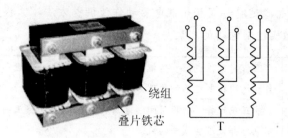

图 2.59　常见自耦变压器外形及符号

2.7.2　手动切换的自耦减压器启动控制

自耦变压器应用广泛，其中有一类自耦变压器专门用于三相异步电动机的降压启动，这类自耦变压器也称为自耦减压启动器或启动补偿器。

启动器中的自耦变压器通常有 3 组抽头。使用不同抽头时，其输出电压分别为输入电压的 80％、60％、40％，启动时可根据需要灵活选用。

图 2.60 所示为手动切换的自耦变压器启动控制原理图。

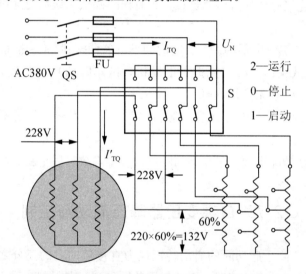

图 2.60　手动切换的自耦变压器启动控制电路

电动机启动时，先把开关 S 扳到"启动"位置，当转速接近额定值时，再将开关 S 扳到"运行"位置，此时自耦变压器被切除。

自耦减压器启动时的性能分析如下所示。

设自耦变压器的电压变比为 k，则经过自耦变压器降压后加在电动机上的电压为 U_N/k，此时电动机的启动电流 $I'_{TQ}=I_Q/k$（I_Q 为直接启动时的电流）。

根据自耦变压器的原、副边的电流关系（$I'_{TQ} \times U'_N = I_{TQ} \times U_N$）可得

$$I_{TQ}=\frac{U'_N}{U_N} \times I'_{TQ}=\frac{1}{k} \times \frac{I_Q}{k}=\frac{1}{k^2}I_Q$$

由此，可以得出自耦减压器启动时的性能。

🔑 自耦变压器启动时的启动电流为直接启动时电流的 $1/k^2$；由于启动转矩与端电压的平方成正比，因此启动转矩也相应下降为 T_Q/k^2（T_Q 为直接启动时的转矩）。

上例中，若变压器变比为 0.6 时，则启动电流仅为直接启动的 0.36 倍，而启动时的转矩也将下降至直接启动时转矩的 0.36 倍。若换成变比为 0.8 抽头，则启动电流和启动转矩都将下降至直接启动时 0.64 倍。

例 2-1 可以帮助了解选择笼式电动机的启动方法。

【例 2-1】 有一台△形接法的鼠笼式异步电动机，其额定电流 I_N 为 77.5A，额定转矩 T_N 为 290.4N·m，直接启动转矩 T_Q 为 551.8N·m，最大转矩 T_m 为 638.9N·m，额定转速为 970r/min，电动机运行在额定负载。

（1）若启动时的负载转矩为 510.2N·m，请问在 $U_1 = U_N$、$U_2 = 0.9U_N$ 两种情况下电动机能否直接启动

（2）若启动时的负载转矩为 260N·m，要求启动电流不超过 350A，应如何启动？

（3）若启动时的负载转矩为 160N·m，要求启动电流不超过 250A，应如何启动？

解： 从方便角度，电动机应首先考虑直接启动；若不允许直接启动时，则可考虑采用星形—三角形（丫-△）降压启动；若依旧不能满足要求，再考虑自耦减压器降压启动或其他启动方法。

（1）由额定转矩、额定转速可知，电动机功率约 30kW 左右，此时应当用经验公式进行判断。

由于该题未告知电源容量，因此无法进行判断。若不考虑启动电流对电网的影响，仅从启动转矩是否足够大角度考虑能否直接启动。

当 $U_1 = U_N$ 时，$T_Q = 551.8(\text{N·m}) > 510.2(\text{N·m})$，所以能直接启动。

当 $U_1 = 0.9U_N$ 时，$T_Q = 0.9^2 \times 551.8 = 447(\text{N·m}) < 510.2(\text{N·m})$，所以不能直接启动。

（2）若采用直接启动，则启动电流 I_Q 为额定电流的 5～7 倍，取启动电流为 7 倍额定电流，即：$I_Q = 7 \times 77.5 = 542.5(\text{A}) > 350(\text{A})$，所以不允许直接启动。

因电动机为三角形接法，故适合采用丫-△降压启动。当采用丫-△启动时，电动机的启动电流为 $7 \times 77.5 \div 3 = 180.8(\text{A}) < 350(\text{A})$，满足对电流的要求；但电动机的启动转矩为 $551.8 \div 3 = 183.9(\text{N·m}) < 260(\text{N·m})$，故电动机无法启动。

考虑用自耦减压器降压启动，如选用 60% 的抽头，则启动电流和启动转矩分别为

$$I_Q = 0.6^2 \times 7 \times 77.5 = 195.3(\text{A}) < 350(\text{A})$$

$$T_Q = 0.6^2 \times 551.8 = 198.65(\text{N·m}) < 260(\text{N·m})$$

可见，启动电流满足要求，但启动转矩无法满足要求。因此 60% 的抽头不能满足启动要求。

若选用 80% 抽头启动，则启动电流与启动转矩分别为

$$I_Q = 0.8^2 \times 7 \times 77.5 = 347.2(\text{A}) < 350(\text{A})$$

$$T_Q = 0.8^2 \times 551.8 = 353.1(\text{N·m}) > 260(\text{N·m})$$

可见，启动电流和启动转矩都满足要求，因此采用自耦减压器 80% 抽头是合适的。

（3）由于要求启动电流不超过 250A，因此不能采用直接启动。当采用丫-△转换启动时，启动电流和启动转矩分别为

$$I_Q=7\times77.5/3=180.8(A)<250(A)$$
$$T_Q=551.8/3=183.9(N \cdot m)>160(N \cdot m)$$

可见，启动电流和启动转矩都能满足要求，故采用丫-△启动是合适的。

自耦减压器降压启动的方法虽不受定子绕组接法的限制，但电路结构复杂，设备费用增加。因此这种方法不经常使用。它较适用于需要较大启动转矩的场合。

对于不仅要求启动电流小，而且要求有相当大的启动转矩的场合，可考虑采用启动性能好、但价格较贵的绕线式异步电动机。

2.7.3　自动切换的自耦变压器启动控制

图 2.61 所示为按时间原则控制的自耦变压器降压启动自动切换电路，图中 KA 为中间继电器。

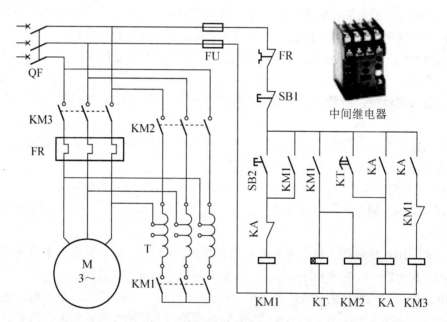

图 2.61　自耦变压器自动切换控制电路

该电路的工作原理如下所示。

合上开关 QF→按下 SB2→KM1、KM2、KT 得电→电动机接入自耦变压器进行降压启动→时间继电器 KT 延时结束后，常开触头闭合接通 KA→中间继电器 KA 的触头断开线圈 KM1，接通线圈 KM3→切除自耦减压器，电动机转入全压运行。

2.7.4　自耦减压器常用型号及使用注意事项

常用的自耦减压启动器有 QJ2、QJ3、QJ10 等系列，还有 QJ01、XJ01、XQ01 系列自耦减压启动箱等。这些专用启动器都只适用于笼式电动机不频繁启动。

下面介绍 QJ3 系列手动自耦减压启动器及其内部电路。

QJ3 系列由三相自耦变压器、热继电器、失压脱扣器、触头、操作手柄以及机械联锁装置等构成。箱底盛有绝缘油，触头浸在其中，绝缘油起灭弧作用。机械联锁装置可防止操作手柄在"停止"位置时直接拉到"运行"位置以避免直接启动。

图 2.62 所示为 JQ3 系列手动自耦减压启动器外形及内部接线图。使用时只需将电源接在 L1、L2、L3 端子上，将电动机接在 U、V、W 端子上即可。

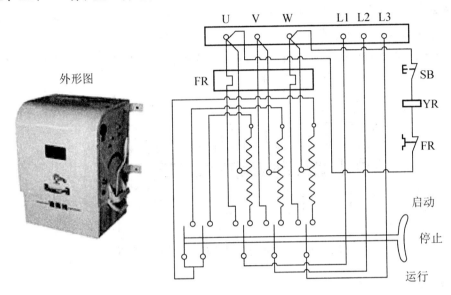

外形图

图 2.62　JQ3 系列自耦减压启动器以外形及内部接线图

JQ3 系列主要用于交流 50Hz，电压 380V，功率为 10~75kW 的三相鼠笼式异步电动机的不频繁降压启动。

JQ3 系列的启动器可安装在墙上、柱上或地面支架上，油箱倾斜不得超过 5°。安装时，启动器和电源之间要装设熔断器作短路保护，外壳必须妥善接地或接零。

使用时还应注意以下几个问题。

（1）自耦变压器的功率应与电动机的功率一致，如果小于电动机的功率，自耦变压器会因启动电流大，发热损坏绝缘、烧毁绕组。

（2）由于启动电流很大，应认真检查主回路端子接线的压接是否牢固可靠，有无虚接现象。

（3）自耦降压启动电路不能频繁操作，如果一次启动不成功的话，第二次启动应间隔一定时间，以防止自耦变压器绕组发热过大损坏绝缘。

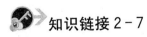 知识链接 2-7

中间继电器介绍

中间继电器(Intermediate Relay)在控制电路中用于传递中间信号增加的数量或者容量，是一种典型的电磁式电器，在低压电器控制电路中有广泛的应用。在家用电器中，常用中间继电器的触头来接通和断开负载。

1. 中间继电器结构

中间继电器的结构和原理与交流接触器基本相同。它与接触器的主要区别在于，接触器有主、辅触头之分，主触头可以通过大电流；而中间继电器的触头没有主、辅触头之分，只能通过小电流，因此中间继电器不设灭弧装置。

中间继电器触头数量较多，触头的额定电流一般为5A或10A，因此，只能用在控制电路、信号电路等小电流电路中。

图2.63所示为中间继电器结构与工作原理示意图。它由电磁机构和触头系统组成。当线圈通电时，衔铁吸合并驱动触头动作。

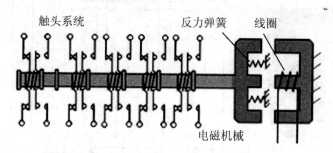

图2.63 中间继电器结构与工作原理示意图

2. 中间继电器作用

在工业控制电路、家用电器控制线路中，常常会有中间继电器存在。对于不同的控制线路，中间继电器的作用有所不同，它在线路中的常见作用有以下几种。

（1）代替小型接触器。中间继电器的具有一定的负载能力，当负载容量比较小时，可以用来替代小型接触器使用，比如电动卷闸门、家用电器的控制等。

（2）增加接点数量。这是中间继电器最常见的用法。例如，在电气控制系统中，当某一个电器的触头数量不够使用时，往往先用该电器的触头接通一个中间继电器的线圈，再用该中间继电器的触头取代原电器的触头。

（3）增加触头容量。中间继电器的触头容量虽然不是很大，但也具有一定的负载能力，同时其驱动所需要的电流又很小，因此可以用中间继电器来扩大接点容量。

例如，一般不能直接用感应开关、三极管的输出去控制负载相对较大的电器，此时通过在控制线路中使用中间继电器，再用中间继电器的触头去控制电器，从而达到扩大触头容量的目的。

（4）转换接点类型。在工业控制线路中，常常会出现这样的情况：按要求，需要使用接触器的常闭接点才能达到控制目的，但是接触器本身所带的常闭接点已经用完，无法完成控制任务。这时可以将一个中间继电器与原来的接触器线圈并联，用中间继电器的常闭接点去控制相应的元件，转换接点类型，达到所需的控制目的。

中间继电器种类繁多，常用的型号有ZJ11、JZ14、DZ-10、DZ-30、DZB-10、DZS-100、DZ-200、ZJ7等。

图2.64所示为中间继电器外形及符号。

JZ14系列　　JZ7系列　　符号

图 2.64　中间继电器外形及符号

表 2 - 14 为常用的 JZ14 系列中间继电器的主要参数。

表 2 - 14　JZ14 系列中间继电器的主要技术参数

型号	电压种类	触头电压	触头电流	触头组合	吸引线圈额定电压
JZ14□□J/□	交流	380V	5A	6 常开 2 常闭 4 常开 4 常闭	110、127、220、380
JZ14□□Z/□	直流	220V	5A	2 常开 6 常闭	24、48、110、220

考考您！

1. 什么是自耦变压器降压启动？写出自耦减压器降压启动时的启动电流与启动转矩与直接启动时的数量关系。

2. 自耦变压器降压启动适合怎样的情况？自耦减压器降压启动时在操作上应当注意什么问题？

3. 中间继电器是用来干什么的？它与接触器在结构有什么不同？为什么中间继电器的触头不需要安装灭弧装置？

4. 应当如何选择三相异步电动机启动方法？

5. 上网查阅 JQ3 系列手动自耦减压启动器的主要技术参数。

2.8　定子串电阻或电抗降压启动与控制

鼠笼式异步电动机启动时在定子绕组中串入三相电阻器或三相电抗器进行分压，从而降低电动机的端电压，以达到限制启动电流的目的，这两种启动方法与电动机绕组接法无关。但这两种启动方法的性能并不理想，因此，在实际应用中很少采用。

2.8.1　串电抗或电阻启动时的性能介绍

定子绕组串接电阻或电抗降压启动是指在电动机启动时，把电阻或电抗串接在电动机定子绕组与电源之间，通过电阻或电抗的分压作用来降低定子绕组的电压，待启动结束后，再将电阻或电抗短接，使电动机在额定电压下正常运行。

图 2.65 所示为电动机启动用的电抗器和电阻器外形。

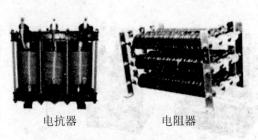

电抗器   电阻器

图 2.65　异步电动机启动电阻和电抗器外形

电阻是一种耗能元件，在电动机功率较大时采用串接电阻启动，将在电阻器上消耗大量的能量，这是很不经济的。因此，对较大功率的电动机往往用电抗器替代电阻器实现降压启动。

图 2.66 所示为笼式电动机串联电抗时的主电路。

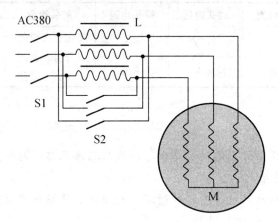

图 2.66　笼型电动机串电抗启动主电路

启动时开关 S1 闭合，电动机串入启动电抗器并接通电源；当启动结束时，开关 S2 闭合切除电抗器，电动机转入正常运行。

启动电流和启动转矩的分析如下。

三相异步电动机定子串联电抗器 L 启动瞬间的启动电流 I_{QL}（相电流）和启动转矩分别为

$$I_{QL} \approx \frac{U_{1L}}{\sqrt{(R_1+R_2')^2+(X_1+X_L+X_2')^2}} \approx \frac{U_{1L}}{X_1+X_L+X_2'}$$

$$T_Q = \frac{3pU_{1L}^2 R_2'}{2\pi f_1 \left[(R_1+R_2')^2+(X_1+X_L+X_2')^2\right]} \approx \frac{3pU_{1L}^2 R_2'}{2\pi f (X_1+X_L+X_2')^2}$$

可见，定子串联电抗器启动，降低了启动电流，但也极大地降低了启动转矩。

图 2.67 所示为串联电抗器时的电动机人为机械特性曲线（串联电阻时特性曲线与此相似）。

从特性曲线上可以看出，串联电抗或电阻后，电动机的启动能力和过载能力都下降。因此，这种方法只适用于电动机的轻载启动。

事实上，串联电阻启动时能量损耗较严重；而电抗器体积大、成本高，因此两种启动方法很少采用。

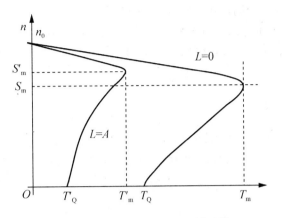

图 2.67　串电抗时的人为机械特性

2.8.2　串联电抗器(或电阻器)启动控制电路分析

图 2.68 所示电路同时具有手动或自动切换电抗器的功能。电路中使用了万能转换开关 SA 来选择电路是手动切换,还是自动切换。这里的万能转换开关充当功能选择的作用,这是万能转换开关的典型用途。

1. 自动切换控制分析

自动切换控制电路的工作原理分析如下。

如图 2.68 所示,先将万能转换开关 SA 置于自动切换 (1)挡,此时(1-2)接通、(4-6)接通(时间继电器被接入)、(8-9)断开。此时电路具有自动切换功能。

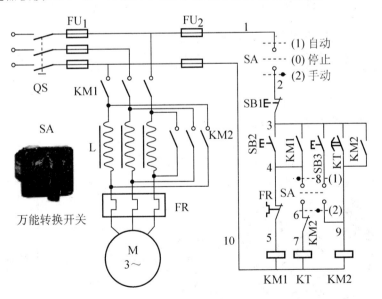

图 2.68　综合控制的串电抗降压启动电路

(1) 启动控制。合上开关 QS→按下 SB2→线圈 KM1、KT 得电→KM1 主触头闭合,电动机串接电抗器启动,时间继电器 KT 开始工作。

（2）自动切换控制。当时间继电器 KT 延时结束时，常开 KT 动作时→线圈 KM2 接能并自锁→KM2 主触头闭合切除电抗器→电动机转入正常运行。

（3）停止控制。按下 SB1→接触器线圈 KM1、KM2 断电→主触头释放→电动机停止工作。

2．手动切换控制分析

先将万能转换开关 SA 置于自动切换挡（2），此时（1-2）接通、（8-9）接通、（4-6）断开（时间继电器被切除）。此时电路具有手动切换功能，原理分析如下。

（1）启动控制。合上开关 QS→按下 SB2→线圈 KM1 并自己锁→KM1 主触头闭合，电动机串接电抗器启动开始。

（2）手动切除控制。当电动机启动结束时，由操作人员按下切换按钮 SB3→线圈 KM2 接能并自锁→KM2 主触头闭合切除电抗器→电动机转入正常运行。

（3）停止控制。按下 SB1→接触器线圈 KM1、KM2 断电→主触头释放→电动机停止。

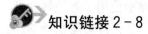**知识链接 2-8**

万能转换开关介绍

万能转换开关是一种多挡位、多触头的主令电器，主要用于各种控制线路的功能转换，电压表、电流表的换相测量控制等。万能转换开关也可用于直接控制小容量电动机的启动、调速和换向。

1．万能转换开关的结构

万能转换开关是由多组相同结构的组件叠装而成的。它由操作机构、定位装置和触头等 3 部分组成。当操作手柄转动时，带动开关内部的凸轮转动，从而使触头按规定顺序闭合或断开。

图 2.69 所示为万能转换开关的结构原理图及符号。双断点桥式触头的分合由凸轮控制。操作手柄使转轴带动凸轮转动，当桥式触头正对凸轮上的凹口时，触头闭合，否则断开。

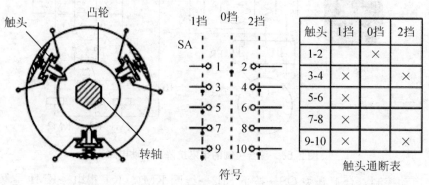

触头	1挡	0挡	2挡
1-2		×	
3-4	×		×
5-6	×		
7-8	×		
9-10	×		×

触头通断表

图 2.69　万能转换开关结构及符号

图中所示仅为万能转换开关中的一层，实际万能转换开关是由多层同样结构的部件叠装而成，每层上的触头数量根据型号的不同而不同，凸轮上的凹口数量也不相同。

万能转换开关的手柄有普通型、旋钮型、钥匙型和带信号灯型等多种结构形式，手柄操作方式有自复式和定位式两种。

操作手柄推至某一位置，当手松开后，自复式转换开关的手柄能自动返回原位；定位式转换开关的手柄则保持在该位置上。

手柄的操作位置以角度表示，一般有 30°、45°、60°、90°等，根据型号不同而有所不同。

万能转换开关的文字符号为 SA。在图形符号中，触头下方虚线上的"·"表示当操作手柄处于该挡位时，该对触头闭合；如果虚线上没有"·"，则表示当操作手柄处于该位置时该对触头处于断开状态。

为了更清楚地表示万能转换开关的触头分合状态与手柄的位置关系，在电气控制系统图中，经常把万能转换开关的图形符号和触头合断表结合使用。在触头分合表中，用"×"来表示手柄处于该位置时触头处于闭合状态。

2. 万能转换开关型号

万能转换开关种类繁多，主要产品有 LW5、LW6、LW26、LW8、LW21、LW15 等系列。常用的产品有 LW5 和 LW6。

图 2.70 所示为 LW5、LW15 系列万能转换开关的外形。

LW5—16系列　　　　　LW15—16系列

图 2.70　万能转换开关外形图

LW5 万能转换开关主要用于交流 50Hz、电压 500V 及直流电压 440V 以内的电路中，作电气控制线路转换之用，也可用于 380V、5.5kW 及以下的三相鼠笼式异步电动机的直接控制。

LW15 系列万能转换开关主要用于交流 50Hz、额定工作电压 380V 及以下，直流电压 220V 及以下的电路中转换电气控制线路，也可用于小容量鼠笼式异步电动机的直接控制。

考考您！

1. 什么是串联电阻或串联电抗降压启动？串联电阻和串联电抗降压启动有什么区别？这两种启动方法各有什么特点？

2. 万能转换开关结构如何？它有没有灭弧装置？它的触头能否用在大电流电路中？万能转换开关的主要作用是什么？

3. 万能转换开关在电气控制中的重要作用之一是电路的功能选择，试举出日常生产中的两个例子。

4. 图 2.68 所示电路中的万能转换开关的作用是什么？

2.9 三相交流电动机软启动与控制

软启动器(Soft Starter)是一种集软启动、软停车和保护于一体的新颖电动机控制装备。它不仅能平滑地启动电动机，而且可根据电动机负载情况调节启动过程中的运行参数，是一种性能优良的电动机控制器。

2.9.1 三相异步电动机软启动介绍

三相异步电动机的降压启动，如定子回路串电阻或电抗器启动、自耦变压器启动、丫-△启动等，较大程度地缓解了在供电变压器容量相对不够大时与电动机直接启动电流过大之间的矛盾。但它们还存在着明显不足之处，没有根本解决电动机启动时电流的冲击以及转矩下降过大等问题，而且启动电路复杂等。

1. 软启动器简介

随着科学的发展，一种以数字技术和电力电子技术为基础的软启动器正在得到广泛应用。软启动器以微处理器为核心控制大功率可控硅模块，实现三相异步电动机的软启动、软停止，同时具有过载、缺相、过流、欠流、过压、欠压等多项可选保护功能。

与传统启动方式相比，软启动具有以下优点。

(1) 无冲击电流。软启动器在启动异步电动机时，通过逐渐增大晶闸管的导通角，使电动机的启动电流从 0 线性上升至设定值。避免了启动电流对电动机和电网的冲击，延长了电动机的寿命，提高了电网的可靠性。

(2) 软停车功能。停车时平滑减速、逐渐停机。它可以克服瞬间断电停机带来的弊病，减轻了对重载机械的冲击，减少了设备的损坏。

(3) 启动参数可调。根据启动时负载情况和电网的要求，可方便地将启动参数调整至最佳状态。

随着软启动器的推广和应用，软启动替代传统启动方法只是时间问题。

图 2.71 所示为两款软启动器外形。

图 2.71　常见软启动器外形

2. 软启动器工作原理

软启动器的主要是由串接于电源与被控电动机之间的三相反并联闸管及其电子控制电路构成。运用不同的方法，控制三相反并联闸管的导通角，使被控电动机的输入电压按不同的要求而变化，以实现不同的功能。

图 2.72 所示为软启动器的内部电路框图。

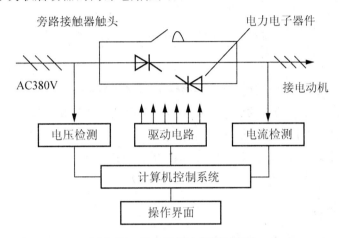

图 2.72　软启动器内部控制框图

软启动主要的启动方式有电压双斜坡启动方法、限流启动方法和突跳启动方法等。

（1）双斜坡启动。图 2.73 所示为软启动器双斜坡启动时输出电压波形。

电动机在启动时提供一个初始的启动电压 U_s（根据负载可调），将 U_s 调到使电动机能立即转动。然后输出电压从 U_s 开始按一定的斜率上升（斜率可调），电动机不断加速。当输出电压达到 U_r 时，电动机也基本达到额定转速。

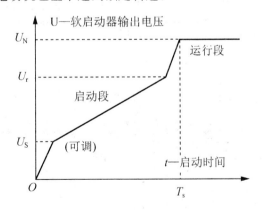

图 2.73　电压双斜坡启动时的输出电压

（2）突跳启动。图 2.74 所示为突跳启动时启动器输出电压波形。

在启动开始阶段，让晶闸管在极短的时间内全导通，然后再回落，再按原设定的值线性上升，进入恒流启动，

该启动方法适用于重载启动场合以减少启动时的振动。

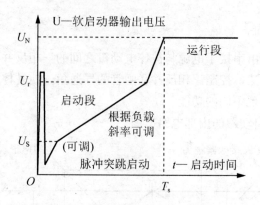

图 2.74　突跳启动时的输出电压

（3）限流启动。在电动机的启动过程中限制其启动电流不超过某一设定值（I_m）。其输出电压从零开始迅速增长，直到输出电流达到预先设定的电流限值（I_m），然后在保持输出电流不变的条件下逐渐升高电压，直到升至额定电压，电机转速逐渐升高，直到额定转速。

3. 控制电路介绍

图 2.75 所示为 CMC－L 系列软启动器控制单台笼式电动机的原理图。

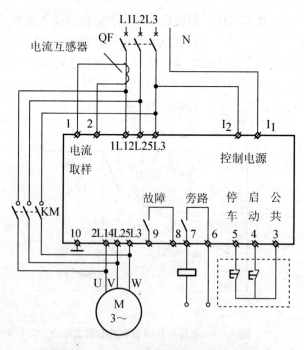

图 2.75　CMC－L 系列软启动器控制电路

软启动器具有体积小、性能可靠、保护功能齐全、操作简便等优点，广泛应用于石化、冶金、环保、食品机械、农业灌溉和建筑等行业。

表 2-15 为 CMC－L 系列软启动器各接线端子的功能表。

表 2-15　CMC-L 系列软启动器各接线端子的功能

类型	编号	端子名称	端子说明	技术要求
输入端子	1、2	电流取样端子	电流互感器	按要求选用
	3	启动、停止信号公共端	接启动、停止按钮	
	4	启动信号端		
	5	停止信号端		
	11、12	控制电源端	接控制电源	AC50Hz，220V±10%
输出端子	6、7	启动完成信号输出端	启动完成时触头闭合	无源接点
	8、9	故障信号输出端	故障状态时触头闭合	无源接点
	10	接地端	接软启动器外壳	$1.5\sim2.5mm^2$

2.9.2　三相笼式电动机启动方法比较

对三相鼠笼式异步电动机的启动归纳起来有以下几方面要求：有足够大的启动转矩；尽可能小的启动电流；启动设备尽可能简单、可靠和操作方便；启动过程中的功率消耗应尽可能少。

（1）直接启动。优点是启动设备简单，启动速度快。但启动电流大，可能造成电网电压下降，影响其他用电设备的正常运行。同时过大的启动电流会使电动机绕组发热加剧，加速绝缘老化，影响电机寿命。

（2）丫-△降压启动。这种启动设备的优点是启动设备简单，启动过程中消耗能量少。由于启动转矩为直接启动转矩的 1/3，只能用于空载或轻载启动。

（3）自耦减压器降压启动。这种方法的优点是启动电压可以选择，以适应不同负载的要求。缺点是自耦减压器体积大、故障多、维修费用高等。

（4）软启动器启动。具有无冲击电流、启动的平稳，对电动机和机械的冲击小等优点，对提高电网的可靠性，延长电动机与机器设备的寿命有重要意义。

　知识链接 2-9

软启动器的发展历史

软启动器是一种新颖的交流电动机控制器件，集电动机软启动、软停车、节能和多种保护功能于一体。目前的应用范围是供电电压为 380V，电机功率从几千瓦到 800kW 的各种应用场合，特别适用于各种泵类负载或风机类负载。

软启动器于 20 世纪 70 年代末和 80 年代初投入市场。采用软启动器，可以使电动机的电压在启动过程中逐渐升高，这样就很自然地限制了电动机的启动电流，也意味着电动机可以平稳启动。因此软启动器在市场上得到广泛好评。

三相异步电动机以其运行可靠、维护简单等优点，广泛应用在各行各业中。然而由于其启动时要产生较大冲击电流，同时由于启动应力较大，使电动机和机械设备的使用寿命降低。

　　国家有关部门对电动机启动早有明确规定，即电动机启动时的电网电压下降不能超过电网额定电压的10%。解决办法有两个：一是增大电网的配电容量；二是采用限制电动机启动电流的启动设备。

　　如果仅仅为启动电动机而增大电网的配电容量，从经济角度上来说，显然是不可取的。采用各种限制电动机启动电流的方法，例如采用丫-△降压启动、自耦变压器降压启动、串联电阻或电抗降压启动等，这些方法虽然可以起到一定的限流作用，但没有从根本上解决问题。

　　伴随传动控制对自动化要求的不断提高，采用电力电子元件为主要器件，以计算机为控制核心的智能型电动机启动设备——软启动器应运而生。

　　软启动器体积小、重量轻，具有智能控制及多种保护功能，而且各项启动参数可根据不同要求进行调整，这就从根本上解决了传统的降压启动的诸多弊端。

　　软启动器一经出现就吸引了企业的极大兴趣，目前已在各行各业得到越来越多的应用。

考考您！

　　1. 什么是电动机软启动？软启动器控制电路具有哪些优点？

　　2. 试对笼式电动机各种启动方法的性能作一简短评价，总结一下各种不同方法适合的场合。

　　3. 上网查阅 CMC－L 系列软启动器的主要技术参数。

2.10　绕线式异步电动机的启动与控制

　　对于鼠笼式异步电动机，采用传统的启动方法来减小启动电流，都将引起启动转矩下降。对于像起重机、皮带运输机等这些重载启动的设备，鼠笼式异步电动机往往无法满足启动要求，此时可考虑采用绕线式异步电动机。

2.10.1　三相绕线式异步电动机结构特点

　　与鼠笼式异步电动机不同，绕线式异步电动机转子绕组的结构与形状与定子绕组相似，也是由线圈绕制而成。转子绕组通过滑环和电刷（统称集电器）可外接电阻或其他器件，这样可以改善绕线式异步电动机的启动性能。

　　图 2.76 为绕线式异步电动机转子连接图。

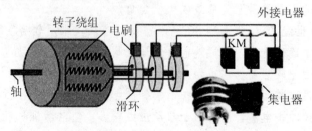

图 2.76　绕线式异步电动机转子连接图

绕线式异步电动机的优点是转子串联电阻（或其他电气设备）启动，既可减小启动电流，又可提高启动转矩，以实现重载启动，还可以进行电气调速。

其主要缺点是运行不如鼠笼式异步电动机可靠，且结构复杂、制造成本高、维护、维修比较麻烦等。

2.10.2　绕线式异步电动机转子串电阻人为机械特性

在第 1 章的知识链接中，已经知道，三相交流电动机的临界转差率（s_m）、最大转矩（T_m）和启动转矩（T_Q）分别为

$$s_m = \frac{R_2'}{\sqrt{R_1^2 + (X_1 + X_2')^2}} \approx \frac{R_2'}{(X_1 + X_2')}$$

$$T_m = \frac{3pU_1^2}{4\pi f \left[R_1 + \sqrt{R_1^2 + (X_1 + X_2')^2} \right]} \approx \frac{3pU_1^2}{4\pi f (X_1 + X_2')}$$

$$T_Q = \frac{3pU_1^2 R_2'}{2\pi f_1 \left[(R_1 + R_2')^2 + (X_1 + X_2')^2 \right]}$$

上面列式中，R_2' 为转子绕组的总电阻折算值。可见，转子串入电阻使 R_2' 增加时，异步电动机的临界转差率（s_m）将增加，最大转矩（T_m）则不变，启动转矩（T_Q）也将发生变化。

图 2.77 所示为绕线式异步电动机转子回路串接电阻后的机械特性曲线。

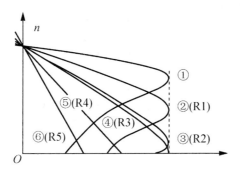

图 2.77　转子串电阻机械特性曲线

图中①为固有机械特性，②～⑥为串接不同电阻时的人为特性，其中，电阻 $R_1 < R_2 < R_3 < R_4 < R_5$。

从图中不难发现，随着串入电阻的增加，特性曲线将变软，最大转矩始终保持不变。

只要选择合适的电阻，那么启动转矩可以达到最大电磁转矩（T_m），图中曲线④就是这种情况。

2.10.3　三相绕线式异步电动机串电阻启动控制

绕线式异步电动机串电阻启动的控制电路有两种，即按时间原则控制和按电流原则控制。下面分别进行讨论。

1. 按时间原则控制的启动电路

图 2.78 所示为绕线式异步电动机串电阻启动控制电路，由于切除电阻的时间由时间

继电器控制，因此被称为按时间原则控制。

图中电阻分为三级，分别为 R_1、R_2、和 R_3。分级启动的目的是为了减小电流冲击和转矩冲击、加速启动过程。

电动机启动时串入全部电阻，然后，依靠时间继电器 KT1、KT2、KT3 和接触器 KM2、KM3、KM4 的相互配合来完成电阻的逐段切除。

线路中只有 KM1、KM4 长期通电，而 KT1、KT2、KT3、KM2、KM3 这 5 只线圈的通电时间均被压缩到了最低的限度，这样既节省了电能，也延长了电器的使用寿命。

电路的工作原理由读者自行进行分析。

电路中时间继电器的动作时间需要根据负载对启动过程的影响大小，作出相应的调整。这对于负载经常变动电动机，按时间控制原则，显然是不方便的。

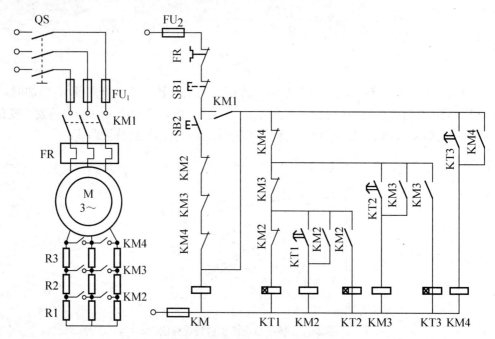

图 2.78　按时间原则控制的串电阻启动电路

2. 按电流原则控制的启动电路

按电流原则控制的串电阻启动电路是利用电动机转子电流大小的变化来控制电阻切除的。在这种电路中，要用到一种叫电流继电器的低压电器。

（1）电流继电器及应用。电流继电器是根据输入电流的大小，使触头接通或断开的电器。

根据结构不同，电流继电器可分为电磁式电流继电器，静态电流继电器；根据其动作电流的大小，又可分为欠电流继电器、过电流继电器等。

下面仅介绍电磁式电流继电器。

① 电磁式电流继电器的结构。电磁式电流继电器由铁心、线圈、衔铁、触头等组成。当线圈中有电流通过时，电磁机构会根据电流的大小吸合衔铁，带动触头动作。

图 2.79 所示为常见的电磁式电流继电器外形及符号表示。

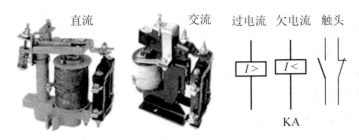

图 2.79　常见电磁式电流继电器外形及符号

使用时，电流继电器的线圈串联在电路中，为了不影响负载电压并保证电流继电器线圈通过足够大的电流，电流继电器的线圈导线粗、匝数少、阻抗小。

② 电磁式电流继电器的工作原理。电磁式电流继电器的工作原理与中间继电器的工作原理相似，两者间的主要区别在于，电流继电器的线圈串入电路中并根据电流的大小动作，一般电流继电器的动作电流需根据保护对象的要求进行调整；而中间继电器的线圈并入电路中并根据电路中电压的有无动作，无需调节，为了减少功率损耗，中间继电器的线圈导线细、匝数多、阻抗大，与电流继电器正好相反。

③ 电磁式电流继电器的动作特点。电流继电器根据其动作特点可分为欠电流继电器和过电流继电器。

a. 当通过线圈的电流低于整定值时动作的继电器称为欠电流继电器。欠电流继电器在电路电流正常时处在吸合状态。当电流低于整定值时才动作(释放)。

b. 当通过线圈的电流高于整定值时动作的继电器称为过电流继电器。过电流继电器在电路中电流正常时不吸合，当电路中的电流超过整定值时才动作(吸合)。

图 2.80 所示为 JL14 系列交直流电流继电器外形。

JL14 系列适用于交流 50Hz，电压 380V 及以下或直流电压 220V 及以下的控制电路中，作为过电流或欠电流保护之用。

JL14 系列交直流电流继电器的主要技术参数：①继电器的触头额定电流为 5A；②继电器的吸引线圈的额定电流为 1.5A、2.5A、5A、10A、15A、20A、25A、30A、40A、60A、80A、100A、150A、200A、300A、600A、1200A。

图 2.80　JL14 系列交直流电流继电器外形

（2）电子式电流继电器简介。近年来电子式电流继电器越来越多地应用于电路的保护和控制。电子式电流继电器一般由取样电路、A/D 转换电路、比较电路和输出电路等组成。比较电路将被测电流与整定值进行比较，进而决定是否进行输出。

通常电子式电流继电器的保护项目比电磁式电流继电器要多。

例如，EOCR-SS 电子电流继电器可以进行过电流、缺相、堵转等保护。还具有启动延时设定、动作延时设定、指示灯动作显示和断电及手动复位等功能。

图 2.81 所示为 EOCR-SS 电子电流继电器应用于鼠笼式异步电动机的典型电路。

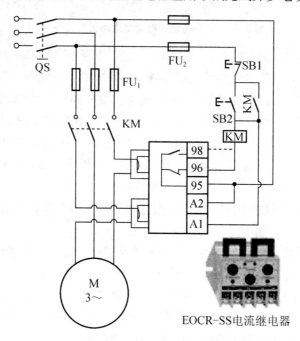

EOCR-SS电流继电器

图 2.81　电子式电流继电器典型接线图

① 启动延时：电动机直接启动时，启动电流是正常额定电流的 5～7 倍。该延时设定确保电动机启动时继电器不动作。

② 动作延时：电动机正常运转过程中，允许有一定时间的过载。该延时设定指电动机发生过载后延迟一定的时间才动作，从而确保电机正常过载运转过程中，继电器不发生误动作。

3. 按电流原则控制的启动电路

图 2.82 所示为按电流原则控制的串电阻启动电路。图中 KA1～KA3 为欠电流继电器，KM1 为电源接触器，KM2～KM4 为短接转子电阻接触器；KA1、KA2、KA3 的线圈串接在电动机转子电路中，这 3 个继电器的吸合电流都一样，但释放电流不一样，其中KA1 的释放电流最大，KA2 次之，KA3 最小。

电动机启动瞬间电流很大，KA1～KA3 全部吸合，它们的常闭触头断开，这时接触器 KM2～KM4 动作，电阻全部接入。随电动机转速升高，电流逐渐减小，KA1 首先释放，它的常闭触头闭合，使 KM2 线圈通电，短接第一段电阻 R1，这时转子电流又重新增加，随着转速不断升高，电流逐渐下降，使 KA2 释放，KM3 线圈通电，短接第二段电阻 R2……，如此直到将转子全部电阻短接，电动机启动完毕。

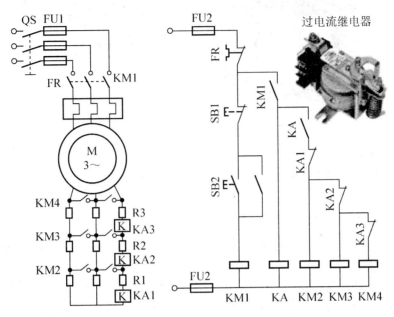

图 2.82　按电流原则控制的串电阻启动电路

当电动机刚开始启动时，启动电流由 0 增大到电流继电器动作值需一定的时间，这就有可能出现 KA1～KA2 还未动作，而 KM2～KM4 通电吸合而将电阻 R1、R2 和 R3 短接，造成电动机直接启动。为了防止这种情况的发生，电路中接入了中间继电器 KA，利用中间继电器线圈通电到触头闭合的延时效应，确保启动开始时转子回路接入全部的启动电阻。

电动机转子串电阻启动过程中，在逐段切除电阻时，电流及转矩会突然增大，会造成机械冲击；另外，时间继电器和电流继电器整定也比较麻烦。因此，在需要平稳启动的场合可考虑采用串联频敏变阻器启动的方法。

4. 转子串联频敏变阻器启动电路

异步电动机转子绕组中感应电流的频率是变化的，电动机启动瞬间转子转速为零，转子中电流的频率最高，等于电源频率(50Hz)。当转子转速升高时，转子电路切割磁场的速度变低，转子中电流的频率也随之降低；待到转速升高到额定转速时，转子中电流的频率通常只有 1～3Hz。

进一步分析发现，转子中的电流频率(f_2)与电源频率(f_1)之间有以下关系：

$$f_2 = s \cdot f_1$$

频敏变阻器是一种专供绕线式异步电动机启动的电阻器。图 2.83 所示为频敏变阻器结构示意图和外形，它实际上是一个特殊的三相铁芯电感线圈，铁芯由铸铁或厚钢板构成。由于铁芯中的涡流损耗大，故频敏变阻器的等效电阻比普通电感线圈的电阻大得多，且与电流频率的高低有关，频率越高，铁芯的涡流损耗越大，其等效电阻也越大。

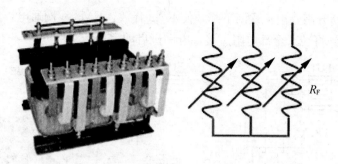

图 2.83 频敏变阻器外形和符号

使用时将频敏变阻器接入电动机转子电路中，它的电阻值将随着电动机转速的上升而自动减小，从而使电动机启动平滑，无电流冲击和转矩冲击。

图 2.84 所示为串频敏变阻器启动的电路，图中时间继电器用于控制频敏变阻器切除的时间。电路的工作原理由读者自行进行分析。

从 20 世纪 60 年代开始，工矿企业广泛采用频敏变阻器代替启动电阻以控制绕线式异步电动机的启动。

串频敏变阻器启动的电路具有结构简单、维护方便、启动平滑等特点。但由于频敏变阻器存在较大的电感，功率因数较低，启动转矩并不很大，因此，适于绕线式电动机轻载启动。

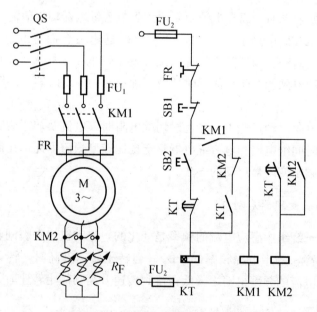

图 2.84 串频敏变阻器启动的电路

5. 无刷无环启动器启动

绕线式异步电动机的转轴上装有滑环、电刷等零件。

电动机在运行时存在以下缺点：电刷容易磨损，维修量大，影响正常生产；电刷与滑环之间容易产生电火花，有些场所不能使用；电刷与滑环之间的磨擦，使接触电阻增大，导致电动机的温度升高；另外，导电粉末容易被吸入电动机内部，也是造成电动机烧毁的一大隐患。

近年来广泛使用的无刷无环启动器正好克服了上述缺点。它省去滑环、电刷等易损零部件，保留了绕线式电动机启动电流小，启动转矩大等优点。

凡原来采用电阻启动器、电抗器、频敏变阻器、软启动器启动的三相绕线式异步电动机均可采用"无刷无环启动器"来更新换代。

图 2.85 所示为无刷无环启动器外形图及安装示意图。

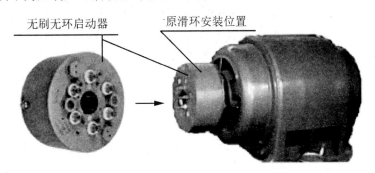

无刷无环启动器　　原滑环安装位置

图 2.85　无刷无环启动器外形及安装示意图

无刷无环启动器的工作原理与频敏变阻器相似，它由频敏变阻器演变而来，把原来使用的固定型频敏变阻器及其辅助部件进行改造，变成随转子一起旋转的专用部件。

使用时将无刷无环启动器安装在原电动机转子的滑环位置。利用电动机在启动时转子电流频率随转速升高而降低的关系（$f_2 = s \cdot f_1$），实现启动器阻抗随着转速上升而下降，这样既限制了启动电流，也增大启动转矩。

绕线式异步电动机通过转子串电阻（或其他电器）以增加启动转矩和限制启动时的电流，还可以在小范围内调速。但绕线式异步电动机结构复杂，维护成本高，随着电力电子技术的迅猛发展，变频率技术的普及，原本需要采用绕线式电动机的地方，现在都逐渐被鼠笼式异步电动机的变频器控制方式所替代。

知识链接 2-10

电压继电器及应用

电压继电器是根据输入电压的大小，使触头闭合或断开的电器。根据工作原理，电压继电器可分为电磁式电压继电器和电子式电压继电器；根据动作电压的特点，又可分为欠电压继电器和过电压继电器等。

1. 电磁式电压继电器结构及动作特点

电压继电器可分为电磁式电压继电器和电子式电压继电器。图 2.86 所示为常见电磁式电压继电器的外形及符号。

电磁式电压继电器由电磁机构和触头系统组成。当线圈承受电压时，电磁机构会根据电压大小动作，进而带动触头闭合或断开。

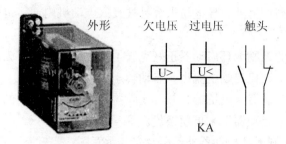

图 2.86　电磁式电压继电器外形及符号

使用时，电压继电器的线圈需并联在电路中，为了降低功率损耗，电压继电器线圈导线细、匝数多、阻抗大，工作时通过的电流小。

电压继电器的工作原理与中间继电器的工作原理相似。两者的主要区别在于，电压继电器的动作值可以根据需要调节，中间继电器则无需调节。

对于过电压继电器，当电压升至整定值或大于整定值时，继电器就动作，当电压降低到 0.8 倍整定值时，继电器就复位。对于欠电压继电器，当电压降低到整定电压时，继电器就释放。

表 2 - 16 为 DY - 20CE 系列电压继电器技术数据。

表 2 - 16　DY - 20CE 系列电压继电器技术数据

名称		最大整定值/V	额定范围/V	额定电压/V		长期允许电压/V	
				线圈并联	线圈串联	线圈并联	线圈串联
过电压	DY - 21CE	60	15～60	30	60	35	70
	DY - 22CE	200	50～200	100	200	110	220
	DY - 23CE						
	DY - 24CE	400	100～400	200	400	220	440
欠电压	DY - 26CE	48	12～48	30	60	35	70
	DY - 27CE	160	40～160	100	200	110	220
	DY - 28CE						
	DY - 29CE	320	80～320	200	400	220	440

DY - 20CE 系列电压继电器主要用于电动机、变压器与输电线路电压升高或降低的保护。

2. 电子式电压继电器结构及动作特点

电子式电压继电器也称为静态电压继电器，它采用集成电路构成。图 2.87 所示是两种常见的电子式电压继电器外形图。

RY 系列电子式电压继电器的电路结构如图 2.88 所示。其工作原理：被测量的交流电压 U 经隔离变压器降压后得到与被测电压成正比的电压 U_i，经整定后进行整流，整流后脉冲电压经滤波器滤波，得到与 U_i 成正比的直流电压 U_o，在电平检测中 U_o 与直流参考电压 U_c 进行比较，若直流电压 U_o 低于参考电压，电平检测器输出正信号，驱动输出电

EVR-PD系列　　　　　　　　RY-D系列

图 2.87　常见电子式电压继电器外形图

路，继电器处于动作状态。若直流电压 $U_\circ$ 高于参考电压 U_e，电平检测器输出负信号，继电器处于不动作状态。

电子式电压继电器具有精度高、功耗小、动作时间短、返回系数高、整定直观方便和调节范围宽等优点。

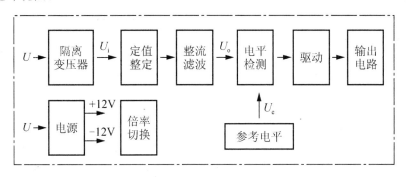

图 2.88　RY 系列电子式电压继电器电路框图

考考您！

1. 图 2.78 中，KM1、KM2、KM3 常闭触头串联后接通 KM1 线圈，这是一种互锁，它在电路中起什么作用？

2. 图 2.78 中的时间继电器要根据负载大小作相应调整，启动时负载越大，时间继电器动作时间就越长，这是为什么？

3. 电磁式电流继电器的结构如何？欠电流继电器和过电流继电器在结构上有什么区别？在动作值上有什么区别？

4. 图 2.82 中采用的电流继电器是过电流继电器还是欠电流继电器？KA1、KA2、KA3 这 3 个电流继电器的动作值和释放值有什么不同？

5. 比较图 2.78 和图 2.82，它们各有什么特点？哪一种电路更加可靠？

6. 查阅相关资料和网络回答以下几个问题。

（1）频敏变阻器的工作原理是什么？

（2）无刷无环启动器与频敏变阻器有什么区别？如何安装？

2.11 深槽式和双笼式异步电动机简介

鼠笼式异步电动机具有结构简单、运行可靠、价格低廉和便于维修等优点，但普通鼠笼式异步电动机启动性能不够理想，这就限制了它的进一步推广和应用。深槽式和双笼式异步电动机是为了提升异步电动机的启动性能而专门设计、制造的电动机。

普通鼠笼式异步电动机直接启动时，启动电流过大，可能造成电网波动；采用降压启动减小启动电流时，又将导致启动转矩下降。因此采用传统的启动方法无法全面提升鼠笼式异步电动机的启动性能。

绕线式异步电动机转子串联合适的电阻后，电动机的启动电流得到限制，同时启动转矩得到提升，因此可以改善电动机的启动性能。

从绕线异步电动机的这些特点中，会得到以下启发：若将鼠笼式异步电动机转子绕组的电阻做得大一些，即用电阻率高的导体材料制造，那么鼠笼式异步电动机的启动性能也能得到改善！

的确如此，但是同时也必须清楚一点，就是转子电阻大的电动机，其机械特性曲线"软"，这将导致电动机运行性能变差，例如，电动机稳定性变差，功率损耗增加，效率下降等。

一般情况下希望电动机的机械特性要"硬"而不是"软"。那么，如何克服上述启动性能好而运行性能变差的矛盾呢？

聪明的工程师根据异步电动机启动时，转子中电流频率随转速上升而下降的特点设计制造出了深槽式异步电动机和双笼式异步电动机。这两种电动机在启动开始时具有较大的转子电阻，随着电动机转速的上升，转子电阻会逐渐减小，这样就较好（注意：不是很好！）地克服了上述启动性能好，运行性能差的矛盾。

🔑 那么这两种电动机在结构上与普通鼠笼式异步电动机有什么区别？

2.11.1 深槽式异步电动机介绍

交变电流具有趋表（电流向表面集中）效应，趋表效应造成电流在导体截面上的分布不均匀。对于孤立导体来说，导体表面的电流密度最大，中心处最小。趋表效应（也称集肤效应）导致导体有效截面减小，使导体的等效电阻增大。

笼式电动机转子电流也有趋表效应，但电流不是趋向转子导条的整个表面，而是趋向导条在槽顶方向的表面，造成槽顶电流密度最大、槽底电流密度最小。

图 2.89(a)反映了漏磁通的分布情况。由于槽顶以上部分和槽底以下部分的导磁情况不同，槽顶以上部分的铁心截面小且开有小口，因此磁阻大；槽底以下部分的铁心截面大，磁阻小，从而使导条越靠近槽底的部分交链的磁通越多。

导条可以看成由许许多多薄片并联而成（图 2.89），越靠近槽底的薄片，交链的漏雨磁通越多，电抗越大，电流越小；越靠近槽顶的薄片，交链的漏雨磁通越少，电抗越小，电流越大。转子导条形成的电流密度具有图 2.89 (b)所示的特点。

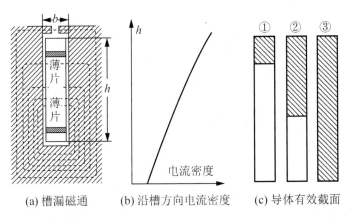

　　(a) 槽漏磁通　　(b) 沿槽方向电流密度　　(c) 导体有效截面

图 2.89　趋表效应对笼型电动机转子电流的影响

　　交变电流趋表效应的强弱与电流交变的频率有关，电流交变频率高时，趋表效应强烈，电流被压缩到导体的上部，此时导体的阻抗最大；随着频率的下降，趋表效应将逐渐变小；当异步电动机启动结束转入正常运行时，转子中电流的频率仅为 $1\sim3\text{Hz}$，可以认为趋表效应基本消失，整个导体截面都通过均匀的电流，此时导体的阻抗最小；图 2.89(c) 所示为不同频率下导体的有效截面示意图。

　　当异步电动机的槽高与槽宽之比 (h/b) 不超过 5 时，电流的趋表效应并不明显，因而普通的三相异步电动机的转子电阻基本与频率无关。

　　深槽式异步电动机转子的槽形深而窄，通常槽深与槽宽之比达到 $10\sim20$，趋表效应十分明显。电动机启动瞬间，转子电流频率为 50Hz，转子阻抗较大，随着转速升高，转子电流的频率下降，转子阻抗也随之下降。

　　图 2.90 中①为普通三相异步电动机机械特性曲线，②为深槽式异步电动机机械特性曲线。

　　深槽式异步电动机由于增大了槽高与槽宽的比例，必然引起转子漏抗增加，导致电动机的过载能力和功率因数都有所下降。因此深槽式异步电动机不适合长期运行。

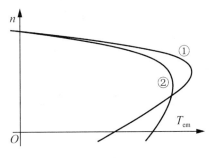

图 2.90　深槽式异步电动机特性

2.11.2　双笼式异步电动机介绍

　　双笼式异步电动机也是利用趋表效应来改善电动机启动性能的。图 2.91 是双笼式异步电动机转子槽的结构示意图。

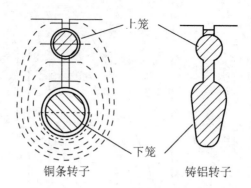

图 2.91　双笼转子槽示意图

双笼式电动机转子有双层鼠笼，即上笼与下笼。当鼠笼由铜条构成时，上笼采用电阻率大的黄铜或青铜，下笼采用电阻率小的紫铜。当鼠笼由铸铝制成时，上笼导体截面比较小，下笼导体截面比较大。总之，其结构都必须使电动机上笼电阻大，下笼电阻小，以满足对启动的要求。

双笼式异步电动机启动时，转子电流频率高，电流的趋表效应显著，使得转子电流主要集中在上笼，下笼基本没有电流。由于上笼电阻较大，所以启动电流小而启动转矩大。随着转速的升高，转子频率降低，趋表效应减弱，导致电流在上下笼之间的分配发生变化，上笼电流减少，下笼电流增加，从而使转子电阻减小。

电动机稳定运行时，趋表效应基本消失，上笼和下笼的电流主要取决于它们的直流电阻，由于下笼的电阻比上笼小得多，所以电流主要通过下笼。

由此可见，双笼式异步电动机的趋表效应好像起到了电阻切换的作用，启动时相当于将电阻小的下笼断开，将电阻大的上笼接入，以限制启动电流并增大启动转矩；而在稳定运行时将电阻大的上笼断开，而将电阻小的下笼接入，以增大机械特性的硬度并提高效率。由于上笼主要在启动时起作用，故称上笼为启动笼，下笼主要在稳定运行时起作用，因此，称下笼为运行(工作)笼。

图 2.92 中③为双笼式异步电动机的机械特性曲线，①为启动笼机械特性曲线，②为运行笼机械特性曲线，曲线③可以认为是①和②的合成。

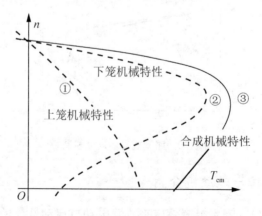

图 2.92　双笼式异步电动机机械特性

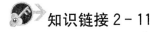

知识链接 2–11

感应式直线电动机介绍

您知道磁悬浮列车吗？磁悬浮列车是直线电动机应用的典型例子。它运行时靠磁力悬浮在基座上，通过直线电动机驱动，使其在基座上滑行，它滑行速度可达 400km/h。

1. 直线电动机的工作原理

旋转电动机通过齿条、丝杠等转换机构将旋转运动转换成直线运动，这些传动和转换机构在运行时，噪声、磨损等不可避免。而直线电动机不需要任何中间传动转换装置就可以产生直线运动，这对某些设备的工作机构来讲，省去了运动的变换装置，具有节省空间、噪声小、无磨损、效率高等优点。

直线电动机可以认为是旋转电动机在结构上的一种演变，它可看作是将一台旋转电动机沿径向剖开，然后将电动机的圆周展成直线，这样就得到了由旋转电机演变而来的最原始的直线电机。由定子演变而来的一侧称为一次侧或原边，由转子演变而来的一侧称二次侧或副边。

图 2.93(a)和图 2.93(b)所示分别表示旋转电动机和扁平型直线电动机。直线电机不仅在结构上由旋转电机演变而来的，而且其工作原理也与旋转电机相似。

图 2.93(b)所示的直线电动机，当一次侧的三相绕组中通入三相对称正弦交流电流后，一次侧与二次侧的气隙中就形成磁场，当不考虑由于铁心两端引起的纵向边端效应时，这个气隙磁场的分布情况与旋转电动机相似，即可看成沿展开的直线方向呈正弦分布。当三相交流电流随时间变化时，气隙磁场将沿直线移动。这个原理与旋转电机的相似，二者的差异是：直线电动机的磁场是平移的，而不是旋转的，因此称直线电动机的磁场为行波磁场。显然，行波磁场的移动速度与旋转磁场在定子内圆表面上的线速度相同，且同样称为同步速度。

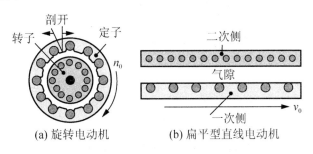

图 2.93 由旋转电动机演变为直线电动机的过程

再来看行波磁场对二次侧导体的作用。在图 2.94 中仅分析二次侧①号导体和②号导体在行波磁场中的受力情况。假设行波磁场的方向自左向右。二次侧①号导体和②号导体在行波磁场切割下，将产生感应电动势和感应电流(图 2.94)。感应电流又受到行波磁场的作用而产生电磁力，用左手定则可以判断，①号导体和②号导体的受力方向与行波磁场的移动方向相同。

事实上二次侧各导体均受到与行波磁场移动方向相同的磁场力的作用。若一次侧是固定不动，那么二次侧在磁场力的作用下就顺着行波磁场运动的方向做直线运动。

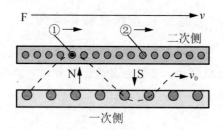

图 2.94　直线电动机基本工作原理

2. 直线电动机的结构与种类

直线电动机的种类较多，按工作原理来分，直线电动机可分为感应式直线电动机和直线直流电动机等。

直线电动机外形主要有扁平型、圆筒型和圆盘型 3 种，其中扁平型直线电动机应用最为广泛。

图 2.95 所示为部分感应式直线电动机外形图。

以下仅介绍感应式直线电动机的结构与工作原理。

图 2.95　常见直线电动机外形

1）扁平型直线电动机介绍

图 2.94 所示为旋转电动机演变而来的扁平型直线电动机，其二次侧和一次侧长度是相等的。由于在运行时一次侧与二次侧之间要作相对运动，如果在运动开始时，一次侧与二次侧正巧对齐，那么在运动过程中，一次侧与二次侧之间互相耦合的部分就会越来越少，最终将导致不能正常运动。

为了保证在所需的行程范围内，一次侧与二次侧之间的耦合能保持不变，实际应用的直线电动机，是将一次侧与二次侧制造成不同的长度，既可以是一次侧短、二次侧长；也可以是一次侧长、二次侧短。前者称作短一次侧；后者称为长一次侧。由于短一次侧在制造成本、运行的费用上要比长一次侧低得多，因此，除特殊场合外，一般均采用短一次侧。

扁平型直线电动机的一次侧铁心由硅钢片叠压而成，与二次侧相对面开有槽以安放绕组。一次侧绕组可以是单相、二相、三相或多相。二次侧有两种结构形式，一种是栅型结构，犹同被拉直的笼式转子；另一种是整体型结构，即二次侧采用整块金属板或复合金属板，因此并不存在明显的导条。

图 2.96 所示为单边型直线电机结构示意图。其中图 2.96(a)和图 2.96(b)分别为短一次侧和长一次侧直线电动机。

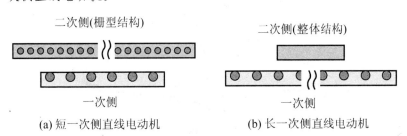

图 2.96　单边型直线电动机

单边结构直线电动机工作时，一次侧和二次侧之间存在法向吸引力，这在大多数情况下是不希望的。为消除法向吸引力，往往在二次侧两边都装上一次侧抵消相互间的吸引力，这种结构的直线电动机称为双边结构。

图 2.97 所示为双边型直线电机结构示意图。

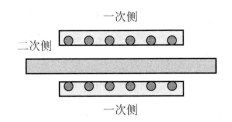

图 2.97　双边型直线电动机

2）圆筒型直线电动机介绍

直线电动机还可以做成圆筒型(也称管型)结构，它也可以看作是由扁平型直线电动机演变而来的。将扁平型直线电机沿着和直线运动相垂直的方向卷成筒形就构成了圆筒型直线电动机。

图 2.98 所示为扁平直线电动机演变为圆筒型直线电动机的过程示意图。图 2.98(a)和图 2.98(b)分别为扁平直线电动机和圆筒型直线电动机。

圆筒型直线电动机的工作原理与扁平直线电动机相同，当一次侧通过交流电流时，在圆筒内部产生极性相间的行波磁场，二次侧(圆柱体)顺着行波磁场的方向运动。

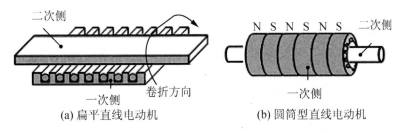

图 2.98　扁平电动机演变为圆筒型直线电动机的过程

3）圆盘型直线电动机介绍

圆盘型直线电机把二次侧做成一片圆盘（铜或铝，或铜、铝等复合），将一次侧放在二次侧圆盘外缘的平面上。圆盘型直线电机的一次侧可以是双面的，也可以是单面的。

图 2.99 所示为圆盘型直线电机结构示意图。图中一次侧对称安装在圆盘两侧。

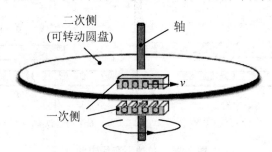

图 2.99　圆盘型直线电动机结构示意图

当圆盘型电动机一次侧通以交流电流产生行波磁场时（行波磁场的方向如图 2.99 所示），二次侧圆盘将顺着行波磁场方向作旋转运动。

尽管圆盘型电动机作旋转运动，但它的工作原理与扁平型直线电机结构相同，故圆盘型电动机仍归入直线电机的范畴。

旋转电机通过改变旋转磁场的转向来实现转子反转。同样，直线电机也是通过改变行波的运动方向来实现反向运动的。

考考您！

1. 深槽式异步电动机、双笼式异步电动机比较普通三相异步电动机在结构上有什么区别？

2. 为什么深槽式异步电动机或双笼式异步电动机能提升电动机启动时的转矩？

3. 深槽式异步电动机或双笼式异步电动机主要用于何种场合？

4. 什么是直线电动机？感应式直线电动机的工作原理与普通交流电动机有什么区别？

5. 直线电动机运用在何种场合比较合适？企业的电动门用直线电机驱动是否合适？为什么？

6. 如何改变感应式直线电动机的运行方向？

第 3 章

三相异步电动机的
电气制动与控制

知识目标	掌握三相异步电动机电气制动常用方法、原理和特点，掌握异步电动机电气制动典型控制电路及基本分析方法
能力目标	会分析三相异步电动机电气制动的原理，会安装电气制动典型的控制电路，能排除电气制动电路常见的故障

本章导语

　　电气制动是电动机控制的第二大问题。本章将学习三相异步电动机各种电气制动，了解这些制动方法的原理、特点和适应场合。学会三相异步电动机电气制动实现的方法以及三相异步电动机电气制动典型控制电路的原理以及安装施工。

3.1 电动机电气制动原理和方法介绍

高速运行的动车在下坡时为防止速度过快，司机往往会对它进行制动以限制其运行的速度；当动车进站停车时，司机又会对它进行制动以便使动车能快速、准确地停车。很多生产机械在停车时都需要进行制动，那么什么是制动呢？又如何实现对电动机的制动呢？

3.1.1 电动机的制动方法及目的

当电力拖动设备工作结束时需要停车，停车的方法有两种，即自由停车和制动停车。制动又分为机械制动和电气制动两种。

（1）自由停车。电动机断开电源后不采取任何其他措施，任由电动机在摩擦力和负载作用下逐渐停止运行。

例如日常使用的电风扇、家用抽风机等。自由停车需要的时间较长，很多情况下不能满足要求。

（2）机械制动停车。电动机断开电源后，通过机械制动器上的制动轮和闸瓦之间的摩擦，产生一个与运动方向相反的机械力矩，迫使电动机停止运行。

机械制动器种类很多，常用的有电磁抱闸机械制动器、盘式制动器等。图3.1所示为电磁抱闸机械制动器的外形及控制电路原理。

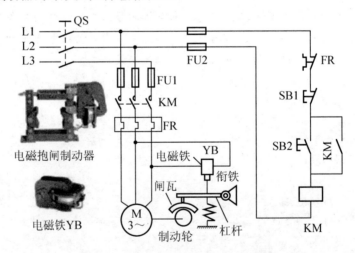

图 3.1　电磁抱闸制动器外形及制动电路

（3）电气制动停车。通过改变电动机的接线或参数，使电动机自身产生与其转速方向相反的电磁转矩，从而促使电动机停止运行。

除停车以外，电动机制动的另一个目的就是限制电动机运行的速度。本章主要介绍电气制动及控制。

下面通过电动机正反转控制实践，来说明电动机电气制动是如何实现的。

3.1.2　电气制动原理及方法介绍

电动机作为生产机械的原动机时，若它产生的电磁转矩与旋转方向一致，此时电动机的工作状态称为电动工作状态。若电动机产生的电磁转矩与旋转方向相反，电磁转矩对电动机的运行起阻碍作用，此时电动机的工作状态称为制动工作状态。

在按钮-接触器联锁的三相笼式异步电动机正反转控制实践中（图 3.2 所示为其主电路），存在以下两种情况。

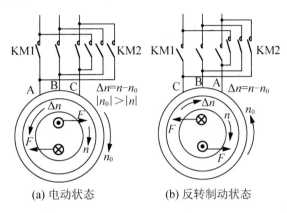

(a) 电动状态　　　　　(b) 反转制动状态

图 3.2　电动状态到制动状态的转变

（1）电动机原来在正转运行时，若按下停车按钮，电动机脱离电源后以自由停车的方法逐渐停车，这种停车需要的时间较长。

（2）电动机原来在正转运行时，若直接按下反转按钮，在正转接触器 KM1 断开的同时，反转接触器 KM2 吸合，电动机将很快由正转变为反转运行。

在第二种情况时，电动机由正转很快变为反转的过程，实际上分为两个阶段，第一阶段是转速由正转下降到零，第二阶段是转速由零上升到反转稳定。

第一阶段电动机由正转急剧下降到零，在此过程中电动机处在电气制动状态，也正是如此，电动机才会快速停转。

当电动机正转电动状态工作（KM1 闭合）时，如图 3.2(a) 所示，电动机所加的电源相序称正序。设此时旋转磁场 (n_0) 的旋转方向为顺时针（正方向），则转子导体切割磁场的速度 (Δn) 的方向为逆时针（负方向），根据右手定则和左手定则，可以判断出导体产生的感应电流的方向以及由此产生的电磁力 (F) 的方向。由于电磁转矩与电动机的旋转方向一致，故电动机工作在电动状态。

当 KM1 断开 KM2 闭合的瞬间，如图 3.2(b) 所示。电源的相序发生了变化，导致旋转磁场的方向由原来的顺时针变为逆时针，但电动机由于惯性作用保持原来的旋转方向（顺时针），此时导体切割磁场的速度 (Δn) 方向为顺时针，根据右手定则和左手定则，可以判断出导体产生的感应电流的方向以及由此产生的电磁力 (F) 的方向与电动机旋转方向相反，故电动机工作在制动状态。

　这种转变是如何发生的？

由此可以看出，电动机的工作状态之所以发生了变化，是因为在改变电源相序时，旋

转磁场的旋转方向发生了变化，由于电动机的旋转方向与原来方向相同，因此，必将导致转子导体切割磁场的方向发生变化，从而引起电磁转矩的方向也发生变化，这就是制动发生的原因。

电动机常用的电气制动方法有电源反接制动、能耗制动、倒拉反接制动和回馈制动等。回馈制动也称为再生发电制动。

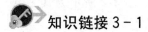

知识链接 3 - 1

速度继电器介绍

在电动机的电气制动控制中，有时电路需要根据电动机转速的大小作出反应，这时需要用到一种称之为速度继电器的低压电器来检测电动机旋转的速度；那么什么是速度继电器呢？它在电动机电气制动电路中有何作用呢？

速度继电器是一种根据电动机转速大小实现触头接通或断开的低压电器。

速度继电器在电动机电气制动电路中的主要作用是，当电动机在制动状态下转速接近零时立即发出信号，使控制电路工作，切断电动机电源，从而实现电动机停车。

图 3.3 所示为常见速度继电器外形及其符号表示。

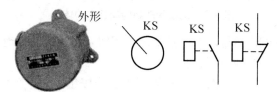

JY1型速度继电器　　速度继电器转子　　常开　　常闭

图 3.3　常见速度继电器外形及符号

(1) 速度继电器的结构。速度继电器主要由转子、定子及触头 3 部分组成。图 3.4(a) 所示为感应式速度继电器的结构示意图。

感应式速度继电器结构与交流电动机相似，定子是一个笼式空心圆环，由硅钢片叠压而成并装有笼式绕组。转子是一个圆柱形永磁铁。

(2) 速度继电器的工作原理。图 3.4(b) 为工作原理示意图。速度继电器的轴与电动机的轴相连接。转子固定在轴上，定子与轴同心。当电动机转动时，速度继电器的转子随之转动，绕组切割磁场产生感应电动势和电流，此电流和永磁铁的磁场作用产生转矩，使定子向轴的转动方向偏摆，通过定子柄拨动触头动作。当电动机转速下降到接近零时，速度继电器的转矩减小，定子柄在弹簧力的作用下恢复原位，触头也复位。

常用的感应式速度继电器有 JY1 和 JFZ0 系列。JY1 系列能在 3000r/min 的转速下可靠工作。JFZ0 系列 JFZ0 - 1 型适用于 300～1000r/min。JFZ0 - 2 型适用于 1000～3000r/min。

速度继电器有两个常开触头和两个常闭触头，分别对应于被控电动机的正、反转运行。一般情况下，速度继电器的触头在转速增至 120r/min 时能动作，转速降至 100r/min 左右时能恢复正常位置。

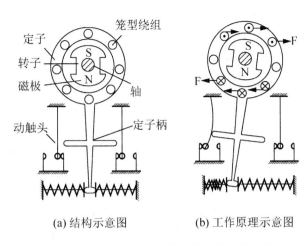

定子
转子
磁极
笼型绕组
轴
动触头
定子柄

F
F

(a) 结构示意图 (b) 工作原理示意图

图 3.4 感应式速度继电器结构及原理示意图

考考您！

1. 什么是制动？电动机制动的目的是什么？机械制动是什么意思？什么又是电气制动？电气制动有哪些常用的方法？

2. 电磁抱闸机械制动器是通过控制吸引线圈来实现的，为什么它不是电气制动而是机械制动？

3. 图 3.1 中，电磁线圈 YA 在断电时闸瓦抱住制动轮开始进行制动，这种制动器叫常闭式制动器，试分析常闭式制动器有什么优点？

4. 结合身边的电力拖动实例，列举至少 3 种停车时需要采用电气制动的电机拖动装置。

5. 感应式速度继电器的结构如何？它的动作速度和释放速度大约是多少？

3.2 三相异步电动机电源反接制动与控制

三相异步电动机电源反接制动是指电动机在正常运行时，突然改变电源相序，此时电动机的状态将由原来的电动状态转变为制动状态，这种制动方式就是电源反接制动。

那么这种制动是怎么发生的？它又有什么特点呢？

3.2.1 电源反接制动的方法及特点

在 3.1 的图 3.2 中，已经了解到电源反接时，电动机的工作状态由电动变为制动过程中，电动机旋转磁场的方向、转子导体中感应电流的方向以及电磁力方向等的变化情况。

1. 电源反接制动实现的方法

从图 3.2 中得出反接制动的原理：改变电源相序将引起旋转磁场方向的改变，进而引起转子导体切割磁场方向的改变(与电动状态时相反)，转子导体中产生与原电动状态时相反的感应电流，由于感应电流方向的改变，引起电磁力矩方向的改变，从而使电动机由原来的电动状态转变为制动状态。

电源反接制动时旋转磁场(n_0)的方向与电动机的旋转(n)方向相反，在电源反接制动开始瞬间，转子导体切割磁场的速度为 $\Delta n=|\,n_0\,|+|\,n\,|\approx 2\,|\,n_0\,|$，切割速度很高，引起极大的感应电动势和感应电流，可能引起对电网的冲击，因此通常情况下，在进行电源反接制动时，往往会在定子或转子回路中串入限流电阻以降低电流对电网的冲击。

总结前面的分析，现把反接制动的实现方法归纳为以下两点。

（1）电动机在运行过程中将电源相序颠倒，即对换任意两根电源进线；

（2）反接制动时，必要时，可在电动机定子或转子回路中串接适当电阻以限制制动时的电流。

根据以上实现方法，可以设计出图 3.5 所示的笼式电动机电源反接制动时的主电路。

图 3.5 所示电路中，当 KM1 闭合时电动机运行在电动状态，当 KM1 断开、KM2 闭合的瞬间，电动机串联电阻进入到反接制动状态，直至速度降低至零为止。

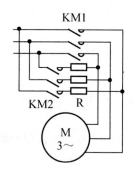

图 3.5　反接制动主电路

2. 电源反接制动时的机械特性

电动机的机械特性是指电磁转矩与速度之间的关系，电源反接制动时的转矩与速度之间的关系也能在机械特性上体现出来。异步电动机的机械特性可以分为正向（正序）特性和反向（负序）特性。

 什么是异步电动机的反向特性？

所谓异步电动机反向（负序）机械特性是指：给异步电动机施加与电动状态运行时相序相反的电源时得到的机械特性。

在图 3.6 所示的机械特性曲线中，曲线①为电动机正向（正序）固有特性，②为反向（负序）固有特性，③为鼠笼式异步电动机定子串联电阻后的反向人为特性曲线；曲线④为绕线式异步电动机转子串联电阻后的反向机械特性曲线。

反向固有机械特性曲线与正向固有机械特性曲线对称坐标原点。

电源反接制动原理分析。设鼠笼式异步电动机原来运行在正向特性曲线①上，并以n_N转速运行。当突然改变电动机电源相序并串入电阻时，电动机的机械特性由①变为③，但电动机由于惯性作用，此刻的转速依然为 n_N，因此电动机的工作点将从原来的 A 点移到曲线③的 B 点。从图上可以看出，$T_{em}<0$，$(n=n_N)>0$，此时的电磁转矩与转速方向相

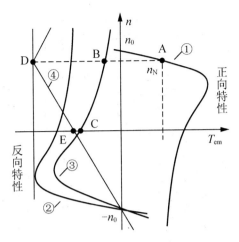

图 3.6　电源反接制动时的机械特性

反，电动机进入了制动状态，转速 n 将沿着曲线③下降。当下降到 C 点时，转速 $n=0$，制动结束，此刻应当切除电源，否则电动机将进入反向运行状态。

从特性曲线可知，鼠笼式异步电动机反接制动开始阶段，制动转矩并不大。而绕线式异步电动机转子回路串联电阻既可以限制电流，也能提升制动转矩，因此其制动性能较笼式电动机要好。

综合上述分析，可以得出三相异步电动机电源反接制动的特点。

（1）一般情况下制动瞬间转子切割磁场的速度很大（$\approx 2n_0$），转子导体中的感应电流很大，定子绕组的电流也很大，接近电动机全压启动时电流的两倍。因此，一般 4.5kW以上的电动机在采用电源反接制动时，应在定子或转子回路中串接电阻器，以限制过大的反接制动电流。

（2）采用电源反接制动停车时，当电动机转速等于或接近于零时应及时切除三相电源，否则将引起电动机反转。

3.2.2　鼠笼式电动机电源反接制动控制

在电源反接制动停车的控制电路中，采用速度继电器来检测电动机旋转的速度，以便使电路能及时根据电动机的转速作出反映。

1. 笼式电动机单向运行时电源反接制动控制

图 3.7 所示为按速度原则控制的笼式电动机单向运行时的电源反接制动停车电路。图中电阻 R 为制动电阻，其作用是限制制动时的电流。

控制过程如下。

（1）启动控制。按下启动按钮 SB2→接触器 KM1 通电并自锁→电动机 M 通电启动→当电动机转速大于速度继电器动作值（120r/min 左右）时，速度继电器 KS 的常开触头闭合，为反接制动作好准备。

（2）停车控制。按下停止按钮 SB1→KM1 线圈断电，电动机 M 脱离电源，由于电动机的惯性，转速仍较高，速度继电器 KS 的常开触头仍处于闭合状态，所以 SB1 常开触头

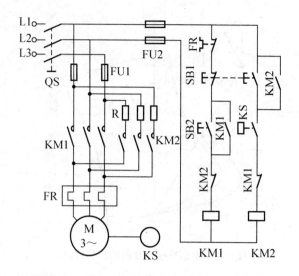

图 3.7　速度继电器控制的反接制动停车电路

闭合时→反接制动接触器 KM2 线圈得电并自锁,主触头闭合,电动机得到反向(负序)电压→进入反接制动状态,转速迅速下降→当转速接近于零时(100r/min 左右),KS 常开触头复位,接触器 KM2 线圈断电,反接制动结束。

2. 笼式电动机双向运行时电源反接制动控制

图 3.8 所示为笼式电动机正反向运行反接制动控制电路。KM1 为正向接触器、KM2 为反向接触器、KM3 用于电阻短接。

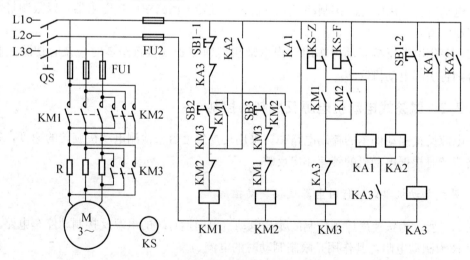

图 3.8　笼式电动机可逆运行反接制动控制电路

控制过程如下。

(1) 启动控制。合上开关 QS、按下正向按钮 SB2→KM1 通电并自锁,主电路串入对称电阻 R 启动→当转速上升到 KS 的动作值(120r/min 左右)时,KS‐Z 闭合,KM3 线圈通电,主电路中 KM3 主触头闭合短接电阻,启动结束。

（2）停车控制：按下停车按钮，SB1－1 断开→KM1 线圈断电解除自锁，电动机正向电源断开；同时 SB1－2 闭合→KA3 线圈通电→KA3 常闭断开，使 KM3 线圈保持断电→KA3 常开闭合，使 KA1 线圈通电，KA1 的一对常开闭合使 KA3 保持继续通电；KA1 的一对常开闭合使 KM2 线圈通电→KM2 主触头闭合，电动机串接电阻进行反接制动→当电动机转速下降到 KS 的释放值（约 100r/min 左右）时，KS－Z 断开，导致 KA1、KA3 线圈断电→KM2 线圈断电→反接制动结束。

电动机反向启动和制动停车过程请您自行分析。

在图 3.8 所示电路中，电阻 R 既是反接制动时的限流电阻，也是启动时的限流电阻。由于速度继电器在 120r/min 左右时动作，切除电阻过早，因此电阻 R 对启动电流的限制作用不大。

3.2.3　绕线式电动机电源反接制动控制

图 3.9 所示为绕线式异步电动机正反向运行反接制动控制电路，该控制电路的结构与图 3.8 完全相同。其工作原理请读者自行分析。

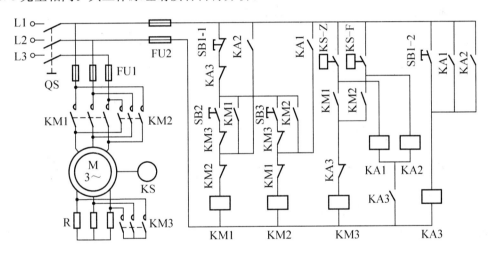

图 3.9　绕线式异步电动机可逆运行反接制动控制电路

知识链接 3－2

电动机反接制动时的能量关系

电动机是一种能量转换的电气装置，当电动机工作在电动状态下时，电动机向电网吸取电能并把电能转变为机械能，通过电动机转子输出。那么当电动机工作在电源反接制动时，能量之间到底有什么关系呢？

异步电动机的等效电路不但反映了电动机电动工作状态时的能量的关系，同样也反映了电动机电气制动时的能量关系。因此，依然可以借助电动机的等效电路来分析电源反接制动时的能量关系。

图 3.10 所示是三相异步电动机的 T 型等效电路。

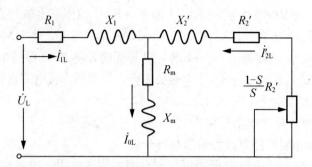

图 3.10　三相异步电动机 T 型等效电路

三相异步电动机在进行电源反接制动时的机械特性曲线如图 3.6 的③和④所示，此时的转差率 s 为

$$s=(-n_0-n)/(-n_0)=(n_0+n)/n_0\approx 2>1$$

根据电动机的 T 型等效电路，电动机总的机械功率为

$$P_m=3\,(I_{2L}')^2\times(1-s)R_2'/s<0$$

上式说明，转子非但没有向转轴输出机械功率，反而向外吸取机械功率。

通过气隙传递给转子的电磁功率 P_{em} 为

$$P_{em}=3\,(I_{2L}')^2\times(R_2'+\frac{1-s}{s}R_2')=3\,(I_{2L}')^2\times R_2'/s>0$$

上式说明，转子通过气隙不断得到电磁功率，此时转子得到的总功率为

$$|P_m|+|P_{em}|=3\,(I_{2L}')^2\times R_2'$$

通过以上分析，可以得出电动机反接制动的能量关系：电动机既向电网吸取电功率，同时又通过轴吸收机械功率，这些功率除部分消耗在定子上外，绝大多数消耗在转子电阻上。

因此电源反接制动消耗的能量很大，转子发热比较严重。图 3.11 所示为反接制动时电动机的功率流向图。

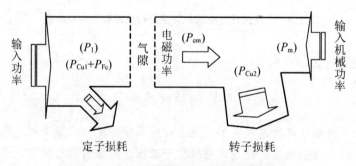

图 3.11　电源反接制动时的功率流向图

实践项目 7　电源反接制动电路的安装

通过以下实践将进一步了解速度继电器的结构、工作原理、安装和动作值调整方法。

学会速度继电器在电气制动电路中的使用；掌握三相异步电动机电源反接制动停车电路的安装、故障维修；了解电源反接制动的效果。

知识要求	了解速度继电器的结构、工作原理和使用方法，掌握电源反接制动的原理、能量关系和基本的控制环节
能力要求	能独立完成电源反接制动电路的绘制，会根据图纸安装反接制动电路和进行电路故障的排除

实践电路如图 3.7 所示，该电路为按速度原则控制的笼式电动机单向运行时的电源反接制动停车电路。

按以下步骤进行操作。

（1）在实验室提供的控制板上固定所需电器原件和接线端子排。按电路图完成电路的安装连接。

（2）通电试车时按以下步骤进行。

① 正常启动操作。按下 SB2→电动机通电运行。

② 自由停车操作。轻轻按下停车按钮 SB1（不要将其按到底），使 SB1 常闭触头断开，但常开触头不闭合。注意观察此刻自由停车的效果。

③ 制动停车操作。电动机在正常运行时将停车按钮 SB1 按到底，此刻 SB1 常闭触头断开、常开触头闭合。注意此刻制动停车的效果。

（3）实验时要密切注意电动机的工作情况。如发生电动机噪声过大等异常情况，应立刻停车检查。

（4）电源反接制动电阻的估算方法

实践中，若鼠笼式异步电动机功率较小（3kW 以下）时，可不接制动电阻。电动机功率大时则需用电阻限流。反接制动电阻（对称电阻）的估算如下所示

$$R \approx 1.5 \frac{U_N}{I_Q} = 1.5 \frac{U_N}{7I_N}$$

上式中，U_N 和 I_N 为电动机定子绕组额定相电压和额定相电流。

考考您！

1. 什么是异步电动机电源反接制动？三相鼠笼式异步电动机电源反接制动是如何实现的？使用时应当注意什么问题？

2. 比较鼠笼式异步电动机和绕线式异步电动机，反接制动时的性能哪种电动机更好？为什么？

3. 三相异步电动机电源反接制动时，电动机的能量关系如何？这种制动方法经济吗？

4. 感应式速度继电器它在电源反接制动控制电路中的作用是什么？它的动作速度和释放速度大约是多少？

5. 在三相异步电动机的等效电路中，当电流通过电阻时会产生相应的功率，这些功率分别对应电动机的什么功率？

6. 结合图 3.9 分析绕线式异步电动机正转启动与停车的控制过程。

3.3 绕线式异步电动机倒拉反接制动与控制

起重机类设备的提升电动机一般采用绕线式异步电动机拖动，它在下降重物时，为了使重物获得稳定的下降速度，必须对电动机进行倒拉反接制动。此刻制动的目的是为了限制电动机运行的速度，而不是为了让它停止。

图 3.12 所示为绕线式异步电动机升降物体时的机械特性曲线和负载特性曲线。

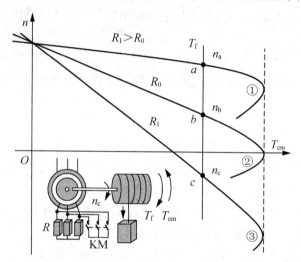

图 3.12 绕线式异步电动机机械特性和负载特性

图 3.12 中绘制了 3 条机械特性曲线，分别对应绕线式异步电动机转子回路串接不同电阻时的情况，曲线①为电动机固有特性；曲线②和③分别为转子串接电阻 R_0 和 R_1 时的人为机械特性。

从图 3.12 中可以看出，当转子回路中的电阻足够大时，机械特性曲线与负载特性曲线的交点将在第四象限（c 点）。此时的转速 $n_c < 0$，$T_{em} > 0$，电动机将在制动状态下以 n_c 的速度下放物体。

若所串电阻不够大时，机械特性曲线与负载特性曲线的交点将在第一象限（如 b 点）时，电动机将以电动状态提升物体。

3.3.1 绕线式异步电动机倒拉反接制动原理

在图 3.12 的 c 点处，电动机工作在倒拉反接制动状态，那么这种制动是如何发生的呢？

下面通过分析来说明倒拉反接制动转矩产生的原理。

图 3.13 所示为倒拉反接制动原理示意图（n_0 的方向，即逆时针为正方向）。图 3.13(a)为电动状态提升物体时的情况。图 3.13(b)为制动状态下放物体时的情况。

在图 3.13(a)所示图中，转子切割磁场的速度（Δn）方向为顺时针，根据右手定则和左手定则可判断出转子导体的感应电流方向和受力方向。此时电动机工作在电动状态。

在图 3.13(b)所示图中，转子切割磁场的速度（Δn）方向依然为顺时针，因此转子产生的电磁转矩的方向也与图 3.13(a)相同，但由于电动机的旋转方向已经改变，因此，该电磁转矩对电动机的运行起阻碍作用，电动机为制动状态。

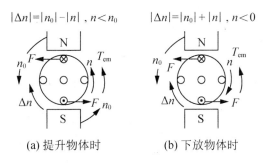

(a) 提升物体时　　　　　　(b) 下放物体时

图 3.13　异步电动机倒拉反接制动原理

倒拉反接制动时电动机转速 $n<0$，因此转差率 $s=(n_0-n)/n_0>1$，根据电动机等效电路可知，负载电阻 $(1-s)R'_2/s$ 上消耗的功率为

$$P_m=3\,(I'_{2L})^2\times(1-s)R'_2/s<0$$

上式说明，此刻电动机通过轴吸取机械功率(转变为电功率)。另一方面，定子通过气隙向转子传递的电磁功率为

$$P_{em}=3\,(I'_{2L})^2\times R'_2/s>0$$

上式说明，此刻电动机依然向电网吸取电功率。由此可见，绕线式异步电动机倒拉反接制动时的能量关系与电源反接制动时是相同的，即电动机向电网吸取电能，同时又吸收系统的机械能，两部分能量全部消耗在电动机内部的电阻(主要是外接电阻)上，能量损失很大。

3.3.2　绕线式异步电动机倒拉反接制动控制

实现倒拉反接需要有一定条件，首先负载转矩必须能对电动机的运行起到驱动作用，即负载转矩与电动机旋转方向相同，其次是电动机的机械特性曲线必须足够"软"。很显然，绕线式异步电动机转子回路串接电阻，并且带动位能性负载时就具备上述条件。因此，倒拉反接常用于起重机类设备下放物体时限制物体下降的速度。

图 3.14 所示为凸轮控制器控制的绕线异步电动机串接电阻控制电路，该电路常用于中小型桥式起重机提升机构电动机控制，也可用于起重机平移机构电动机的控制。

图中虚线内为凸轮控制器，电路的过载和短路保护由过电流继电器 KA1～KA3 实现，YA 是电磁抱闸机械制动器，SQ1 和 SQ2 为上升和下降限位保护。为减少转子电阻段数以及控制转子电阻的触头数量，转子回路串接不对称电阻。

该电路的最大特点是可逆对称，即凸轮控制器操作手柄处在左边或右边对应各挡时，转子回路接线完全一样。

假若该电路用于起重机提升机构电动机的控制，那么，当物体提升时电动机将工作在电动状态；当物体下放时，电动机就可以工作在倒拉反接制动或反向电动状态。

设物体的负载特性为 (T_f)，结合特性曲线图 3.15，电路的工作原理分析如下所示。

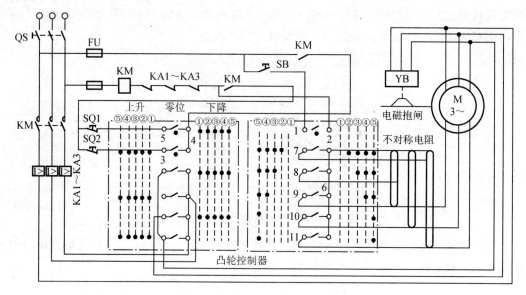

图 3.14　凸轮控制器控制的绕线式异步电动机控制电路

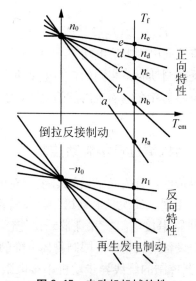

图 3.15　电动机机械特性

（1）零位启动控制。合上电源开关→将凸轮控制器手柄置于零位（1-2 接通）→按下按钮 SB→接触器 KM 通电并自锁→电路接通电源。

（2）提升物体控制。

① 凸轮控制器手柄置于上升①挡时→绕线式异步电动机施加正向电压→电磁抱闸松开、电动机串入全部电阻。此时机械特性曲线如图 3.15 中 a 所示，由于启动转矩小于负载转矩，因此无法启动，此时司机应当及时将手柄推向上升②挡。

② 凸轮控制器手柄置于上升②挡时→电动机的电压不变→凸轮控制器短接 6-7 间电阻。此时机械特性曲线如图 3.15 中 b 所示，电动机最终以 n_b 的速度提升物体。

③ 凸轮控制器手柄置于上升③位时→电动机的电压不变→凸轮控制器短接 6-7，6-8

间电阻。此时机械特性曲线如图 3.15 中 c 所示，电动机最终以 n_c 的速度提升物体。

④ 凸轮控制器手柄置于上升④位时→电动机的电压不变→凸轮控制器短接 6-7，6-8，6-9 间电阻。此时特性曲线如图 3.15 中 d 所示，电动机最终以 n_d 的速度提升物体。

⑤ 凸轮控制器手柄置于上升⑤位时→电动机的电压不变→凸轮控制器 6-7，6-8，6-9，6-10，6-11 间短接，全部电阻被切除。此时固有特性曲线如图 3.15 中 e 所示，电动机最终以 n_e 的速度提升物体。

可见，当提升物体时，通过改变绕线式电动机转子电阻的大小，可以改变物体提升的速度，此时的电阻为调速电阻。

（3）电磁抱闸制动。物体提升到合适位置时，将手柄推至零位，电磁抱闸机械制动器线圈断电，闸瓦抱死制动轮，物体被制停在空中。

（4）下放物体控制。物体在空中移动到合适位置需要下放时，司机可根据负载的轻重，将手柄推到上升位或下降位，都可能获得物体的下放，但手柄在上升位和下降位时，电动机的制动特点完全不同。

① 若物体较重，则司机可将手柄推到上升①挡，此时电动机最终以 n_a 的速度下放物体，此时电动机工作在倒拉反接制动状态。

从图中可以看出，电动机的速度较低。若推到②挡，则物体不但不能下降，反而将被提升。

② 若将凸轮控制器手柄置于下降位，电动机将工作在反向特性曲线上。

从图中可以看出，物体将以很高的速度下放，此时电动机工作在回馈制动状态，且手柄挡位越低，转子电阻越大，电动机的转速就越高。

从以上分析可以看出，起重机司机在工作时，需要根据物体的轻重和需要的速度进行操作，否则可能引起事故。

3.3.3　凸轮控制器介绍

凸轮控制器是一种多挡位、多触头的大型手动开关电器，它利用转动凸轮去接通和分断大容量触头。

凸轮控制器主要用于控制中小型绕线转子异步电动机的启动，停止，调速，换向和制动，也可用于有相同要求的其他电力拖动设备。

图 3.16 所示为常见凸轮控制器外形及内部结构图。

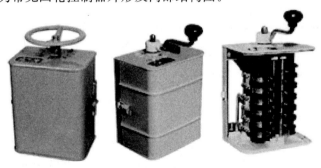

图 3.16　常见凸轮控制器外形及结构图

（1）凸轮控制器的结构。图 3.17 所示为凸轮控制器结构示意图。它由机械、电气、防护等 3 部分组成，其中手柄、转轴、凸轮、杠杆、弹簧、定位棘轮为机械结构；触头、接线柱和联板等为电气结构；而上下盖板、外罩及灭弧罩等为防护结构。

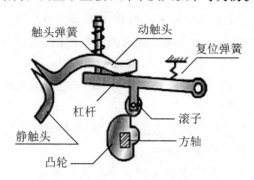

图 3.17　凸轮控制器结构示意图

（2）凸轮控制器工作原理。通过手柄或手轮操作方轴转动，固定在方轴上的凸轮的凸起部位顶住滚子时，触头动作，反之则触头复位。

凸轮控制器的方轴上可以叠装不同形状的凸轮块，这样就能实现一系列触头按预先要求顺序动作，从而满足控制要求。

凸轮控制器手柄挡位多、触头数量多，其表示方法与万能转换开关相同。

常用的国产凸轮控制器有 KT12、KT14、KT16、KTJ1－50/1 等系列。

表 3-1 为 KT14 系列凸轮控制器的主要技术参数。

表 3-1　KT14 系列凸轮控制器主要技术参数

类型	额定电压 /V	额定电流 /A	工作位置		FC＝25%时所控制的电动机最大功率/kW	额定操作频率/(次/h)	最大工作周期/min
			右旋	左旋			
KT14－25J/1	380	25	5	5	11.5	600	10
KT14－25J/2			5	5	26.3		
KT14－25J/3			1	1	8.0		
KT14－60J/1		60	5	5	32		
KT14－60J/2			5	5	216		
KT14－60J/4			5	5	225		

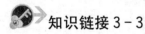知识链接 3－3

起重类设备介绍

起重机是一种短距离运送物体的设备，多用于车间、仓库、露天堆场等处。起重机种类繁多，常见的有桥式起重机、梁式起重机、门式起重机、塔式起重机、汽车起重机等。下面介绍几种常见的起重设备类型。

1.常见起重机的类型

（1）单梁起重机。单梁起重机顾名思义，就是只有一根梁的起重机。单梁起重机的主梁多采用工字型钢或型钢与钢板的组合，起重小车常用电动葫芦。

图3.18所示为单梁起重机示意图。电动葫芦直接挂在梁正下方的轨道上。

图3.18　单梁起重机示意图

（2）双梁起重机。顾名思义，有平行的两根梁。

图3.19所示为双梁起重机示意图，电动葫芦安装在小车上，小车摆在梁上方的轨道上。

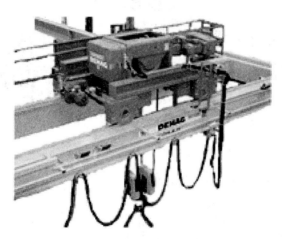

图3.19　双梁起重机示意图

梁式起重机为一般用途起重机，多用于机械制造、装配、料场、仓库等固定跨间内搬运物体。禁止在易燃、易爆腐蚀性环境中使用。

（3）门式启动机。图3.20所示为门式起重机示意图。门式起重机是桥式起重机的一种变形。它的金属结构像门形框架，承载主梁下安装支脚，可以直接在地面敷设的轨道上移动。

门式起重机作业范围大、适应面广、通用性强等特点。广泛应用在港口、货场等露天场所。

图 3.20 门式起重机示意图

（4）桥式起重机。桥式起重机是在高架轨道上运行的一种起重机，又称天车。图 3.21 所示为通用桥式起重机示意图。

桥式起重机的桥架沿铺设在两侧高架上的轨道纵向运行，起重小车沿铺设在桥架上的轨道横向运行，构成一矩形的工作范围，就可以充分利用桥架下面的空间吊运物料，不受地面设备的阻碍。

普通桥式起重机一般由起重小车、桥架运行机构、桥架金属结构组成。起重小车又由起升机构、小车运行机构和小车架 3 部分组成。

图 3.21 通用桥式起重机示意图

2. 起重用电动机的电力拖动特点介绍

起重机上的电动机有两类，一类为升降电动机，用于完成物体的提升和下降。另一类则是平移电动机，用于完成各平移机构（例如桥架和小车）的前后左右移动。

由于升降电动机和平移电动机驱动的负载性质不同，因此，这两类电动机工作时的工作状态有很大区别。

下面以吊钩式桥式起重机为例说明之。

图 3.22 所示为吊钩式桥式起重机小车结构示意图。

小车上提升机构包括电动机、制动器、减速器、卷筒和滑轮组。电动机通过减速器，带动卷筒转动，使钢丝绳绕上卷筒或从卷筒放下，以升降重物。15t 以上桥式起重机安装有两套提升机构，分别称为主钩和副钩。

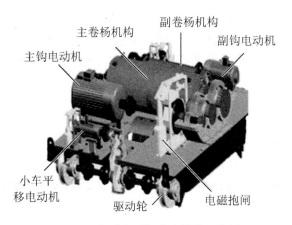

图 3.22 桥式起重机小车结构示意图

小车平移机构机构完成小车在桥架上的左右移动。

1）提升电动机工作特点介绍

起重机升降电动机升降物体时，物体产生的负载转矩与电动机的旋转方向无关，是典型的位能性恒转矩负载。

设电动机提升物体时的旋转方向为正，则物体的负载特性曲线可绘制成如图 3.23 中①所示。

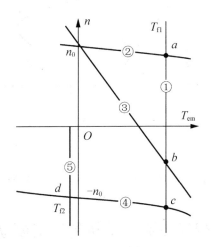

图 3.23 提升电动机工作状态图

起重机升降物体时电动机的工作状态分析如下所示

（1）提升物体时，电动机须工作在正向电动状态，如工作在正向特性曲线②上的 a 点。

（2）下降物体时，若物体产生的转矩大于机构的摩擦转矩，若采用倒拉反接下降物体则可以获得较低的下放速度，如工作在特性曲线③上的 b 点。若采用再生发电制动下放物体，则物体下放的速度将较高，如工作在特性曲线④上的 c 点。

另一种情况是，在下降物体时，若物体很轻或空钩，传动机构本身的摩擦转矩大于物体产生的转矩，负载特性曲线可绘制成如图 3.23 中⑤所示，此时电动机必须工作在反向电动状态强迫物体下降，如工作 d 点。

2）平移电动机工作特点介绍

无论小车平移电动机，还是桥架平移电动机，它们的负载均是由摩擦力产生的反抗性恒转矩负载，因此，当电动机驱动平移机构平移时，电动机必须工作在电动状态；当平移机构停车时，一般采用电磁抱闸机械制动。

考考您！

1．三相异步电动机的倒接反接制动是如何实现的？需要什么条件？倒拉反接制动时有怎样的能量关系？

2．凸轮控制器主要用来做什么？它有怎样的结构？为什么它的触头可以用在主电路中？

3．在图 3.14 所示电路中，试分析该电路在下放重物时，若想获得较低的下放速度，司机应将手柄推到那些挡位比较合适？为什么？

4．图 3.24 所示为绕线式异步电动机转子串联两级电阻时的机械特性曲线，试分析电动机工作在 a 点和 b 点时的工作状态以及能量关系。

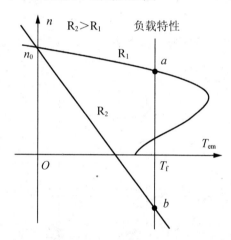

图 3.24　绕线式异步电动机工作状态分析

3.4　三相异步流电动机的能耗制动与控制

三相异步电动机能耗制动是指电动机在电动状态运行时，切除交流电源，同时在电动机的任意两根进线上施加适当的直流电压，此时电动机的工作状态将由电动状态转变为能耗制动状态。那么为什么会出现这种情况呢？能耗制动又有什么特点呢？

电动机在进行能耗制动时，首先切除三相电源，然后在任意两相定子绕组中通入直流电流，形成固定磁场，它与转子中的感应电流相互作用，产生制动转矩。能耗制动的制动效果较电源反接制动弱，它主要用于要求平稳制动的场合。

1．能耗制动的原理和特点

能耗制动时，断开三相交流电源，同时接通直流电源，定子绕组产生的磁场由原来的旋转磁场变为固定不动的恒定磁场。转子由于惯性继续按原方向转动。转子导体切割磁场产生的感应电动势和感应电流的方向与原电动状态时相反，从而使电动机产生的电磁转矩与电动状态时相反，电动机进入制动状态。

图 3.25 所示为能耗制动工作原理示意图。其中图 3.25(a)所示是电动机电动状态工作时电磁转矩、转速等各物理量之间的方向关系。图 3.25(b)所示是能耗制动状态时各物理量之间的方向关系。

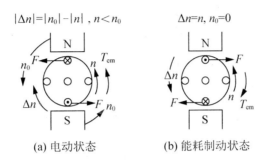

(a) 电动状态　　　　　(b) 能耗制动状态

图 3.25　异步电动机能耗制动原理图

(1) 电动状态工作时：电动机旋转方向与旋转磁场的方向相同，但 $n < n_0$，因此转子导体切割磁场的方向与转子旋转方向相反，即 Δn 的方向与 n 相反，在转子导体中感应出的感应电流和产生的电磁力如图 3.25(a)所示。

(2) 能耗制动状态时：由于在定子绕组中通入了直流电流，因此定子绕组产生的磁场为恒定不变的磁场(与旋转磁场不同)，此时转子导体切割磁场的方向就是转子的旋转方向，转子导体中的感应电流和产生的电磁力如图 3.25(b)所示。

能耗制动时，随转子切割磁场速度的下降(转子旋转速度的下降)，转子中感应电动势和感应电流也随之下降，电磁制动力矩将逐渐减小。当转速下降到零时，电磁制动力矩也将消失。

图 3.26 所示为能耗制动时电动机的机械特性曲线。

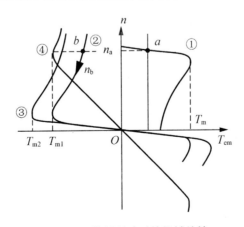

图 3.26　能耗制动时的机械特性

图中曲线①为电动机电动状态运行时的机械特性，②为电动机能耗制动时的机械特性，③为能耗制动直流励磁电流(或直流励磁电压)增加后机械特性，④绕线式异步电动机能耗制动时转子中串入电阻后的特性。

从特性曲线上可以发现，能耗制动时的机械特性曲线过坐标原点，其形状与电动状态时的特性曲线相似。通过改变直流励磁电流的大小或改变转子回路的电阻(绕线式异步电动机)，可获得不同的能耗制动效果。

在图 3.26 中，若电动机原来以 n_a 的速度工作在电动状态(曲线①的 a 点)，当采用能耗制动停车时，若特性曲线为②，那么电动机的工作点将从曲线②对应的 b 点逐渐下降到零(原点)，此时 $n=0$，$T_{em}=0$，电动机不再运转。

电动机能耗制动时，电动机将拖动系统的动能转变为电能，消耗到转子回路电阻上。这也正是能耗制动名称的由来。

2. 笼式电动机能耗制动控制

图 3.27 所示是三相笼式电动机单向运行、能耗制动停车的电气控制电路。

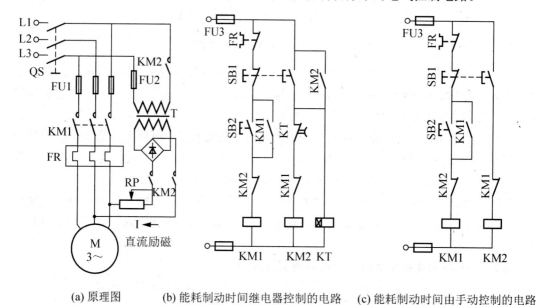

(a) 原理图　　(b) 能耗制动时间继电器控制的电路　　(c) 能耗制动时间由手动控制的电路

图 3.27　单向能耗制动停车控制电路

图中 KM1 为电动状态运行接触器，KM2 为能耗制动运行接触器，RP 用于调节和限制直流励磁(制动)电流，时间继电器 KT 用于控制能耗制动时间，具体时间根据实际需要调整。

能耗制动所需直流电源由交流电压经全波整流后得到。

图 3.27(b)所示为能耗制动时间由时间继电器控制的电路，图 3.27(c)所示为能耗制动时间由手动控制的电路。

电动机能耗制动时，断开运行接触器 KM1，同时接通制动接触器 KM2，电动机的工作状态将由电动状态转入制动状态。

该电路可用于 10kW 以上电动机的能耗制动。电路的控制原理读者自行进行分析。

图 3.28 所示为按速度原则控制的笼式电动机单向半波整流能耗制动电路。

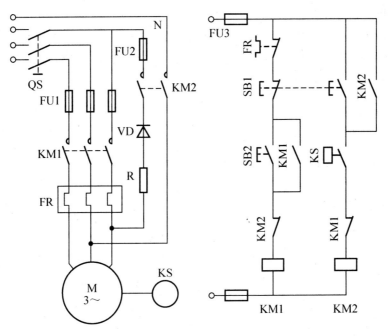

图 3.28　电动机单向半波整流能耗制动电路

　　该电路能耗制动时间由速度继电器控制。电路具有结构简单、工作可靠等优点。

　　该电路主要用于 10kW 以下电动机的能耗制动。电路的控制原理读者自行进行分析。

3. 绕线式异步电动机能耗制动控制

　　绕线式异步电动机转子串电阻可以改善能耗制动的性能。图 3.29 所示为绕线式异步电动机串电阻按时间原则启动、按速度原则制动的控制电路。

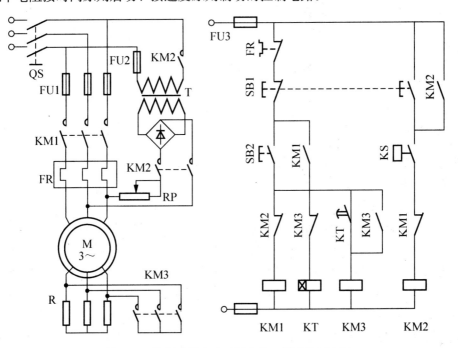

图 3.29　绕线式异步电动机启动、制动控制电路

电路的控制原理读者自行进行分析。

能耗制动主要用于要求制动平稳、准确停车的场合；它也可用于起重机类设备限制重物下放的速度，通过调节直流励磁电流（调节 RP）或改变转子电阻 R，能较方便地获得重物下放的不同速度。

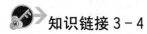

知识链接 3－4

能耗制动在电动葫芦中的应用

电动葫芦是一种常见起重设备。当物体下放接近地面时，希望能得到较低的下放速度以避免撞击并实现准确定位。对绕线式异步电动机可采用倒拉反接获得较低的下降速度，对鼠笼式异步电动机则一般采用能耗制动实现低速下放。

电动葫芦是一种简易的起重设备。具有结构简单、控制方便、价格低廉等特点，广泛应用在各行各业。

图 3.30 所示为常见电动葫芦的外形。它的提升电动机一般采用自带机械制动装置的锥型鼠笼式异步电动机。

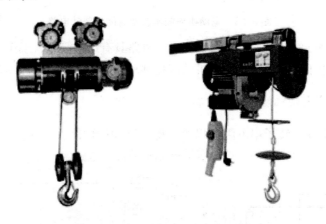

图 3.30　常见小型电动葫芦外形图

电动葫芦的负载是位能性恒转矩负载，负载转矩的大小和方向与速度无关。位能性恒转矩负载的特性表达式为 $T_f = \text{const}$，它的特性曲线如图 3.31 中①所示，在第一和第四象限内。

电动葫芦在提升重物时，电动机工作在电动状态，电动机机械特性曲线②与负载特性曲线①的交点在第一象限的 a 点，此时 $n_a > 0$、$T_{em} > 0$，说明转速与电磁转矩方向相同。电动机以 n_a 的速度提升物体。

当电动葫芦下放物体时，若采用能耗制动，则对应的机械特性曲线为③。从特性上可以看出，械特性曲线与负载特性曲线①的交点在第四象限的 b 点，电动机将以 n_b 的速度下放物体。此时 $n_b < 0$、$T_{em} > 0$，说明转速与电磁转矩方向相反，电动机工作在制动状态。

由于电动一般采用笼式电动机驱动，若想改变重物下降的速度，可采用调节能耗制动直流励磁电流的办法实现。

当采用绕线式异步电动机取代笼式电动机为电动葫芦升降电动机时，在采用能耗制动下放物体时，除通过调节励磁电流改变物体下放速度外，还可以通过改变转子回路电阻的方法调节重物下降的速度。

在图 3.31 中，特性曲线③和④的区别在于电动机转子回路中的电阻不同，④为串入电阻 R 后得到的特性，③则未串接电阻（或笼式电动机）。

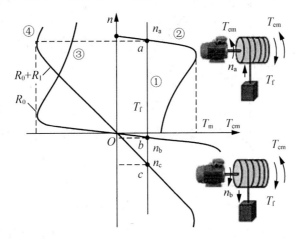

图 3.31 起重机类负载与能耗制动特性

实践项目8 能耗制动控制电路的安装

通过以下实践，将掌握笼式电动机能耗制动停车的实现方法，掌握电动机能耗制动效果的调节方法；通过观察并了解能耗制动和自由停车的区别；学会笼式电动机能耗制动控制电路的安装、调试等技能。

知识要求	了解能耗制动的原理、能耗制动效果和调节方法，掌握能耗制动实现方法及能量关系
能力要求	能说明能耗制动原理，能独立完成能耗制动电路的安装，能进行电路故障的排除等

图 3.32 所示为能耗制动实践电路原理图。电动机额定功率为 1.2kW，额定电压为 380V，额定电流为 2.2A。

按以下所示步骤进行操作。

（1）检查电路所需的低压电器是否正常，在实验室提供的控制板上固定所需电器原件和接线端子排，并按图 3.32 所示完成电路的连接。

电路中导线一般采用单股铜心线。导线截面积可按 5A/mm² 来估算。

（2）通电试车时按以下所示步骤进行。

① 断开熔断器 FU2，切断能耗制动直流电源。按正常启动→停车操作。注意此刻自由停车的效果。

② 装上熔断器 FU2，按正常启动→停车操作。注意此刻能耗制动停车的效果。

③ 通过调节 RP 的大小，改变直流电流 I，注意观察不同制动电流时的制动效果。

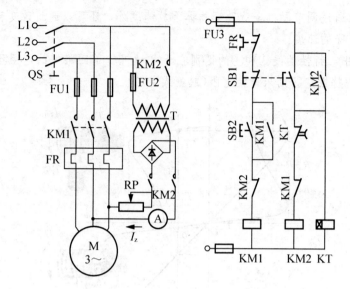

图3.32　能耗制动实践电路原理图

（3）实践时要密切注意电动机的工作情况。如发现电动机启动困难、发出噪声过大等异常情况时，应立刻停车检查。

（4）三相异步电动机能耗制动所需要的直流电压 U_z 和直流电流 I_z 可分别用下列两个公式计算。

$$U_z = I_z \times R\ （单位：U_z 为 V；I_z 为 A；R 为 \Omega）$$

$$I_z = (3.5 \sim 4.0)\,I_0\ 或\quad I_z = 1.5 I_N$$

上式中：I_0 为电动机空载时的线电流（A），I_N 为电动机的额定电流（A），R 为直流电压所加定子绕组两端的冷态电阻，即温度为 $15\text{C}°$ 时的电阻（Ω）。

根据实验情况，完成表 3-2 的填写。

表 3-2　单相全波整流能耗制动效果记录

三相异步电动机的能耗制动电流/时间关系		
制动直流电流	制动停车时间	备注
$0.0 I_N$		自由停车
$0.5 I_N$		
$0.8 I_N$		
$1.0 I_N$		
$1.2 I_N$		
$1.5 I_N$		

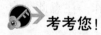 **考考您！**

1. 什么是能耗制动？三相异步电动机的能耗制动是如何实现的？使用时应当注意什么问题？

2. 比较笼式电动机和绕线式电动机，能耗制动时的性能哪种电动机更好？为什么？

3. 能耗制动时，电动机的能量关系如何？能耗制动时的能量损耗比较反接制动时的能量损耗是否要少些？为什么？

4. 能耗制动是否可用于起重机下放重物？若想要得到低速下放速度，应当如何调节？

5. 结合实践电路图 3.32，分析笼式异步电动机启动与停车的控制过程，并回答时间继电器时间调整的依据。

3.5　三相异步电动机的回馈制动与控制

回馈制动时，电动机的转速超过同步转速，负载转矩对电动机的运行起到驱动作用，而电磁转矩将阻碍电动机的运行，此时电动机工作在发电状态。回馈制动主要用于限制电动机(或工作机构)的运行速度。

3.5.1　异步电动机回馈制动现象

当电动机的旋转方向与负载转矩的方向相同时，负载转矩对电动机的运行起到驱动作用，电动机的转速将升高，为了限制电动机运行的速度，此时往往采用回馈制动以限制电动机(或工作机构)的速度。

图 3.33 所示为动车从平坦的线路进入坡道时，电动机工作状态发生变化时的情况。

当动车在平坦道路上行驶时，其负载由摩擦力引起，是典型的反抗性负载，其负载特性 T_{f1} 所示。电动机以 n_a 的速度正转（向前）运行。当驶入坡道时，除摩擦力产生的反抗性转矩 T_1 外，重力还将产生一个与电动机旋转方向相同的位能性负载力矩 T_2，若 T_2 在数值上较 T_1 要大，那么负载转矩为

$$T_{f2} = T_1 - T_2 < 0$$

此时，负载特性曲线将从第一象限移到第二象限，如图 3.33 所示。电动机的机械特性曲线与负载特性曲线的交点在 b 点，电动机最终将以 n_b 的速度稳定运行。

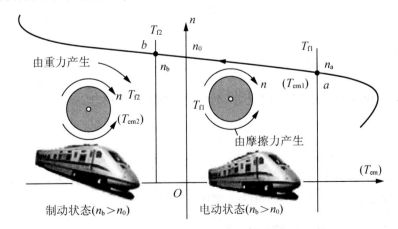

图 3.33　火车从平坦线路进入坡道时的工作状态

显然在第二象限运行时，转速 n_b 将超过同步转速 n_0，而电动机的电磁转矩将由原来的正变为负，即电磁转矩的方向与原方向相反，电动机进入制动状态。从而确保动车在下坡时速度不会越来越快。

 那么为什么会出现这种情况呢？

3.5.2　异步电动机回馈制动原理

图 3.34 所示为三相异步电动机回馈制动原理示意图。

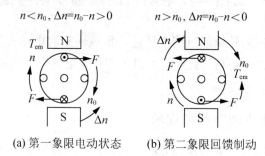

$$n<n_0, \Delta n=n_0-n>0 \qquad n>n_0, \Delta n=n_0-n<0$$

(a) 第一象限电动状态　　　(b) 第二象限回馈制动

图 3.34　三相异步电动机回馈制动原理

回馈制动时，电动机相序未发生变化，因此旋转磁场的方向与电动状态时相同。但由于负载由原来的反抗性(阻碍作用)转变为位能性(此时为驱动作用)，此时电动机在电磁转矩和负载转矩的共同作用下加速，故工作点将沿着特性曲线从 a 点上升，当转速上升到 $n=n_0$ 时，转子导体切割磁场的速度为零，此刻电磁转矩消失，但电动机转速在位能性负载转矩的驱使下继续上升进入到第二象限，此刻转子导体切割磁场的方向将发生变化，从而引起电磁转矩的方向发生改变，电动机的工作状态也由原来的电动状态进入到制动状态。最终电动机将稳定工作在 b 点。

很显然，电动机并不是在任何条件下都可以实现回馈制动，要实现回馈制动需要一定的条件。回馈制动最大的特点是电动机的转速大于同步转速。

回馈制动时，$n>n_0$，此刻电动机的转差率为

$$s=(n_0-n)/n_0<0$$

此时，电动机与轴之间交换的功率为

$$P_m=3\,(I'_{2L})^2\times(1-s)R'_2/s<0$$

上式说明，电动机通过轴吸收机械功率并将其转变为电功率。

通过气隙传递给转子的电磁功率 P_{em} 为

$$P_{em}=3\,(I'_{2L})^2\times(R'_2+\frac{1-s}{s}R'_2)=3\,(I'_{2L})^2\times R'_2/s<0$$

上式说明，电动机非但没有向电网吸取电能，反而向电网反送(回馈)电能，回馈制动的名称正是由此而来。此时，电动机的工作状态与发电机相同。

3.5.3　异步电动机回馈制动控制

回馈制动常用于起重类设备高速、稳定下降物体。

图 3.35(a)所示为建筑工地上常见的起重机，当物体下放时，为节省时间和提高工作效率，可采用回馈制动高速下放，但当物体接近地面时，则应当采用倒拉反接制动等方式低速下放。

电路的控制依然可采用凸轮控制器控制。例如，采用图 3.14 所示电路。

起重工操作时，若将凸轮控制器手柄放置在下降位时，则可获得回馈制动高速下降。

图 3.35 (b)所示为回馈制动下降物体时的机械特性曲线。曲线①～⑤分别对应手柄在下降①～⑤位时的情况。

可以看出。当电动机运行在固有特性上⑤时，下降的速度最低，转子电阻越大则下降速度越高。

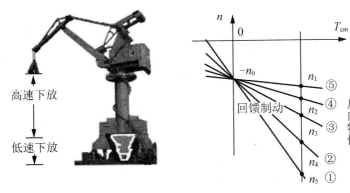

(a) 建筑工地常见起重机　　(b) 回馈制动下降物体时的机械特性曲线

图 3.35　起重机用电动机回馈制动时的特性

3.5.4　异步电动机的运行与特性曲线

电动机的机械特性反映了电动机各种运行状态时电磁转矩与转速之间的关系。总结电动机启动运行和制动运行的情况，可以绘制出图 3.36 所示特性曲线。

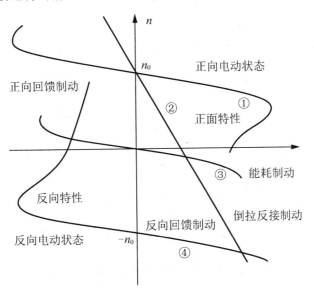

图 3.36　电动机的运行状态与特性曲线

曲线①为正向机械特性，曲线②为转子串联电阻时的机械特性，曲线③为能耗制动时的机械特性，曲线④为反向机械特性。

结合前面所学知识，仔细领会电动机的各种具体的运行状态与机械特性之间的关系。

知识链接 3-5

三相异步电动机的其他电气制动

能耗制动需要有专门的直流励磁电源，因此有时感觉不方便。短接制动和电容制动则不需要任何专用设备，具有电路简单，控制方便等特点，它们的工作原理与能耗制动相似，在要求不高的停车场合可考虑使用。

1. 短接制动原理及控制电路

（1）短接制动原理。短接制动是在电动机电源断开的同时，将定子绕组短接，这时电动机转子因惯性仍在旋转。由于转子存在剩磁，形成了转子旋转磁场，此磁场切割定子绕组，在定子绕组中产生感应电动势和感应电流，该电流与旋转磁场相互作用，产生制动转距，迫使电动机停转。

（2）制动原理分析。图 3.37 所示为短接制动控制电路。制动时由于定子绕组短接，所以绕组端电压为零。在短接的瞬间产生瞬间短路电流。短路电流的大小取决于剩磁电动势和短路回路的阻抗。虽然瞬间短路电流很大，但电流呈感性，对转子剩磁起去磁作用，使剩磁电势迅速下降，所以短路电流持续时间很短。另外，瞬时短路电流的有功分量很小，故制动作用不太强。

电路图 3.37(b)用 KM1 的常闭辅助触头取代电路图 3.37(a)中接触器 KM2 的主触头。当电动机的容量相对较小时可考虑采用电路图 3.37(b)。

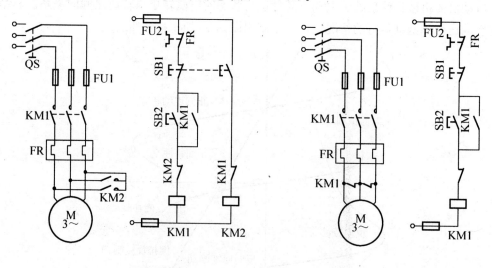

(a) 点动制动控制　　　　　　　　　　　(b) 连续制动控制

图 3.37　三相异步电动机短接制动控制电路

短接制动无需特殊的控制设备，制动时，定子的感应电流比电动机空载启动时的电流要小，制动效果不强，所以，这种制动方法只限于小容量的高速异步电动机，且制动要求不高的场所。

2. 电容制动原理及控制电路

（1）电容制动原理。异步电动机电容制动是指电动机在切断电源后，立即在定子绕组的端线上接入电容器而实现制动的一种方法。制动时转子因惯性仍在旋转，转子内的剩磁切割定子绕组产生感应电动势和电流，并向电容充电，其充电电流在定子绕组中形成励磁电流，建立一个磁场，这个磁场与转子剩磁相互作用，产生一个与旋转方向相反的制动力矩，使电动机迅速停转，完成制动。

（2）制动原理分析。图 3.38 所示为电容制动控制线路。三组电容器可以接成星形，也可以接成三角形。电路中电阻 R1 是调节电阻，用以调节制动力矩的大小，电阻 R2 为放电电阻。电容制动控制线路的工作原理读者自行分析。

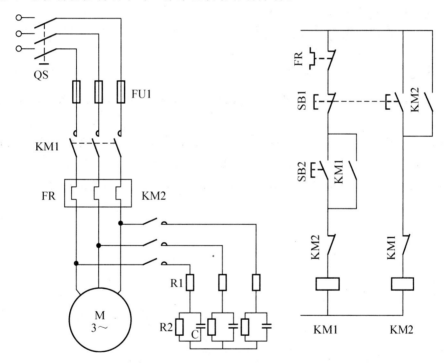

图 3.38　三相异步电动机电容制动电路

电容制动对高速、低速运转的电动机均有较好的效果。一般用于 10kW 以下的小容量电动机，并且可用于制动较频繁的场所。

实践项目 9　短接制动控制电路的安装

通过以下实践学会三相异步电动机短接制动停车电路的安装、电路故障维修。通过实践，加深对短接制动原理的理解并了解到短接制动的效果。

知识要求	掌握异步电动机短接制动的原理，实现方法
能力要求	能独立完成短接制动电路的安装，会进行电路故障的分析、排除等

实践电路如图 3.37(a)所示。请按以下步骤进行操作。

（1）检查本次实践所需低压电器，并在实验室提供的控制板上固定所需电器原件和接线端子排。按电路图完成电路的安装连接。

（2）通电试车时按以下步骤进行。

① 正常启动操作。按下 SB2→电动机通电运行。

② 自由停车操作。轻按停车按钮 SB1（不要将其按到底），使 SB1 常闭触头断开，但常开触头不闭合（接触器 KM2 不通电）。注意此刻自由停车的效果。

③ 制动停车操作。电动机在正常运行时将停车按钮 SB1 按到底，此刻 SB1 常闭触头断开、常开触头闭合。注意此刻制动停车的效果。

（3）实践时要密切注意电动机的工作情况。如发现电动机启动困难、发出噪声过大等异常情况时，应立刻停车检查。

（4）比较自由停车和短接制动停车的效果。

考考您!

1. 什么是回馈制动？为什么回馈制动也叫再生发电制动？电动机回馈制动时能量关系如何？

2. 比较三相异步电动机的各种制动方法，哪种制动方法从节能效果来说是最好的？

3. 是不是电动机的任何情况下都可以实现回馈制动？为什么？

4. 对照图 3.36，结合前面所学知识，总结出图中所标各种电气制动的特点。

第**4**章

三相异步电动机的电气调速与控制

知识目标	了解电动机调速的性能指标，掌握三相异步电动机常见的电气调速方法、原理和性能特点，掌握常见调速方法的典型控制环节
能力目标	能讲清三相异步电动机常见调速方法的原理和特点，会根据电路图安装典型电气调速控制环节，会进行电路故障的检查与排除

↘ 本章导语

电气调速是电动机控制的第三大问题，也是电动机控制中最重要的问题。本章将学习三相异步电动机各种电气调速的原理和方法，了解各种电气调速方法的特点和适应场合，掌握电气调速控制电路的典型环节。

4.1 三相异步电动机的电气调速

飞奔的列车行驶到弯道时需要减速慢行；车床主轴的旋转速度要根据工艺要求进行调节；电风扇的转速要根据温度高低进行变速。绝大多数的电气设备都要求能进行调速，那么到底有哪些调速方法呢？它们的特点如何？又应该如何控制呢？

生产机械工作机构的调速方法通常有两种，即机械调速和电气调速。机械调速的主要方法是齿轮变速箱调速，即通过不同齿轮啮合，实现转速变换。比如在电机输出端接一个小齿轮，再与一大齿轮啮合，那么大齿轮得到的转速就变小了。而电气调速则是直接改变电动机的转速来实现生产机械速度调节的方法。

4.1.1 机械调速介绍

齿轮变速箱是机械调速的主要装置。为了更好的理解变速箱的工作原理，先来分析两挡变速箱的简单模型，如图 4.1(a)所示。看看它是如何实现变速的。

电动机旋转时带动齿轮 1 转动。齿轮 1 和齿轮 2 啮合，齿轮 2、齿轮 3 和齿轮 4 同轴。齿轮 3 和齿轮 5 啮合，齿轮 4 和齿轮 6 啮合。与生产机械相联的轴是一个花键轴，齿轮 5 和齿轮 6 空套在花键轴上并可在花键轴上自由转动。在电动机停止旋转，齿轮 5 和齿轮 6 和中间轴都在静止状态，但花键轴依然可以转动。

齿轮 5 和齿轮 6 和花键轴是由套筒来连接的，套筒可以随着花键轴转动，同时也可以在花键轴上左右自由滑动来啮合齿轮 5 和齿轮 6。

换挡手柄在中间空挡位置时，套筒在两个齿轮中间，如图 4.1(a)所示，两个齿轮都在花键轴上自由转动，此时电动机的旋转运动不能传递到负载轴上。

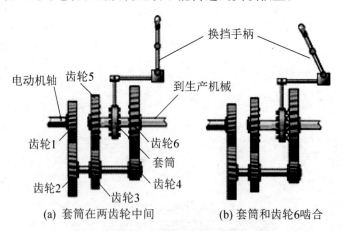

图 4.1 两挡齿轮变速箱变速原理示意图

换挡手柄推到左边时，套筒就和右边的齿轮 6 啮合，如图 4.1(b)所示。电动机带动中间轴，中间轴带动右边的齿轮 4 和齿轮 6，套筒与齿轮 6 啮合，带动花键轴旋转从而把运动传递给生产机械。在这同时，齿轮 3 也在旋转，但由于没有和套筒啮合，所以它不对花键轴产生影响。

生产机械的速度由电动机的转速、中间轴上的齿轮和花键轴上齿轮之间的变速比共同决定。

从以上分析可以看出，采用机械调速存在较多的缺点，主要体现在只能获得有级调速，当级数较多时齿轮变速箱体积将增大，结构将变得复杂，损耗也随之增加。

4.1.2　电气调速介绍

电气调速是直接改变电动机的旋转速度实现生产机械变速的方法。因此，电气调速无需复杂的齿轮变速机构，控制方便，且能实现无级调速。

三相异步电动机电气调速的具体的调速方法有调压调速、变极调速、变频调速、电磁调速等。

近年来，随着变频器的普及以及对电气装备小型化要求的提高，变频调速在三相异步电动机中的应用越来越广泛。

（1）调压调速。改变三相异步电动机定子电压来实现调速的方法称调压调速。图 4.2 所示为三相异步电动机机械特性曲线，图中①为固有特性曲线，②、③为降压时的人为特性曲线。

若异步电动机拖动恒转矩负载（图 4.2 中④）运行，当电压由 U_N 降到 $2U_N/3$ 或 $U_N/2$ 时，电动机的转速将由 n_1 降低到 n_2 或 n_3。

从特性曲线上可以看出，转速变化很小。可见，异步电动机降压调速对恒转矩负载的效果并不明显。

由于降压时电动机的最大转矩 T_{em} 急剧下降，因此可能导致"闷车"现象出现。另外，在负载不变的情况下，还将导致电流增加，引起电动机过载，因此这种调速方法工程上很少采用。

图 4.2 中还绘制了泵类负载特性曲线⑤，可以发现这种调速方法相对而言，比较适合泵类负载。由于低速时功率损耗较大，因此电动机的功率要适当选择大一些。

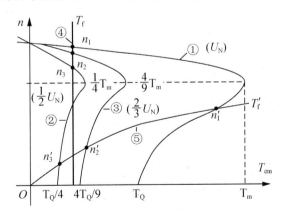

图 4.2　异步电动机降压时的调速情况

（2）绕线式异步电动机转子串联电阻调速。通过改变转子电阻的大小（采用串入多级电阻），实现电动机调速的方法。转子串联电阻启动、调速和制动相结合，完成绕线式异步电动机的综合控制。它主要用于起重类设备的电气控制。

（3）变极调速。改变电动机定子绕组的接线方式来改变电动机的极对数，从而改变电动机的同步转速，实现电动机转速有级调速。这种调速电动机目前有定型系列产品可供选用。

（4）电磁调速。通过电磁转差离合器来实现调速的方法称电磁调速。电磁调速异步电动机（俗称滑差电动机）是一种简单、可靠的交流无级调速电动机，在工矿企业中有较多应用。

（5）变频调速。改变异步电动机输入电源的频率，且使之连续可调来改变它的同步转速，实现电动机调速的方法称为变频调速。

本章主要介绍变极调速、电磁调速和变频调速的原理、特点和典型控制电路的控制原理。

 知识链接 4 - 1

电气调速的性能指标

不同的生产机械对电动机具有不同的调速要求。例如，用于驱动动车的电动机要求转速在零与最高转速之间连续可调，而家庭排气扇则只要高、中、低三挡速度即可。电动机的调速性能必须满足生产机械对调速的要求。

电动机的调速性能通过技术指标或参数体现出来。这些技术指标概括为静态指标和动态指标。静态指标主要有调速范围、静差率和调速平滑性等 3 个。

下面仅对静态指标作简单介绍。

（1）调速范围。电动机在额定负载下，运行的最高速度 $n_{\max}$ 与最低速度 $n_{\min}$ 之比称为调速范围，调速范围用 D 表示，即

$$D = n_{\max}/n_{\min}$$

（2）静差率。电动机稳定运行时，当负载由理想空载增加到额定负载时，对应的转速下降 Δn_{N} 与理想空载转速 n_0 之比称为静差率。静差率用 δ 表示，即

$$\delta = \Delta n_{\mathrm{N}}/n_0$$

电动机的空载是指电动机未带负载时的情况。电动机空载运行时依然存一定的损耗，例如轴承的摩擦力，风扇的阻力等。

理想空载则是指忽略所有损耗，电动机转轴上的负载为零时的状态，显然这是一种假想情况。

对于三相异步电动机的理想空载转速就是指电动机的同步转速。

静差率与机械特性的软硬及理想空载转速的高低有关。在图 4.3 中，特性①和②的同步转速不同，对应的转速下降 Δn_{N} 相同，但静差率 δ 不同，分别为

$$\delta_1 = \Delta n_{\mathrm{N1}}/n_{01} = 50/1500 = 0.0333 = 3.33\%$$

$$\delta_2 = \Delta n_{\mathrm{N2}}/n_{02} = 50/1000 = 0.05 = 5.0\%$$

静差率 δ 反映了电动机转速的相对稳定性，这里的相对稳定性是指电动机转速受负载波动的影响。

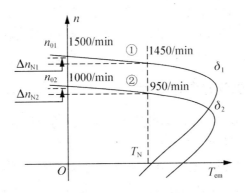

图 4.3　不同转速时的静差率

电动机在工作时，负载总是在一定范围内波动，这种波动会造成电动机转速忽大忽小的变化，若这种变化过大，就会影响生产机械的加工品质。δ 则越小，电动机转速受负载波动的影响就越小，相对稳定性就越好。

（3）调速平滑性。额定负载时，调速范围内相邻两级转速的比值称为平滑性，用 K 表示：

$$K = n_{i+1}/n_i$$

n_{i+1} 与 n_i 分别为额定负载下的相邻两级的转速。K 值越大，调速平滑性就越差。K 值为 1 的调速称为无级调速。

一般情况下希望电动机的调速范围要大，转速受负载波动影响要小，即 D 越大越好，静差率 δ 则越小越好。但这两者之间存在如下所示的相互制约的关系。

$$D = \frac{\delta n_{\mathrm{N}}}{(1-\delta)\Delta n_{\mathrm{N}}}$$

上式说明，当电动机机械特性硬度（Δn_{N}）一定时，对静差率的要求越高（δ 越小），则允许的调速范围（D）也就越小。在工程上，调速的指标必须要满足生产机械对加工的要求，如冷轧钢机要求 $D>15$，$\delta \leqslant 2\%$；造纸机要求 $D>60$，$\delta<5\%$。

考考您！

1. 为什么要调速？什么是机械调速？什么又是电气调速？机械调速和电气调速各有什么特点？电气调速有那些方法？

2. 电气调速的静态指标有哪些？调速范围是什么意思？静差率又是什么意思？两者之间有什么关系？

4.2　三相异步电动机变极调速与控制

变极调速是指通过改变电动机的极对数实现转速变化的调速方法。通常看到或听到的所谓双速电动机、三速电动机或多速电动机常常就是指变极调速电动机。那么这种电动机的变极是如何实现的呢？它又是如何控制的呢？

改变三相异步电动机的极对数 p，可以实现电动机同步转速 $n_0 = 60f / p$ 的变化，从而达到电动机转速的改变。但是，三相异步电动机的极对数是由电动机绕组的结构决定的，电动机一旦制造完成，它的极对数也就确定了，那么怎么还能改变呢？

4.2.1 异步电动机变极调速原理

能进行变极调速的鼠笼式异步电动机是特制的，它的转子结构与普通的鼠笼式异步电动机转子相同，但它的定子绕组的结构则不同于普通鼠笼式异步电动机。

图 4.4 所示为一台 4/2 极双速电动机(模型)定子 U 相绕组连接图。当该电动机定子绕组的连接由(a)变为(b)时，电动机的极对数将由原来的二对极变为一对极。

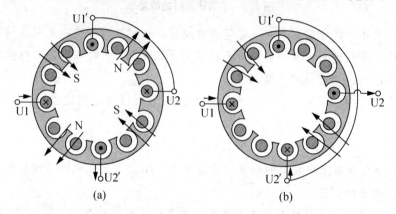

图 4.4 4/2 极电动机模型 U 相绕组连接图

很显然要想做到这一点，必须将定子每相绕组分成完全相同两半(称为半相绕组)，并把两个半相绕组的连接端全部引到电动机的接线盒中，以便通过外部的连接完成电动机极对数的变化。

图 4.5 所示为 4/2 极双速电动机变极的几种连接方法。

图 4.5 (a)和图 4.5(b)分别为两个半相绕组顺向串联和顺向并联，此时为四极电动机；图 4.5 (c) 和图 4.5(d)分别为两个半相绕组反向串联和反向并联，此时为二极电动机。

观察绕组中电流的方向，不难发现，图 4.5 (a)和图 4.5(b)尽管连接方法不同，但绕组中的电流方向相同，因此极对数也相同；图 4.5 (c)和图 4.5(d)也是如此。

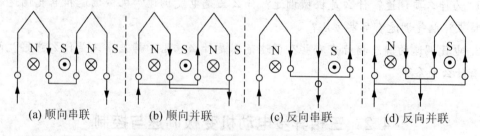

图 4.5 4/2 极变极调速电动机的连接方法

而比较图 4.5(a)和图 4.5(c)或图 4.5(b)和图 4.5(d)中电流的方向，可以发现，其中有一个半相绕组中的电流方向不同。

磁场是由电流产生的，通过进一步的分析，可以得出以下变极调速的重要结论。

🔑 通过改变两个半相绕组之间的连接，使其中一个半相绕组中的电流方向发生变化，就能达到变极的目的。

上述的变极调速称为倍极调速（电动机极对数成倍变化）。此外，通过绕组的连接也可以达到非倍极变化的目的，如 4/6 变极等。

变速电动机通常有双速、三速和四速电动机。三速以上电动机往往有两套定子绕组，它的结构比普通异步电动机要复杂得多。

根据电机学原理，只有当电动机的定、转子的极对数相同时两者磁场才能相互作用产生电磁转矩。因此，电动机在变极前后，定子和转子的极对数必须保持相等。

对于鼠笼式异步电动机，当定子极对数发生变化后，转子的极对数将自动变化并与定子极对数保持一致，因此只需改变定子极对数就可实现变极调速。

对于绕线式异步电动机，转子的极对数不会自动与定子的极对数保持一致，因此在改变定子极对数的同时，也必须人为地改变转子的极对数。显然，这对于绕线式异步电动机是不可能现实的。

🔑 **所以变极调速仅仅适用于鼠笼式异步电动机。**

4.2.2　常用变极调速方法

变极调速的接线方法很多，但常用的只有两种，即星形-双星形连接和三角形-双星形连接。下面分别进行讨论。

1. 星形-双星形连接

图 4.6 所示为星形-双星形双速电动机绕组连接图。可以看出，这种连接方法实际上是将每相绕组原来顺向串联的两个半相绕组变为反向并联，电动机的极对数也随之减至原来的一半，即丫形为低速（若极对数为 2A），丫丫形为高速（极对数为 A）。

从图 4.6 中还可以看出，这种接法的电动机除每相绕组首端①、③、⑤和中间抽头②、④、⑥引到接线盒外，还需要将每相绕组首端短接⑦后也引至接线盒。

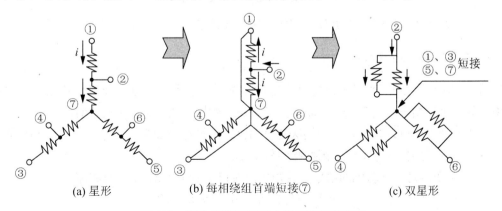

(a) 星形　　　　　(b) 每相绕组首端短接⑦　　　　　(c) 双星形

图 4.6　星形-双星形双速电动机绕组连接图

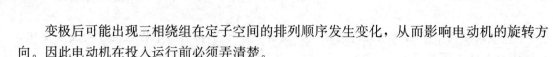

变极后可能出现三相绕组在定子空间的排列顺序发生变化，从而影响电动机的旋转方向。因此电动机在投入运行前必须弄清楚。

设变极前后电源线电压 U_N 不变，通过绕组的电流 I_N 不变，则变极前后电动机的输出功率分别为

Y形接法时
$$P_Y = 3\frac{U_N}{\sqrt{3}}I_N\eta_Y\cos\varphi_Y = \sqrt{3}U_N I_N\eta_Y\cos\varphi_Y$$

YY形接法时
$$P_{YY} = 3\frac{U_N}{\sqrt{3}}2I_N\eta_{YY}\cos\varphi_{YY} = 2\sqrt{3}U_N I_N\eta_{YY}\cos\varphi_{YY}$$

变极前后电动机的效率 η 和功率因数 $\cos\varphi$ 基本相等，因此有 $P_{YY} \approx 2P_Y$；由于Y形连接时的极数是YY形连接时的两倍，转速变化也近似为两倍，因此电动机变速前后的转矩为

$$T_{YY} = 9.55\frac{P_{YY}}{n_{YY}} \approx 9.55\frac{2P_Y}{2n_Y} = T_Y$$

可见，Y→YY变换的双速电动机在变极的前后（调速前后），电动机的输出转矩基本保持不变。这种调速前后输出转矩不变的调速方法称为恒转矩调速方法。

图 4.7(a)所示为Y→YY变换时的机械特性曲线。图 4.7(b)所示为△→YY变换时的机械特性曲线。

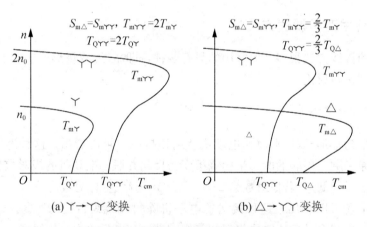

(a) Y→YY变换   (b) △→YY变换

图 4.7　变极调速时的机械特性曲线

恒转矩调速适用于恒转矩负载。例如机床的移动工作台、电梯、起重机等。

2. 三角形-双星形连接

图 4.8 所示为△-YY双速电动机绕组连接图。可以看出，这种连接方法是将原来顺向串联的两个半相绕组变为反向并联。△形接法时的极对数为YY形接法时的两倍。

从图 4.8 中还可以看出，这种接法的电动机只需将每相绕组首端①、③、⑤和中间抽头②、④、⑥引到接线盒即可，因此接线较简单。

△-YY变换时，电动机的功率与转矩之间有以下所示关系（推导过程略）。

$$P_{YY} \approx 1.15P_\triangle \quad \text{和} \quad T_{YY} \approx 0.577T_\triangle$$

可见，△-YY变换的双速电动机在变极的前后（调速前后），电动机的输出功率基本不变（只增加15%），高速时的转矩将减小。这种调速前后（速度不同时）输出功率不变的方

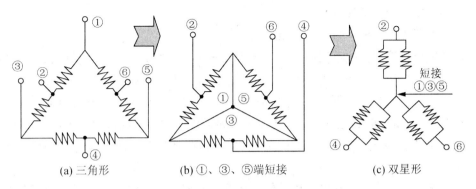

| (a) 三角形 | (b) ①、③、⑤端短接 | (c) 双星形 |

图 4.8　三角形-双星形双速电动机绕组连接图

法称为恒功率调速，恒功率调速适用于功率矩负载。

图 4.7(b)所示为△-丫丫变换时的机械特性曲线。

变极调速无需专门的调速设备，调速系统结构简单、体积小、重量轻；但电动机绕组引出头较多，调速级数少（最多四速），平滑性差，不能实现无级调速。常用于调速要求不高的场合。

4.2.3　变极调速控制

双速电动机的控制电路比较多，归纳起来主要有两类，即手动切换电路和自动切换电路两种，下面分别进行讨论。

1. 手动切换电路

所谓手动切换是指高、低速转换时采用手动控制。图 4.9 所示为△-丫丫变换的双速电动机手动控制电路原理图，电路既有按钮互锁，也有接触器互锁。

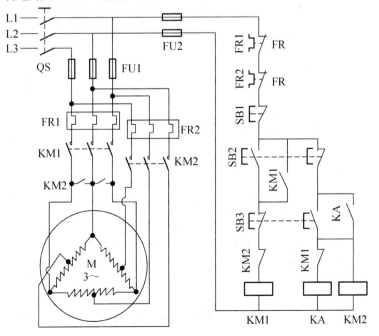

图 4.9　△-丫丫变换的双速电动机手动控制电路

电路的控制原理分析如下所示。

（1）合上开关 QS→电路引入三相电源；

（2）低速启动控制：按下低速启动按钮 SB2→接触器线圈 KM1 通电并自锁→KM1 主触头闭合，电动机接通三相电源→电动机在△形接法下低速启动并运行。

（3）高速启动控制：按下高速按钮 SB3→SB3 的常开触头闭合→中间继电器 KA 线圈和接触器 KM2 线圈同时通电→中间继电器 KA 常开触头闭合构成自锁→接触器 KM2 常开辅助触头将电动机接成丫丫，KM2 主触头将电动机高速端与电源接通→电动机在丫丫接法下高速启动并运行。

（4）低速转高速控制：在电动机处低速运行状态时，按下高速按钮 SB3→SB3 的常闭触头断开→接触器 KM1 线圈断电，KM1 主触头使电动机低速端与电源断开。同时 SB3 的常开触头闭合→中间继电器 KA 线圈和接触器 KM2 线圈同时通电→中间继电器 KA 常开触头闭合构成自锁→接触器 KM2 常开辅助触头将电动机接成丫丫，KM2 主触头将电动机高速端与电源接通→电动机在丫丫接法下高速运行。

（5）FR1、FR2 分别作电动机△运行和丫丫运行的过载保护。

该电路高速直接启动时，启动电流很大（远大于低速直接启动时的电流），可能引起对电网的冲击。

2. 自动切换电路

所谓自动切换是指高速运行时先低速启动，然后自动切换到高速运行挡。图 4.10 所示为△-丫丫变换的双速电动机自动切换电路原理图。

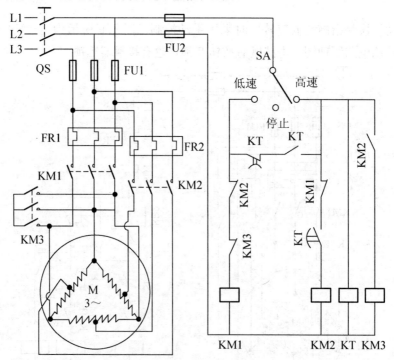

图 4.10　△-丫丫变换的双速电动机自动控制电路

图 4.10 中转换开关 SA 起控制作用，它有 3 个挡位，分别为低速、停止、高速。具体的控制原理分析如下所示。

（1）当 SA 置中间"停止"位置时：控制电路中所有接触器和时间继电器都不接通，控制电路不起作用，电动机处于停止状态；

（2）当 SA 置"低速"位置时：接通 KM1 线圈→KM1 主触头闭合→电动机定子绕组在三角形接法下启动并运行；

（3）．当 SA 置"高速"位置时：时间继电器 KT 得电→KT 的瞬时触头闭合→KM1 线圈通电→KM1 主触头接通电源，M 低速启动；当 KT 延时结束，延时触头动作→KM1 线圈失电，同时 KM2、KM3 得电→电动机 M 高速运行。

高速运行时先低速启动，经时间继电器延时后，电动机转入高速运行，这样可以避免高速直接启动引起过大电流冲击的问题。

 知识链接 4－2

三速异步电动机与控制

三速鼠笼式异步电动机的定子槽安装有两套绕组，一套为双速绕组，另一套则为单速绕组。工作时通过选择不同的绕组实现不同的速度。

图 4.11 所示为三速笼式异步电动机的定子绕组及连接示意图。从图 4.11(a) 中可以看出，电动机定子有两套绕组，其中单速绕组为中速绕组，已接成星形；双速绕组已接成开口三角形，为高、低速绕组；中速时为丫形接法，高速时为丫丫形接法。

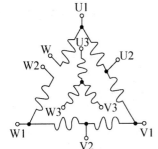
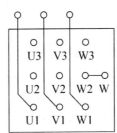
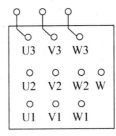
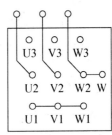

(a) 三速定子绕组　　(b) 低速（△形连接）　(c) 中速（丫形连接）　(d) 高速（丫丫形连接）

图 4.11　三速步电动机定子绕组及连接(连线盒)示意图

图 4.11 (b)、(c)、(d) 分别为低、中、高速时，接线盒中接线端子的连接示意图。

图 4.12 为三速鼠笼式异步电动机控制线路，图中 SB1、SB2、SB3 分别是低速、中速、高速按钮；KM1、KM2、KM3 分别为低速、中速及高速接触器，用以接通电源和完成定子绕组的三角形、星形和双星形连接。

线路的工作原理：按下任何一个启动控制按钮(SB1、SB2、SB3)，对应的接触器线圈得电，其自锁和互锁触头动作，完成对本线圈的自锁和对另外接触器线圈的互锁，主电路对应的主触头闭合，实现电动机定子绕组对应的连接和接通电源，使电动机工作在选定的转速下。

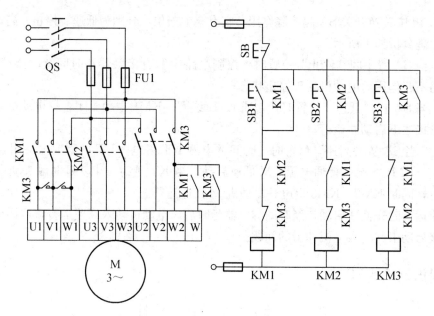

图 4.12　三速电动机控制电路

显然，该电路从任何一种速度要转换到另一种速度时，必须先按下停止按钮。电路中，3 个接触器之间的电气互锁是为了防止任意两个接触器同时闭合时可能出现的意外事故。

实践项目 10　双速电动机控制电路的安装

通过以下实践，进一步了解双速电动机绕组的结构、特点和绕组的连接方法，掌握双速电动机控制电路的安装及注意事项。

知识要求	掌握双速电动机绕组的结构特点，连接方法和使用时注意的问题
能力要求	会正确使用工具完成△-丫丫电路的安装，会排除电路的故障等

实践电路如图 4.10 所示，该电路用万能转换开关 SA 控制。高速运行时，先经低速启动，经时间继电器延时后转入高速运行。

按以下所示步骤进行操作。

（1）检查控制所需电器，检查无误后将所需电器原件和接线端子排固定在实验室提供的控制板上。按图 4.10 所示电路完成电路的连接。

（2）通电试车时请按以下步骤进行：

① 低速运行操作：将 SA 拨到低速挡→电动机低速运行。

② 高速运行操作：将 SA 拨到高速挡→KT 得电，其瞬动触头动作接通 KM1 线圈→KM1 主触头闭合，电动机低速启动→经时间继电器延时结束后，延时触头动作→切断 KM1 线圈，接通 KM2 线圈和 KM3 线圈，KM2 和 KM3 主触头动作→电动机转入丫丫接法高速运行。

（3）实践时要密切注意电动机的工作情况。如发现异常，应立刻停车检查。

考考您!

1. 什么是变极调速? 变极调速的原理是什么? 普通鼠笼式异步电动机能否进行变极调速? 什么样的电动机适合用变极调速? 为什么?

2. 常用的双速电动机变极调速电路有哪两种? 它们各有什么特点?

3. 三速电动机与双速电动机在结构上有什么区别? 在图 4.11 所示电路中, 为什么双速绕组要接成开口三角形?

4. 结合图 4.11 所示的三速电动机绕组及接线盒连接示意图, 画出图 4.11(b)、(c)、(d)对应的绕组连接图。

5. 变极调速时, 为什么主电路设计时要注意相序问题?

6. 设计一个△-丫丫变极调速双速电动机, 低速和高速分别用按钮操作, 但高速运行时先需经一定时间低速启动后才能转入高速运行。

4.3　三相异步电动机的电磁调速与控制

电磁调速异步电动机又称滑差电机, 它利用电磁滑差离合器对电动机进行间接调速。滑差电机具有调速范围广、启动转矩大、控制功率小、能实现无级调速等优点。滑差电动机在纺织、冶金、造纸、水泥、化工、印染等多种行业都有较广的应用, 特别适合印刷机、风机、水泵等负载。

4.3.1　电磁调速异步电动机的结构

电磁调速异步电动机(俗称滑差电机)是由普通鼠笼式异步电动机、电磁滑差离合器两部分组成。图 4.13(a)和图 4.13(b)分别是滑差电动机外形和结构示意图。

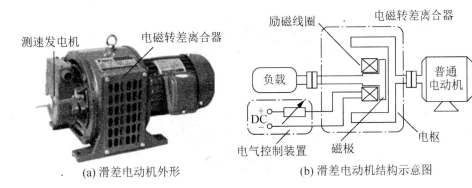

(a) 滑差电动机外形　　　　　(b) 滑差电动机结构示意图

图 4.13　滑差电动机外形及结构示意图

滑差电动机的关键部件是电磁滑差离合器, 它包括电枢、磁极两部分组成。电枢为铸钢制成的圆筒形结构, 它与鼠笼式异步电动机的转轴相连接, 俗称主动部分; 磁极做成爪形结构, 装在负载轴上, 俗称从动部分。主动部分和从动部分在机械上无任何联系。

在滑差电动机中, 电磁滑差离合器是关键的调速部件, 可分为有刷和无刷两大类。图 4.14 所示为无刷电磁滑差离合器内部结构示意图。主动轴与离合器电枢相连, 电枢为

铸钢制成的圆筒形结构。磁极为爪形结构，安装在从动轴上，当励磁线圈通过电流时产生磁场，爪形结构便形成多对磁极。

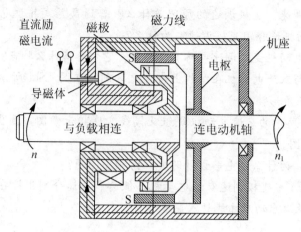

图4.14　电磁转差离合器结构示意图

4.3.2　电磁调速异步电动机的工作原理

图4.15所示为电磁滑差离合器调速原理示意图。普通电机作为原动机，当它旋转时带动离合器的电枢一起旋转(n_1)，电气控制装置向滑差离合器励磁线圈提供励磁电流(或电压)。圆筒形电枢可以看成是有无数排列紧密的导体组成的鼠笼，当励磁线圈通过电流时产生磁场，此时电枢便切割磁场产生电流(涡流)，涡流受到磁场力(F_1)的作用并产生电枢转矩，根据作用力与反作用力的原理，此刻在磁极上必定存在与电枢受力方向相反磁场力(F_2)和电磁力矩，于是从动部分的磁极便跟着主动部分电枢一起旋转(n)，旋转方向与拖动电动机相同。

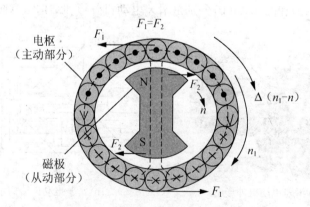

图4.15　电磁转差离合器调速原理图

电磁滑差离合器磁极的转速要低于电枢转速，因为只有当电枢与磁场存在着相对运动(n_1-n)时，电枢才能切割磁场。

磁极随电枢旋转的原理与普通异步电动机转子跟随旋转磁场旋转的原理相同。不同的是，异步电动机的旋转磁场由定子绕组产生，而电磁滑差离合器的磁场则由励磁线圈中的直流电流产生，当电枢旋转时才起到旋转磁场的作用。

通过改变电磁滑差离合器励磁电流的大小，就可以改变磁场和电磁转矩的强弱。励磁电流越大转速越高，反之则越低，从而实现生产机械的转速调节。当励磁线圈不通入电流时，离合器脱开与电动机的联系，磁极便停止旋转。

图 4.16 所示为不同励磁电流下的机械特性曲线。从图上可以看出，电磁转差离合器本身的机械特性很软，因此，工业使用中常常加上速度反馈，构成闭环调速系统，以提高速度稳定性。

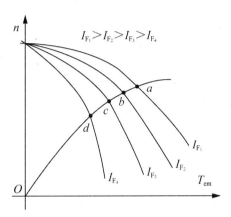

图 4.16 不同励磁电流下的机械特性曲线

图 4.17 所示为变压器控制的滑差电动机调速电路，电路的工作原理读者自行分析。这种控制线路结构简单，价格低廉、便于维护，所以仍有实用意义。

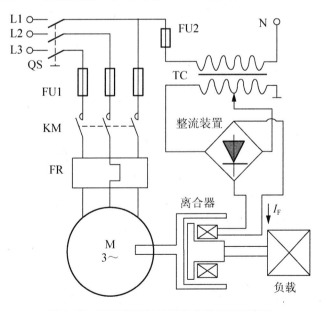

图 4.17 变压器控制的滑差电动机调速电路

电磁滑差离合器调速的主要优点是控制简单，运行可靠，可实现无级调速。特别是采用转速负反馈控制后，调速范围可达 10：1，调速性能得到明显提升。主要缺点是低速时损耗大，效率低，不适合用于长期低速运行的电动机。

知识链接 4-3

滑差电动机的反馈控制简介

滑差电动机具有较软的机械特性,这种"软"特性在许多情况下,不能满足生产机械的要求。为了获得范围较广,平滑而稳定的调速特性,通常采用速度负反馈来提高机械特性的硬度。

1. 滑差电动机的速度负反馈简介

为提高滑差电动机的机械特性,在它的一端通常安装有测速发电机,其作用就是方便用户对电动机进行反馈控制。

图 4.18 所示是带有速度负反馈的滑差电动机控制原理框图。

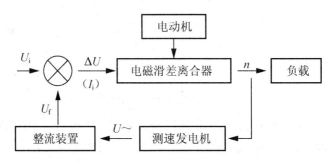

图 4.18 速度负反馈电磁调整异步电动机原理框图

利用测速发电机把离合器的输出速度 n 换成交流电压 $U\sim$,再经整流器变成直流电压 U_f。将 U_f 送入比较元件并与给定直流励磁电压 U_i 进行比较,得出电压差 $\Delta(U_i-U_f)$。输入离合器的励磁电流 I_i 不是正比于励磁电压 U_i,而是正比于电压 ΔU。由于 $U\sim$(或 U_f)的大小与转速 n 有关,n 增大,U_f 也变大,ΔU 将变小,反之亦然。因此,在给定直流励磁电压 U_i 不变情况下,输入的励磁电流 I_i 的大小与转速 n 有关,即随着 n 的下降或上升,励磁电流 I_i 将自动增加或减小,从而使滑差离合器的速度基本维持不变。

显然,给定的励磁电压 U_i 愈高,则转速 n 愈高;反之则转速愈低。

图 4.19 所示为速度负反馈时滑差离合器的特性曲线。

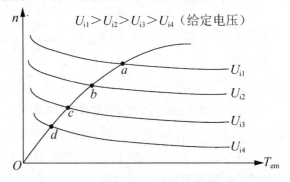

图 4.19 速度负反馈滑差离合器特性曲线

可以看出，由于负反馈的作用，提高了电磁离合器机械特性的硬度。这时调速的参数不再是电流 I_i 而是电压 U_i。

2. 滑差电动机速度负反馈控制电路介绍

图 4.20 所示为滑差电动机速度负反馈电气调速控制电路。

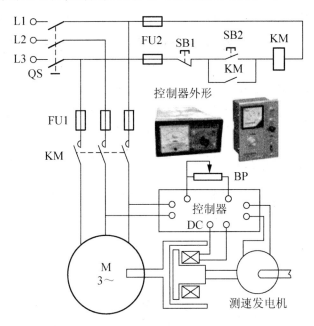

图 4.20　滑差电动机速度负反馈电气调速控制电路

图中控制器是一种专门用于滑差电动机转速负反馈控制的调速用控制器。通过控制器面板上的旋钮，可以方便地实现电动机在较宽范围内的手动无级调速。

图中控制器的作用是将交流电变换成可调的直流电（整流），作为转差离合器 DC 的直流电源，同时将测速发电机检测到的电压信号进行处理并产生控制电压。

该控制线路的工作原理：闭合 QS 并按启动按钮 SB2，接触器 KM 通电并自锁。KM 的主触头闭合，电动机通电启动，同时也接通控制器电源，并输出直流电流使电磁转差离合器爪形磁极的励磁线圈获得励磁电流。此时爪形磁极随电动机和离合器电枢同向转动。调节电位器 RP，可改变转差离合器磁极（从动部分）的转速，从而可调节拖动负载的转速。

图 4.20 中由测速发电机检测电动机的速度信号并反馈给控制器，用来调整和稳定电动机转速。

需停止时，只要按停止按钮 SB1，接触器 KM 断电释放，电动机 M 和电磁离合器 DC 同时断电停止。

考考您！

1. 电磁滑差离合器调速是什么意思？是不是普通的三相异步电动机都可以进行电磁调速？为什么？

2. 为什么说滑差电动机的调速是一种间接的调速方法？电磁滑差离合器的结构如何？其工作原理又如何？

3. 为什么滑差电动机一般安装有测速发电机？不按转速负反馈控制的滑差电动机的特性曲线有什么特点？增加转速负反馈后的特性曲线又有什么特点？

4. 滑差电动机的转速如何调节？如何才能改变负载（生产机械）的旋转方向？

4.4　三相异步电动机的变频调速与控制

变频调速器具有平滑好、范围宽、效率高、结构简单、机械特性硬、保护功能齐全、运行平稳安全和节能等特点，是理想的调速方式。异步电动机的变频调速对环保节能也有重要意义。这种调速方法体现了今后异步电动机调速的发展方向。

4.4.1　变频调速的原理

异步电动机的变频调速就是利用电动机的同步转速随电源频率变化的特点，通过改变电动机供电电源的频率进行电动机转速调节的方法。三相异步电动机的转速与频率之间存在以下关系。

$$n = n_0(1-s) = \frac{60f}{p}(1-s)$$

上式表明，当电源频率上升时，电动机的转速也将升高。

异步电动机在进行变频调速时，希望异步电动机的主磁通保持额定状态不变，主要有以下所示的几点原因。

（1）磁通小于额定状态时，铁心利用不充分，在相同的转子电流情况下，电磁转矩变小，电动机的负载能力下降。

（2）磁通大于额定状态时，磁路饱和，励磁电流迅速上升，导致电动机铁耗增加、电动机发热加剧，造成电动机效率降低和功率因数下降等。

由此可见，在改变频率调速时，还必须保持电动机的磁通量保持不变或基本保持不变。异步电动机的磁通与电压之间存在以下关系。

$$U \approx E = 4.44fK\Phi_m \quad \text{和} \quad \Phi_m = \frac{E}{4.44fK} \approx \frac{U}{4.44fK}$$

上式中，U 为定子每相电压，E 为定子每相感应电动势，K 为异步电动机的结构参数，Φ_m 为每极磁通量。

由此可见，要保持 Φ_m 恒定，就必须对 E（或 U）和 f 同时进行控制。

下面分两种情况说明。

1. 基频以下的恒磁通变频调速

电动机的额定频率称为基频。为确保电动机有足够的负载能力，在变频时应保持气隙磁通 Φ_m 不变，这就要求降低供电频率的同时，也应当成比例地降低感应电动势，即保持 E/f 为常数，这种控制方式称为恒磁通变频调速，它属于恒转矩调速方式。

由于电动势 E 难于直接检测和直接控制。当 E 和 f 的值较高时，定子的漏阻抗压降相对较小，可忽略不计，可近似认为 $U = E$，保持 $U/f =$ 常数，即为恒压频比控制方式，是近似的恒磁通控制方式。

当频率较低时，U 和 E 都变小，定子的漏阻抗压降不能忽略，此时应人为地适当提高定子电压 U，补偿定子电阻压降的影响，使气隙磁通基本保持不变。

2. 基频以上的弱磁变频调速

频率由基频向上调节时，由于电压 U 受额定值限制不能升高，只能保持不变，因此，当 f 增加时，每极磁通 Φ_m 将减小，相当于电动机弱磁调速，属于近似的恒功率调速方式。这时电动机的启动和最大转矩都将变小。

图 4.21 所示为电动机变频时的机械特性曲线。可以看出，变频时电动机的机械特性曲线为硬特性，且基本上平行。

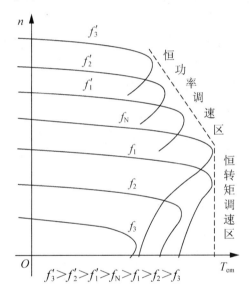

图 4.21　电动机变频时的机械特性

变频调速平滑性好、效率高、机械特性硬、调速范围广，只要控制电动机端电压随频率变化的规律，就可以获得不同的调速性能。它是目前使用最广泛的调速方法。

4.4.2　变频器基本结构介绍

20 世纪 80 年代后期，国外变频器开始进入中国大陆，成为中国变频器行业的开端。经过 20 余年的推广和使用，变频器优良的性能已经得到用户肯定。目前国内市场变频器品牌达 140 多个。其中国外品牌占 40% 左右。

变频器种类繁多，但结构和原理基本相同。变频方式有两类，即交-直-交变频器和交-交变频器。目前中小型变频器主要采用的是交-直-交变频方法。

图 4.22 所示为常见变频器的外形图。

图 4.23 所示是通用交-直-交变频器内部结构图。它主要有整流电路、滤波电路、逆

图 4.22　常见变频器外形

变电路和控制电路 4 部分组成。

（1）整流电路。整流电路的作用是把交流电转换成直流电。整流电路一般采用单独的整流模块。

（2）滤波电路。滤波电路在整流电路之后。整流后的直流电压含有较大脉动成分。为了抑制电压波动，往往采用电感和电容平波电路来吸收脉冲电压或电流。

（3）逆变电路。逆变电路同整流电路的作用相反，是将直流电变换为所需频率的三相交流电，并从输出端 U、V、W 输出。

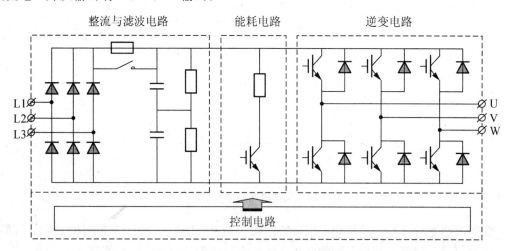

图 4.23　交-直-交变频器结构框图

（4）控制电路。采用 16 位、32 位单片机或 DSP 为控制核心，实现变频率器的数字化控制。

4.4.3　变频器的基本使用介绍

不同变频器的使用方法基本相同。下面以艾默生网络能源有限公司生产的 TD1000 系列通用变频器为例进行说明。

图 4.24 所示为 TD1000 系列通用变频器的操作面板示意图。通过操作面板可以实现对变频器的运行控制，此外，还能进行功能参数设定、状态监控等。

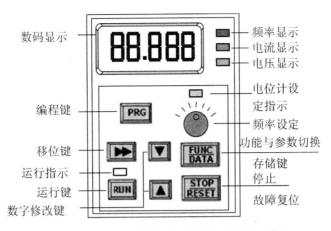

图 4.24　TD1000 系列通用变频器操作面板示意图

键盘各功能键的作用见表 4-1。

表 4-1　TD1000 系列通用变频器操作面板功能表

键　符	名　称	功　能
PRG	编程键	停机状态、编程状态和运行状态的切换
FUNC/DATA	功能/数据	选择数据监视模式和数据写入确认
UP(↑)	递增键	数据或功能码的递增
DOWN(↓)	递减键	数据或功能码的递减
SHIFT	移位键	在运行状态下可选择显示参数在设定数据时可以选择设定数据的修改位
RUN	运行键	在面板操作方式下，用于运行操作
STOP/RESET	停止/复位	运行状态时按此键可用于停止操作，结束故障报警状态

通用变频器的标准控制方式有 3 种，即操作面板控制方式、控制端控制方式和上位机控制方式。

（1）操作面板控制方式。就是用变频器操作面板上自带的功能键进行控制操作的方式。直接使用操作面板控制时，只需进行主电路配线即可。配线步骤如下所示。

① 取下端子盖板；②将电源线接到主回路输入端子 R、S、T 上；③将负载电机线连到变频器输出端子 U、V、W 上；④将 PE 点安全接地；⑤将取下的端子盖板重新安装好。

图 4.25 所示为操作面板直接控制时的标准配线图，图中○为主回路接线端子，⊙为控制电路接线端子。

例如，当需要电动机运行在 10Hz 时，可进行以下所示的操作。

完成配线并确认无误后上电→①按 PRG 键进入编辑状态→②分别定义如下参数，置 F02＝0(选择面板操作模式)，置 F01＝10.00Hz（初始运行频率设定）→③按 PRG 键回到停机状态→④按 RUN 键运行→⑤运行中按 UP(↑)键或 DOWN(↓)键修改运行频率→⑥用 STOP 键减速停止。修改 F03 内容可改变电动机旋转方向。

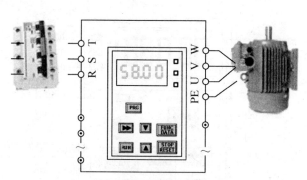

图 4.25　操作面板直接控制时的电路

（2）控制端控制方式。就是通过变频器的外部端子（X1～X5、FWD、REV、VREF等）完成对变频器控制的方式，这是变频器使用最普遍的方式。

图 4.26 所示为 TD1000 系列通用变频器使用外部端子控制时的基本配线图。在实际的配线中，可根据控制需要有选择地使用外部端子。

例如，需要用面板设定、修改频率，用控制端子完成启动/停止，正/反转操作时电路配线如图 4.26 实线所示（虚线部分不接）。

具体的操作步骤：完成配线并确认无误后上电→①按 PRG 键进入编辑状态→②分别定义如下参数，置 F00＝0（由操作面板设定频率），置 F01＝10.00Hz（初始运行频率设定），置 F02＝1（运行命令由控制端子 FWD、REV COM/GND 控制）→③按 PRG 键回到停机状态→④按 SB1 按钮控制电动机正转运行（或按 SB2 按钮控制电动机反转运行）→⑤运行中按 UP（↑）键或 DOWN（↓）键修改运行频率→⑥按 STOP 键减速停止。

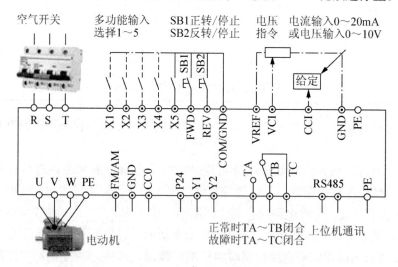

图 4.26　TD1000 系列通用变频器基本配线

（3）上位机控制方式。所谓上位机控制方式是指通过 RS485 接口，接收上位机的控制信号进行控制的方式。若上位机为 RS232 接口时，则需使用 RS485/RS232 接口协议转换器。

变频器在完成连接后还需要根据具体要求进行功能预置。因此，需要了解变频器的功能代码。

表 4-2 所示为 TD1000 系列通用变频器部分功能代码的意义。

表 4 - 2　TD1000 系列通用变频器部分功能代码的意义

功能代码	名　称	功能参数说明
F000	运行频率设定方式选择	0：F001 设定，修改（按↑与↓键）后在 Poff 时存储； 1：数字设定"2"，按↑与↓键修改，但 STOP 后再运行时为零频； 2：模拟电压端子设定； 3：模拟电流/电压端子设定； 4：位计算机串行通讯设定； 5：F001 设定修改用与键后在 Poff 时不存储； 6：初始为零频按 UP/DOWN 键修改但 STOP 后再运行保持 STOP 前的设定频率； 7：操作面板频率设定电位计设定； 8：VCI＋CCI 设定； 9：VCI－CCI 设定； 10. CI＋(CCI－5V/10mA)
F001	运行频率数字设定	设定范围：下限频率～上限频率(在 F00＝0，4，5 时有效)
F002	操作模式选择	0：操作面板控制模式； 1：外部端子控制模式； 2：上位机控制模式
F003	面板 RUN 运转方向设定	0：正转； 1：反转
F004	最大输出频率	MAX{50.00Hz～上限频率}～400.0Hz
F005	STOP 键功能选择	0：STOP 键在端子和上位机控制时无效； 1：STOP 键在 3 种控制方式时都有效
F006	AVR 功能选择	0：无 AVR 功能； 1：有 AVR 功
F007	V/F 曲线控制模式	0：线性电压/频率； 1：平方电压/频率

TD1000 系列通用变频器功能代码多达百余个，功能极其丰富。在使用前必须对功能代码有清楚了解。

不同的变频器的功能预制各不相同，但基本方法和步骤是十分类似的，大致的基本步骤：①按 PRG 键进入编辑状态→②调出需要预制功能码→③修改该功能码中原有数据→④转入运行状态。

4.4.4　变频器的主要技术指标

艾默生网络能源有限公司生产的 TD1000 系列变频器主要指标见表 4 - 3。

表 4 - 3　TD1000 系列通用变频器主要技术指标

项　目		主要技术指标
输入	额定电压/频率	三相 380V/400V，50Hz/60Hz； 三相 220V/230V，50Hz/60Hz； 单相：220V/230V，50Hz/60Hz
	变动容许值	电压±20%，电压失衡率<3%，频率±5%

续表

项 目		主要技术指标
输出	额定电压	三相：0～380V/400V/220V/230V
	频率	0～400Hz
	过载能力	G 型：150%额定电流 1 分钟，180%额定电流 1 秒； P 型：120%额定电流 1 分钟，150%额定电流 1 秒
主要控制功能	调制方式	优化空间电压矢量 PWM 调制
	控制方式	V/F 控制
	频率精度	数字设定：最高频率×(±0.01%)； 模拟设定：最高频率×(±0.2%)
	频率分辨率	数字设定：0.01Hz； 模拟设定：最高频率×0.1%
	启动频率	0.1～60Hz
	转矩提升	手动转矩提升范围 0 ～30.0%
	V/F 曲线	任意设定 V/F 曲线
	加减速曲线	直线，两种加减速时间可选
	制动	直流制动、能耗制动
	点动	点动频率范围 0.1～60Hz，点动加减速时间可设
	多段速运行	外接端子控制多段速运行
	内置 PID	可方便地构成简易自动控制系统
	自动电压调整 （AVR）	当电网电压变化时，能自动适当地改变基本频率，保证电机的负载能力
运行功能	运转命令给定	面板给定、接端子给定、通过 485 口由上位机给定
	频率设定	数字设定、模拟电压设定、模拟电流设定、上位机串行通讯设定、面板 电位计给定、模拟电压和模拟电流算术设定
	输入信号	正、反转指令，点动选择，多段速度控，制自由停车，EMS(异常停止)
	输出信号	故障报警输出（AC 250V/2A 触头）、开路集电极输出
显示	四位数码显示	设定频率、输出频率、输出电压、输出电流、无单位显示等
	外接仪表显示	输出频率、输出电流显示
保护功能		过流保护、过压保护、欠压保护、过热保护、过载保护等
任选件		制动电阻、输入输出电抗器、远程（键盘）电缆、通信总线适配器、键 盘安装座等
使用环境		使用场合：室内不受阳光直射、无尘埃腐蚀性气体可燃性气体、油 雾、水蒸汽等，海拔高度低于 1000m，环境温度−10°～+40°，湿度小 于 90%RH，无结露；振动小于 5.9m/s2(0.6G)；强制风冷；壁挂式或 柜内安装

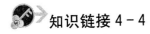

脉宽调制技术简介

变频器的关键技术是如何把整流后得到的直流电转换为频率和电压均可调的正弦交流电。脉宽调制理论很好地解决了上述问题。脉冲宽度调制（Pulse Width Modulation，PWM），简称脉宽调制。

1. 逆变的基本原理

迄今为止，在中小型变频器中应用最为广泛的是"交-直-交"电压型变频器，它的基本结构如图 4.23 所示。它的工作过程可分为两个基本过程，即整流和逆变。整流技术早已解决，并已为大家熟悉，那么逆变是如何实现的呢？

图 4.27(a)所示是一个单相逆变电路。图中 4 个开关(K1～K2)接成桥型电路，两端施加直流电压(输入电压 U_i)，当 4 个开关(K1～K2)交替工作时，负载上可得到交变的交流电压(输出电压 U_o)。

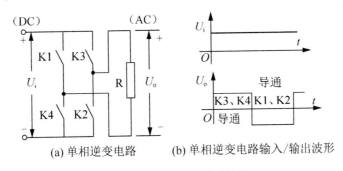

(a) 单相逆变电路   (b) 单相逆变电路输入/输出波形

图 4.27 单相逆变电路及波形

图 4.27 (b)所示为单相逆变电路的输入/输出波形。

只要 4 个开关元件不断交替工作，那么在负载上就可得到持续的交变的电压。上述电路的原理就是把直流电"逆变"成交流电的工作过程。

图 4.28(a)所示是一个三相逆变电路，其工作原理与单相逆变电路相同，当它的 6 个开关的按如下规律顺序通断(第一个 T/6：K1、K6、K5 导通，K4、K3、K2 截止；第二个 T/6：K1、K6、K2 导通，K4、K3、K5 截止；第三个 T/6：K1、K3、K2 导通，K4、K6、K5 截止；第四个 T/6：K4、K3、K2 导通，K1、K6、K5 截止；第五个 T/6：K4、K3、K5 导通，K1、K6、K2 截止；第六个 T/6：K4、K6、K5 导通，K1、K3、K2 截止)时，在输出端可得到图 4.28 (b)所示的三相交变电压波形。

从以上分析可知，所谓"逆变"就是利用开关器件交替导通和关断来实现从直流到交流的转变。

在逆变电路中，开关元件起到了十分重要的作用。这种开关必须具备以下三方面的条件，即①能承受足够大的电压和电流；②允许长时间频繁接通和断开；③接通和断开的控制必须十分方便。

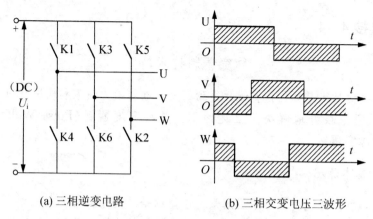

(a) 三相逆变电路　　　　　　　　(b) 三相交变电压三波形

图 4.28　三相逆变电路及波形

2. 脉宽调制的概念

采样控制理论中有一个重要结论，即冲量相等而形状不同的窄脉冲加在具有惯性的环节上时，其效果基本相同。这里的冲量是指窄脉冲的面积；效果基本相同，是指环节的输出响应波形基本相同。

将图 4.29 所示的面积相同、形状不同的窄脉冲电压施加在一阶惯性环节（RL 电路）上，如图 4.30(a) 所示。其输出电流 $i(t)$ 对不同窄脉冲时的响应波形如图 4.28(b) 所示。

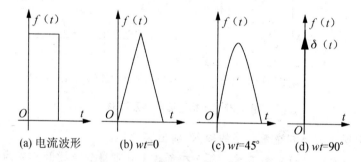

(a) 电流波形　　　(b) $wt=0$　　　(c) $wt=45°$　　　(d) $wt=90°$

图 4.29　不同形状的脉冲电压波形

从波形可以看出，在不同冲量电压的作用下，$i(t)$ 电流波形仅上升阶段略有不同，下降段则几乎完全相同。进一步的分析发现，脉冲越窄，各 $i(t)$ 响应波形的差异也越小。如果周期性地施加脉冲，则响应 $i(t)$ 也是周期性的。

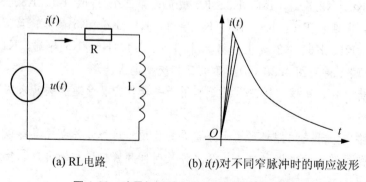

(a) RL电路　　　　　　　(b) $i(t)$对不同窄脉冲时的响应波形

图 4.30　冲量相同的各种窄脉冲的响应波形

PWM 控制技术就是以冲量理论为基础，对半导体开关器件的导通和关断进行控制，使输出端得到一系列幅值相等而宽度不相等的脉冲，用这些脉冲来代替正弦波或其他所需要的波形。并按一定的规则对各脉冲的宽度进行调制，这样，既可改变逆变电路输出电压的大小，也可改变输出频率的高低。

图 4.31 所示为与正弦波（半波）电压等效的 PWM 波形——SPWM 电压波形。

图 4.31 (a) 中的正弦半波电压可以看成是由 n 个宽度相等、幅值不等，相互连续的脉冲序列构成。

用 n 个等幅，不等宽，面积相等的矩形电压脉冲替代正弦波，如图 4.31 (b) 所示。根据冲量理论可知，只要 n 的数量足够多，那么当这些脉冲作用在惯性的环节上时，其作用的与正弦波是基本相同的。

要改变等效输出正弦波幅值，即改变输出电压的大小，按同一比例改变各脉冲宽度即可实现；若想改变等效输出正弦波频率，只需改变 SPWM 波形的频率即可。

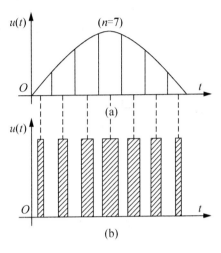

图 4.31　SPWM 波形

电动机是一个电感性负载，其等效电路为惯性环节。因此，当用 SPWM 波形替代正弦电压时，在电动机中引起的电流基本相同，从而使电动机的工作状态也基本相同。

图 4.32 所示两种等效正弦交流电压的 SPWM 波形。在实际使用中，图 4.32(b) 的使用更加广泛。

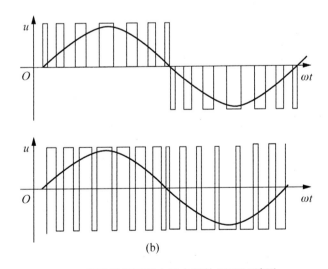

图 4.32　两种等效正弦交流电压的 SPWM 波形

PWM 控制的基本原理很早就已经提出，但是受电力电子器件发展水平的制约，在 20 世纪 80 年代以前一直未能实现。直到进入 20 世纪 80 年代，随着全控型电力电子器件的出现和迅速发展，PWM 控制技术才真正得到应用。

考考您！

1. 三相异步电动机变频调速的原理是什么？变频调速有什么特点？

2. 通常采用的即交-直-交变频器内部由哪些模块组成？各模块的作用是什么？

3. 上网查一查，国内较著名的变频器厂家主要有哪些？

4. 什么叫整流？什么叫逆变？

5. 脉宽调制是什么意思？为什么脉宽调制技术为变频器制造奠定了理论基础？

第5章

单相异步电动机基本知识及应用

知识目标	了解单相异步电动机的结构、制作材料和工作原理；了解单相异步电动机的应用场合、控制方法和使用注意事项
能力目标	会能读懂单相异步电动机铭牌参数的意义，会安装单相异步电动机的控制电路，会根据电路的故障原因分析并排除电路故障

▶ 本章导语

　　单相异步电动机是用 220V 单相交流电源供电的一种小容量交流电动机，容量一般为几瓦到几百瓦。单相异步电动机具有结构简单、成本低廉、运行可靠、噪音小、维修方便等优点，所以在小功能的电器产品中得到广泛应用。

5.1 单相异步电动机的结构与工作原理

单相异步电动机具有"小电器之王"之称,容量一般多在 0.75kW 以下。在家用电器、办公设备、医疗机械、粮食加工机械、小型灌溉设备等领域主要使用单相异步电动机。图 5.1 所示是单相异步电动机的几个应用实例。

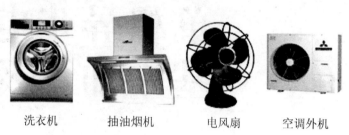

洗衣机　　　　抽油烟机　　　　电风扇　　　　空调外机

图 5.1 单相异步电动机在家用电器中的应用实例

5.1.1 单相异步电动机的基本结构

单相异步电动机种类繁多、结构各异,但它的基本结构与三相异步电动机相同,都是由机座、定子和转子三大部分组成。下面分别对单相异步电动机的定子、转子、机座等作简单介绍。

(1)机座。机座形式多样,因电动机的冷却方式、防护形式、安装方式和用途而异。机座一般采用铸铁、铸铝或钢板等材料制成。

铸铁机座一般带有散热筋,铸铝机座一般不带散热筋,钢板机座一般由厚度为 1.5~2.5mm 薄钢板卷制、焊接而成。

(2)定子。定子用于产生磁场,它由铁心和绕组构成。定子的结构与三相异步电动机定子结构相似;不同之处在于单相异步电动机定子绕组只有两相,分别称为主绕组(工作绕组)和副绕组(启动绕组),绕组一般采用高强度漆包线绕制而成。

(3)转子。转子用于产生电磁转矩。它的结构与三相异步电动机的转子相同,一般采用鼠笼式,常用铝压铸而成。

单相异步电动机的铭牌参数有:电动机型号、额定电压、额定功率、额定电流、额定转速以及绝缘等级等。主要技术参数的意义与三相异步电动机相同或相似。

单相异步电动机与同容量的三相异步电动机相比,它的体积较大,运行性能也不及三相异步电动机,因此一般只制成小容量电动机。

图 5.2 所示为电容启动式单相异步电动机和罩极式单相异步电动机外形图。

电容式异步电动机　　　　罩极式异步电动机

图 5.2 普通单相异步电动机外形

5.1.2　单相异步电动机的磁场与原理

三相异步电动机之所以能旋转是因为在定、转子间的气隙中有旋转磁场存在。旋转磁场不断切割转子绕组，进而在转子绕组中产生感应电流，此电流又受到磁场的作用而产生磁场力，并在磁场力的作用下使电动机旋转。

 那么单相异步电动机为什么会旋转呢？

单相异步电动机之所以能转动也是因为气隙中存在有旋转磁场。那么单相异步电动机的旋转磁场是如何产生的呢？要弄清这个问题，还必须搞清楚单相异步电动机定子绕组的特点。

单相异步电动机定子上安装有两相绕组，它们在空间位置上彼此相差 90°电角度。这两相绕组分别称为主绕组（工作绕组）和副绕组（启动绕组）。

图 5.3 所示是单相异步电动机模型，其中电动机转子为鼠笼式转子。

图中的两相绕组分别是 A(A-X)相和 B(B-Y)相，这两相绕组在空间位置上彼此相差 90°。

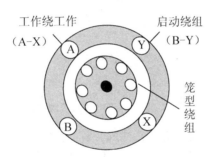

图 5.3　两相定子绕组安装图

1. 定子绕组通入单相电流时的磁场

若在图 5.3 所示的单相异步电动机模型的两相绕组中通入单相电流，该电流将在气隙中产生脉振磁场。脉振磁场产生的过程如图 5.4 所示。

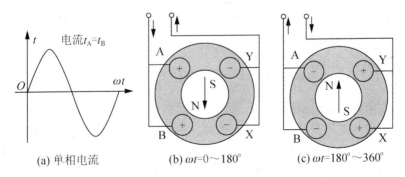

图 5.4　两相绕组中通入单相电流时产生的磁场

这个脉振磁场的振幅和位置在空间固定不变，大小则随时间做正弦规律变化。该磁场虽然也在变化，但它并不切割转子绕组，因此无法产生电磁转矩。

进一步的分析表明，此交变的脉振磁场可分解成两个转向相反、速度相同的旋转磁场。鼠笼式转子在旋转磁场作用下产生电磁转矩在三相异步电动机中已经分析过，并且得出了相应的机械特性。

因此，单相异步电动机的电磁转矩是两个旋转磁场产生的电磁转矩的合成。当电动机旋转工作时，正、反向旋转磁场产生的电磁转矩分别为 T_z 和 T_f，正反向旋转磁场产生的机械特性曲线与三相异步电动机正反向机械特性相似。

在图 5.5 所示的单相异步电动机机械特性曲线中，曲线 1 为正向旋转磁场对应的特性曲线。曲线 2 为反向旋转磁场对应的特性曲线。曲线 3 则是单相异步电动机运转时的机械特性，它实际上是曲线 1 和曲线 2 的合成。

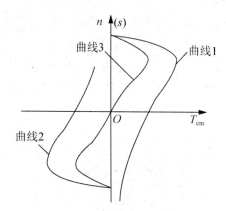

图 5.5　单相异步电动机机械特性

图 5.5 所示的单相异步电动机机械特性(曲线 3)有以下特点。

（1）当转速 $n=0$ 时，电磁转矩 $T_Q=0$，此时没有启动转矩，电动机不能够启动，即"不推不转"。

（2）当转速 $n>0$ 时，电磁转矩 $T_{em}>0$，此时机械特性在第一象限，电动机正转后，电磁转矩使电动机继续正转运行，即"正推正转"。

（3）当转速 $n<0$ 时，电磁转矩 $T_{em}<0$，此时机械特性在第三象限，电动机反转后，电磁转矩使电动机继续反转运行，即"反推反转"。

综上所述，单相异步电动机的定子绕组如果只通入单相电流，那么就没有启动转矩（$T_Q=0$），但运行后能维持运转。

2. 定子绕组通入两相电流时的磁场

如何才能使单相异步电动机产生启动转矩并旋转呢？假如在单相异步电动机的工作绕组和启动绕组中通入不同相位的两相交流电流，那么在气隙中将形成怎样的磁场呢？

图 5.6 所示为单相异步电动机的工作绕组和启动绕组中通入不同相位的两相交流电流时，在气隙中形成的磁场示意图。图中通入的电流彼此相差 90°。

（1）在 $\omega t=0°$ 时刻：$i_A=0$、$i_B>0$；两相绕组产生的合成磁场的方向如图 5.6(b)所示。

（2）在 $\omega t = 45°$ 时刻：$i_A > 0$、$i_B > 0$；两相绕组产生的合成磁场的方向如图 5.6（c）所示。

（3）在 $\omega t = 90°$ 时刻：$i_A > 0$、$i_B = 0$；两相绕组产生的合成磁场的方向如图 5.6（d）所示。

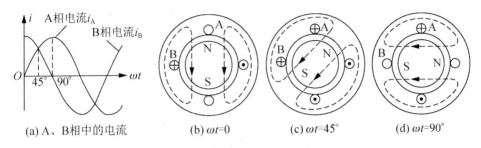

（a）A、B相中的电流　　（b）$\omega t = 0$　　（c）$\omega t = 45°$　　（d）$\omega t = 90°$

图 5.6　旋转磁场形成示意图

上面分析了一个周期中 3 个不同时刻对应的磁场情况，可以看出，这是一个旋转的磁场。旋转的磁场使单相异步电动机产生启动转矩并启动，一旦单相异步电动机完成启动后，即使启动绕组断开，电动机也能正常运行。

3. 单相异步电动机的分相

从以上分析可知，单相异步电动机在启动时，必须在工作绕组和启动绕组中通入相位不同的电流，这样才能使电动机产生启动转矩并启动。启动完成后，无论启动绕组有无电流，电动机都将保持运行。

单相异步电动机启动绕组和运行绕组是由同一单相电源供电的，如何把这两个绕组中的电流的相位分开（即所谓"分相"）是单相异步电动机启动的关键问题。

单相异步电动机因分相方式的不同而分为不同的类型。

5.1.3　单相异步电动机的基本形式

根据分相方法的不同，单相异步电动机可分为电阻分相式单相异步电动机、电容分相式单相异步电动机和罩极式单相异步电动机等类型。

1. 电阻分相式单相异步电动机

图 5.7 所示为电阻分相式单相异步电动机的接线原理图和各电量的相量图。

图 5.7（a）中启动绕组的匝数较少，导线截面取得较小。启动绕组与运行绕组相比，其电抗小而电阻大。启动绕组和运行绕组并联接入电源时，由于阻抗不同，启动绕组中电流 $\dot{I}_2$ 与运行绕组中电流 $\dot{I}_1$ 便不同相位，$\dot{I}_2$ 超前 $\dot{I}_1$ 一个电角度，从而起到分相作用。

电动机在 $\dot{I}_1$ 和 $\dot{I}_2$ 的共同作用下，气隙中便形成一个椭圆形的旋转磁场，从而使电动机能够自行启动。

由于这种分相方法，相量 $\dot{I}_1$ 与 $\dot{I}_2$ 位于电压相量 $\dot{U}$ 的同一侧（图 5.7（b）），它们之间形成的相位差不大，因而启动转矩也不大。这种分相启动方法只能用于空载和轻载启动的场合。

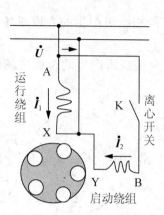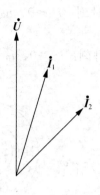

(a) 电阻分相原理图　　　　　(b) 电阻分相相量图

图 5.7　电阻分相原理与相量图

　　启动绕组一般按短时工作设计。因此，在启动绕组回路中往往串有离心开关 K，当电动机转速上升到接近稳定转速时，离心开关自动断开，切除启动绕组，以保护启动绕组和减少损耗。此后电动机的运行由运行绕组维持。

　　2. 电容分相单相异步电动机

　　电容分相是指电动机启动时，在启动绕组中串接一电容器，从而使启动绕组中的电流超前于电压。这样，启动绕组电流与运行绕组电流之间就产生了较大的相位差。电容分相单相异步电动机的启动性能和运行性能均优于电阻分相电动机。

　　根据性能的不同，电容分相单相异步电动机又分为电容启动式、电容运转式和电容启动运转式 3 种。

　　（1）电容启动式单相异步电动机。图 5.8 所示为电阻分相电动机的接线原理图、各电量相量图和特性曲线。

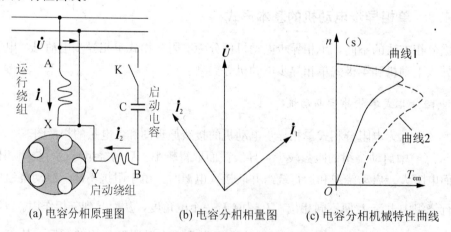

(a) 电容分相原理图　　　　(b) 电容分相相量图　　　　(c) 电容分相机械特性曲线

图 5.8　电容分相原理图、相量图及特性曲线

　　电动机启动时在启动绕组中串一电容器和一个启动离心开关 K。由于电容器的作用，使启动绕组中的电流 $\dot{I}_2$ 超前于电压 $\dot{U}$，从而使 $\dot{I}_2$ 与 $\dot{I}_1$ 之间产生较大的相位差。

当电容器的大小合适时，两个绕组中电流相位差可接近 90°电角度，如图 5.8（b）所示。这样，可使启动时电动机中的旋转磁场接近于圆形。

这种电动机的机械特性如图 5.8（c）所示。曲线 2 虚线部分为接入启动绕组时的机械特性，曲线 1 为离心开关切除启动绕组后的机械特性。

（2）电容运转式单相异步电动机。图 5.9 所示是电容运转式单相异步电动机的接线图。与电容启动式单相异步电动机相比，电容运转式电动机去掉了离心开关，使启动绕组和电容器不仅在启动时起作用，运行时也起作用，这样可以提高电动机的功率因数和效率，所以这种电动机的运行性能优于电容启动式电动机。

电容运转式电动机启动绕组所串联电容器 C 的电容量，主要是根据运行性能要求而确定的，比根据启动性能要求而确定的电容量要小，因此，这种电动机的启动性能不如电容启动电动机好。

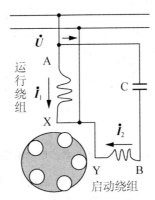

图 5.9　电容运转电动机接线图

电容运转式电动机不需要启动离心开关，所以结构简单，价格便宜，维护也方便一些，经常应用于风扇、洗衣机等小家电产品。

（3）电容启动运转式单相异步电动机。图 5.10 所示为电容启动运转式单相异步电动机的接线图，在启动绕组回路中串入两个并联的电容器 C_1 和 C_2，其中电容器 C_2 串接启动离心开关 K。启动时两个电容器同时作用，电容量为两者之和，电动机有良好的启动性能。当转速上升到一定程度，K 自动切除电容器 C_2，电容器 C_1 与启动绕组参与运行，确保良好的运行性能。

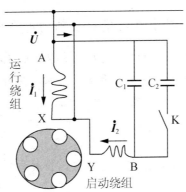

图 5.10　电容启动运转式电动机接线图

电容启动运转式电动机虽然结构复杂，成本较高，维护工作量稍大，但其启动转矩大，启动电流小，功率因数和效率较高。这种电动机经常应用于空调机、小型空压机和电冰箱等产品。

3. 罩极式单相异步电动机

罩极式单相异步电动机的转子仍为鼠笼式，定子有凸极式和隐极式两种。

图 5.11 所示为凸极式罩极单相异步电动机的结构示意图。定子每个磁极上套有集中绕组作为运行绕组，极面的一边约三分之一处开有小槽，槽内放置一个闭合的铜环，称为短路环，把磁极的小部分罩在环中。

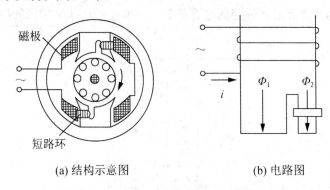

(a) 结构示意图　　　　　　(b) 电路图

图 5.11　凸极式罩极单相异步电动机结构示意图

当绕组通以单相交流电流时，所产生的脉振磁场（或磁通）分为两部分，一部分磁通（Φ_1）不穿过短路环，另一部分磁通（Φ_2）则穿过短路环。

由于短路环的作用，导致磁通 Φ_2 滞后 Φ_1，这种相位差相当于未被罩住部分的磁场向罩住部分连续移动，即磁场的中心线始终由磁极的未罩住部分向罩住部分移动，从而使电动机产生启动转矩并运行。

罩极单相异步电动机启动转矩小，转子的旋转方向总是由磁极的被罩部分转向未罩部分，且不能改变。但这种电动机结构简单、维修方便、价格低廉，因此经常使用于小型鼓风机、电唱机、风扇等。

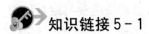**知识链接 5-1**

单相异步电动机启动辅助电器介绍

除电容运转式和罩极式单相异步电动机外，单相异步电动机在启动过程中，当转速达到同步转速的 75% 左右时，需要借助离心开关、启动继电器或 PTC 启动器等电器切除启动绕组或启动电容器。那么这些电器有什么特点呢？

1. 离心开关介绍

离心开关是一种机械式开关，主要由离心块，拉簧和触头组成。图 5.12 所示为离心开关结构示意图。

图 5.12　离心开头结构示意图

　　离心开关安装在电动机内部（或外部），离心器压装在转子轴上和转子一起转动，底板安装在电机端盖上。当离心开关静止时，离心块按压开关导通。当转速达到同步转速的 70%～85% 时，离心器在离心力作用下甩开，触头打开，切断启动绕组，使工作绕组开始正常运行。当电动机切断电源，转速下降后，在弹簧的作用下离心器复位，启动绕组重新接通，为下一次启动作好准备。

　　2. 启动继电器介绍

　　有些单相异步电动机，如电冰箱电动机，由于它与压缩机组装在一起并放置在密封的罐子内，因此不便安装、也不合适安装离心开关，此时就采用启动继电器替代。

　　图 5.13 所示为重锤式启动继电器外形示意图，这种启动继电器常用于压缩机电动机的启动。

图 5.13　重锤式启动继电器外形图

　　继电器的吸铁线圈串联在主绕组回路中，启动时，主绕组电流很大，重锤（衔铁）动作，使串联在启动绕组回路中的常开触头闭合。于是启动绕组接通，电动机处于两相绕组运行状态。随着转子转速上升，主绕组电流不断下降，吸引线圈的吸力下降，当下降到一定转速后，电磁铁的吸力小于反作用弹簧的拉力，重锤复位，触头被打开，启动绕组断开，电动机转入正常运行。

　　3. PTC 启动器介绍

　　PTC 启动器是一种能"通"或"断"的热敏电阻，专用于单相异步电动机的启动控制。图 5.14 所示为 PTC 启动器外形图。

图 5.14　PTC 启动器外形图

使用时将它与启动绕组串联，在启动开始时，因 PTC 热敏电阻尚未发热，阻值很低，启动绕组处于接通状态，电动机开始启动。随着时间的推移，电动机的转速不断增加，PTC 元件的温度上升，当温度超过居里点 T_C（即电阻急剧增加的温度点）时，PTC 元件因温度逐步升高呈现出高阻态，相当于启动绕组断开，仅保持很小的维持电流和很小的功率损耗。

PTC 启动器具有无触头、无噪声、无电火花、耐振动、体积小、重量轻、价格低、运行可靠等优点。因为 PTC 为热敏电阻，有一定的热惯性，PTC 元件冷却需要一段时间，因此，两次启动间必须有一定的时间间隔（一般需要 2～3 分钟），等到 PTC 元件冷却，恢复原来阻值后，方能再次启动。

考考您!

1. 什么是单相异步电动机？单相异步电动机在结构上与三相异步电动机有什么区别？

2. 单相异步电动机按启动方法可分为哪几类？各有什么特点？用在什么样的场合比较合适？

3. 电容启动式或电容运转式单相异步电动机能否正反转？罩极式单相异步电动机能否正反转？为什么？

4. 单相异步电动机启动绕组和运行绕组中通入同相位电流时，在气隙中将产生怎样的磁场？这个磁场能使电动机产生启动转矩吗？为什么？

5. 单相异步电动机启动绕组和运行绕组中通入不同相位的电流时，在气隙中将产生怎样的磁场？这个磁场能使电动机产生启动转矩吗？为什么？

6. 单相异步电动机启动绕组和运行绕组中的电流是用什么元件进行"分相"的？为什么要进行分相？

5.2　单相异步电动机的应用与控制

单相异步电动机具有结构简单、使用方便、运行可靠、价格低廉等特点，因此经常应用于家用电器、办公自动化设备等方面。下面通过日常生活中例子来说明单相异步电动机的应用与控制。

5.2.1　单相异步电动机的正反转控制

洗衣机主要有滚筒式和波轮式两大类，家庭以波轮式为多。波轮式全自动洗衣机的洗衣筒为立式，底部波轮在电动机的驱动下高速正反旋转，带动衣服和水流在筒内旋转并上下翻滚，使衣服、水流和桶壁相互摩擦达到洗涤的作用。图 5.15 所示为全自动洗衣机结构示意图。

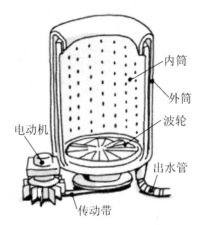

图 5.15　洗衣机结构示意图

由于洗衣机电动机属于重载启动，且频繁正反转运行。因此，对洗衣机用电动机的要求主要是力矩大、启动性能好、耗电少、温升低、噪声小等。为此，常采用电容运转式单相异步电动机驱动。

图 5.16 所示为洗衣机用电容运转式电动机的正反转控制电路。

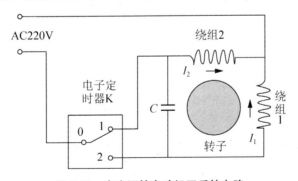

图 5.16　电容运转电动机正反转电路

图 5.16 中电子开关 K 的触头 0−1 接通时，绕组 1 与电容 C 串联，电流 I_1 超前电流 I_2，若此时电动机正转。当 K 的触头 0−2 接通时，绕组 2 与电容 C 串联，电流 I_1 滞后电流 I_2，此时电动机将反转。

5.2.2　单相异步电动机调速控制

电风扇是一种不需要正反转，但需要调速的家用电器，它的调速是通过对电动机的调速实现的。单相异步电动机的调速方法有变频调速、串电抗器调速、晶闸管调速和抽头法调速等。

变频调速设备复杂、成本高、很少采用。目前较多采用的方法有串联电抗器调速、抽头法调速和晶闸管调速。

1. 外接电抗器降压法调速

家庭用吊扇常采用电容运转电动机外接电抗器(调速开关)降压的办法进行调速。图 5.17 所示是其调速电路,图中虚线部分为调速开关。

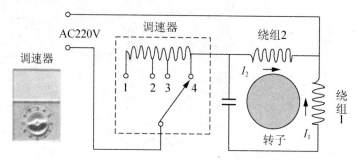

图 5.17　吊扇使用的电抗器调速电路

当调速开关置于位置"1"时,电动机的转速最低,当调速开关置于位置"4"时,电动机的转速最高。

这种调速电路结构简单、维修方便,但电抗器成本较高,低速时电抗器功耗大以及启动性能差等。目前这种调速方法逐渐被电子调速开关替代。

2. 外接电子调速开关调速

晶闸管电子调速开关是目前使用较多的一种风扇调速装置。图 5.18 所示是吊扇电动机的调速电路。

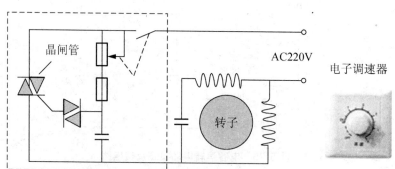

图 5.18　吊扇使用的电子调速器调速电路

晶闸管电子调速开关通过改变晶闸管的导通角来改变电子调速开关的输出电压,从而达到调速的目的。这种方法能实现无级调速,缺点是会产生一些电磁干扰。

3. 外接 PTC 元件调速

微风风扇能在 500r/min 以下的速度进行送风,如采用一般的调速方法,电动机在这样低速的情况下很难启动。

在图 5.19 所示电路中，当调速开关置于"微风"挡时，利用常温下 PTC 电阻阻值很小的特点，电动机可在微风挡直接启动（相当于调速开关直接置低速挡），启动后 PTC 温度上升、电阻增大，电动机转速下降而进入微风运行状态。

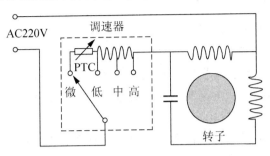

图 5.19　PTC 调速电路

4. 绕组抽头法调速

绕组抽头法调速实际上是把电抗器降压法中电抗器线圈（中间绕组）嵌入定子槽中，通过改变中间绕组与电动机绕组的连接方式来调整电动机气隙磁场的大小及椭圆度，从而达到调速的目的。抽头法调速与串联电抗器调速相比较，抽头法调速时用料省，耗电少，但是绕组嵌线和接线比较复杂。

实际应用中常用的方法有 L 型和 T 型两种接线方法。图 5.20 所示是 T 型接法的调速电路原理图。

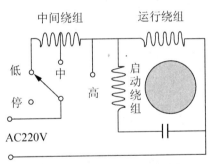

图 5.20　T 型接法调速电路

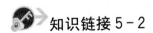知识链接 5-2

单相异步电动机的选择

单相异步电动机主要用于家庭、办公室等无三相交流电源的工作场所。由于单相异步电动机种类繁多，性能各异，在实际使用中如何选择单相异步电动机是一个非常重要的问题。下面对单相异步电动机的选择方法作一简单介绍。

对于一般用途的单相异步电动机，若没有性能和结构上的特殊要求，应尽量采用基本系列，即 YU 系列（电阻启动式异步电动机）、YC 系列（电容启动式异步电动机）、YY 系列（电容运转式异步电动机）和 YL 系列（电容启动运转式异步电动机）。当基本系列电动机无法满足要求时，再考虑选用特殊用途单相异步电动机。

在具体选择时要注意以下问题。

(1) 当单相异步电动机的输出功率在 10W 以下，且对电动机启动转矩要求不高时，可选用罩极式单相异步电动机。

例如，风扇、抽油烟机、家用鼓风机、电吹风、复印机等。这种电动机结构简单、制造容易、价格低廉、运行可靠，且它的启动转矩较小。

(2) 当单相异步电动机的输出功率在 10～60W 之间时，一般采用电容运转式电动机。在此功率范围内，电容运转式电动机的启动性能和运行性能都比较理想，工作时噪声低、可靠性高以及调速方便等。

例如，各种电风扇和洗衣机上使用的电动机大多都是电容运转式电动机。

(3) 当单相异步电动机的输出功率在 60～250W 之间时，优先采用电容运转式电动机；当启动性能不能满足要求时，可采用电容启动运转(双电容)式电动机，这种电动机的启动性能和运行性能都比较优良，但价格较高。

(4) 当单相异步电动机的输出功率大于 250W 时，可从价格和启动性能两方面衡量，对于 550W 以上电动机，尽量不选用电阻启动式异步电动机，因为其启动电流太大。

表 5-1 是 3 种不同型号、相同功率的单相异步电动机性能对比表。

表 5-1　3 种不同型号的 180W、4 极单相异步电动机性能对比

电动机型号	效　率	功率因数	启动转矩倍数	启动电流/A
YU7124	53%	0.62	1.4	17
YC7124	53%	0.62	2.8	12
YY6324	50%	0.90	0.40	5

考考您！

1. 电容启动和电容启动运转式单相异步电动机的正反转是如何实现的？绘制出这两种电机正反转电路图。

2. 离心开关或启动继电器在电容启动式单相异步电动机的启动中有什么作用？为什么电动机正常运行后要切除启动电容器？

3. 在图 5.19 所示电路中，微风挡采用 PTC 作为启动和调速元件，电路中 PTC 的原理是什么？

4. 吊扇上往往采用电容运转式电动机，当电容损坏后，电动机是否还能启动和运行？为什么？

第**6**章

直流电动机的
基本知识与控制

知识目标	掌握直流电动机的基本结构和工作原理，了解直流他励电动机的机械特性和工作特性的特点，掌握直流他励电动机启动、制动、调速原理，了解直流他励电动机启动、制动、调速的方法
能力目标	能理解直流电动机铭牌参数的意义，能读懂直流电动机控制电路，会安装和检修简单的直流电动机电气控制电路

➤ 本章导语

直流电动机将直流电能转换成机械能。它具有宽广的调速范围、平滑的调速特性、较高的过载能力和较大的启动转矩等优点，广泛应用于对启动和调速要求较高的生产机械上，例如大型轧钢机、精密车床、造纸机设备等。

6.1 直流电动机的结构与工作原理

使用直流电源或将直流电能转换为机械能的电动机称为直流电动机。直流电动机型式多样，但基本结构与交流电动机相同，都是由定子和转子组成。定子和转子之间的气隙对电动机的性能有很大影响，在小容量电动机中，气隙一般为 0.5～3mm；大容量电动机的气隙则可达 10～12mm。

直流电动机有较好的启动性能和调速性能，广泛应用于对启动和调速要求较高的场合。

图 6.1 所示为普通直流电动机结构示意图。

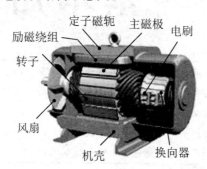

图 6.1 普通直接电动机结构示意图

6.1.1 直流电动机的基本结构

直流电动机的定子主要用来产生磁场。转子的主要作用是产生电磁转矩，把电能转变为机械能。

1. 定子结构

直流电动机定子主要包括主磁极、换向极、电刷装置等部件。图 6.2 所示为直流电动机定子剖面示意图。

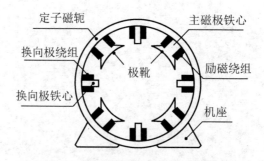

图 6.2 直接电动机定子剖面图

（1）主磁极。包括铁心和励磁绕组两部分，图 6.3(a) 所示为主磁极结构。

当励磁绕组中通入直流电流后，铁心即产生励磁磁场。励磁绕组通常用圆形或矩形的绝缘导线制成一个集中的线圈，套在磁极铁心外面。

主磁极铁心一般用1～1.5mm厚的低碳钢板冲片叠压铆接而成，主磁极铁心柱体部分称为极身，靠近气隙一端较宽的部分称为极靴，极靴沿气隙表面成弧形。整个主磁极用螺杆固定在机座上。

主磁极总是N、S两极成对出现。各主磁极的励磁绕组通常是相互串联连接，连接时要能保证相邻磁极的极性按N、S交替排列。

（2）换向极。由铁心和绕组构成，图6.3(b)所示为换向极结构示意图。

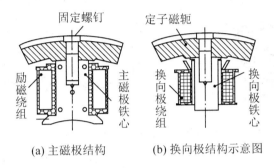

(a) 主磁极结构　　　　(b) 换向极结构示意图

图6.3　主磁极与换向极结构示意图

中小容量直流电动机的换向极铁心是用整块钢制成的，大容量直流电动机和换向要求高的电动机，换向极铁心用薄钢片叠成，换向极绕组与电枢绕组串联，因通过的电流大，导线截面较大，匝数较少。换向极装在主磁极之间，换向极的数目一般等于主磁极数，在功率很小的电动机中，换向极的数目有时只有主磁极的一半，或不装换向极。换向极的作用是改善换向，防止电刷和换向器之间出现过强的火花。

（3）电刷及电刷装置。电刷装置由电刷、刷握、压紧弹簧和刷杆座等组成。图6.4所示为电刷及电刷装置结构示意图。

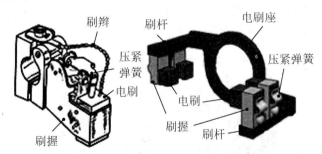

图6.4　电刷及电刷装置结构示意图

电刷是用碳和石墨等做成的导电块，电刷装在刷握内，用压紧弹簧把它压紧在换向器的表面上。压紧弹簧的压力可以调整，保证电刷与换向器表面有良好的滑动接触。刷握固定在刷杆上，刷杆装在刷杆座上，彼此之间绝缘。刷杆座装在端盖或轴承盖上，根据电流的大小，每一刷杆上可以有几个电刷组成电刷组，电刷组的数目一般等于主磁极数。电刷的作用是与换向器配合引入或引出电流。

（4）机座和端盖。机座一般用铸钢或厚钢板焊接而成，用来固定主磁极、换向极及端盖。机座还是磁路的一部分，用以通过磁通的部分称为磁轭。端盖固定于机座上，其上放置轴承，支撑直流电动机的转轴，使直流电机能够旋转。

2. 转子结构

直流电动机的转子是进行能量转换的枢纽，所以也称为电枢。电枢主要包括电枢铁心、电枢绕组、换向器、转轴和风扇等组成部分。图 6.5 所示为直流电动机转子示意图。

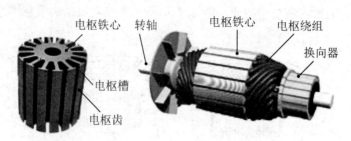

图6.5 直流电动机电枢铁心与电枢结构示意图

（1）电枢铁心和绕组。电枢铁心一般用 0.5mm 厚的涂有绝缘漆的硅钢片叠成，这样铁心在转动时可以减少磁滞和涡流损耗。铁心表面有均匀分布的齿和槽，槽中嵌放电枢绕组。电枢绕组是用绝缘铜线绕制成的，线圈按一定规律嵌放到铁心槽中，并与换向器作相应的连接。

（2）换向器。换向器的作用是与电刷配合，将直流电动机输入的直流电流转换成电枢绕组内的交变电流，或是将直流发电机电枢绕组中的交变电动势转换成输出的直流电压。

换向器是一个由许多燕尾状梯形铜片排列而成的圆柱体，铜片间采用云母片相互绝缘，每片换向片的一端有高出的部分，上面铣有线槽，供电枢绕组引出端焊接用。所有换向片均放置在与它配合的具有燕尾状槽的金属套筒内，用 V 形钢环和螺纹压圈将换向片和套筒紧固成一整体，换向片组与套筒、V 形钢环之间均要用云母片绝缘。

图 6.6 所示为换向器实物与结构示意图。

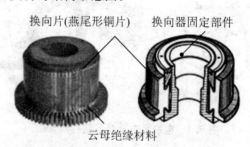

图6.6 换向器实物与结构示意图

6.1.2 直流电动机的工作原理及可逆运行

直流电动机的定子绕组通入直流电后产生固定磁场，直流电源通过换向器向转子绕组提供交变电流，使转子绕组受到磁场力的作用，产生方向不变电磁转矩从而驱动转子运行，这就是电动机的工作原理。

1. 直流电动机的工作原理

图 6.7 所示为直流电动机(模型)工作原理示意图。

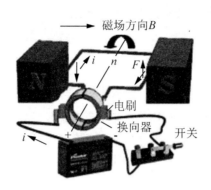

图 6.7　直接电动机(模型)原理

图 6.7 中，N 和 S 是一对固定的磁极，由直流电动机的主磁极产生。磁极之间有一个可以转动的线圈表示转子导体(电枢绕组)，线圈的两端分别接到相互绝缘的两个半圆形铜片(换向片)上，它们组合在一起称为换向器。在每个半圆铜片上又分别放置一个固定不动并与之有滑动接触的电刷，线圈通过换向器和电刷与外电路中的直流电源相联。

当外部直流电源接通时，线圈中有电流流过，用左手定则可知，靠近 N 极的导体始终受到向下的电磁力的作用，而靠近 S 极的导体始终受到向上电磁力的作用，从而形成逆时针方向的电磁转矩。这样，电枢就顺着逆时针方向旋转起来。

由此可见，施加在电动机外部的直流电源，通过换向器和电刷的作用，使电枢线圈中的电流方向发生变化，从而使电枢产生的电磁转矩方向不变，确保直流电动机朝确定的方向连续旋转。这就是直流电动机的工作原理。

实际的直流电动机，电枢圆周上均匀地嵌放许多线圈，相应地换向器也由许多换向片组成，使电枢绕组产生均匀和足够大电磁转矩。

2. 直流电动机的发电机运行——可逆原理

电动机在一定条件下可当作发电机使用，即把机械能转变为电能。事实上，同一台电机，既能作电动机运行，又能作发电机运行，这一特性被称为电机的可逆原理。

事实上，直流发电机与直流电动机的结构是相同的。与电动机不同的是，直流发电机的转子(电枢)是在原动机(如水轮机等)的驱动下旋转，电枢绕组切割磁场感应出交变的感应电动势和感应电流。通过换向器转变为外部的直流电压。

图 6.8 所示为直流发电机(模型)工作原理示意图。图中，电枢在原动机(外力)的驱动下按逆时针方向旋转，无论电枢转动的位置如何，靠近 N 极和 S 极的电枢绕组导体切割磁场产生的感应电流的方向始终保持不变(图 6.8)。通过换向器和电刷的共同作用，得到直流输出电压(或电流)。这就是直流发电机的工作原理。

从以上分析可以看出，一台直流电机既可以作为电动机运行，也可以作为发电机运行。将直流电源加于电刷上，输入电能，电机能将电能转换为机械能，拖动生产机械旋

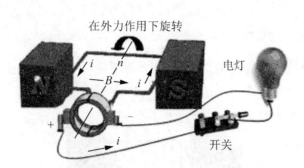

图 6.8 直流发电机工作原理

转，此时电机将作电动机运行。如用原动机拖动直流电机的电枢旋转，输入机械能，电机能将机械能转换为直流电能，并从电刷上引出直流电压，此时电机将作发电机运行。同一台电机，既能作电动机运行，又能作发电机运行的原理，称为电机的可逆原理。

6.1.3　直流电动机的额定参数

电动机制造厂按照国家标准，根据电动机的设计和试验数据而规定的每台电动机的主要性能指标称为电动机的额定值。额定值一般标在电动机的铭牌上或产品说明书上。其意义如下所示。

（1）额定功率。额定功率是指电动机按照规定的工作方式运行时，转轴上输出的机械功率，单位为 kW。

（2）额定电压。额定电压是电动机电枢绕组能够安全工作的最大外加电压，单位为 V。

（3）额定电流。额定电流是电动机按照规定的工作方式运行时，电枢绕组允许流过的最大电流，单位为 A。

（4）额定转速。额定转速是指电动机在额定电压、额定电流和输出额定功率的情况下运行时，电动机的旋转速度，单位为 r/min。

额定值一般标在电动机的铭牌上，又称为铭牌数据。还有一些额定值，例如额定转矩 T_N、额定效率 η_N 等，不一定标在铭牌上，可查产品说明书或由铭牌上的数据计算得到。

直流电动机额定功率、额定电压和额定电流之间有如下关系。

$$P_N = U_N \times I_N \times \eta_N \times 10^3$$

直流电动机运行时，如果各个物理量均为额定值，就称电动机工作在额定状态，亦称为满载运行，此时电动机的效率最高；如果电动机的电枢电流小于额定电流，称为欠载运行；电枢电流大于额定电流，称为过载运行。欠载运行时，电动机利用不充分，效率低；过载运行时，容易引起电动机过热而损坏。

6.1.4　直流电动机的种类

直流电动机的磁场是由主磁极产生的，根据主磁极励磁绕组的供电方式不同，直流电动机可以分为他励直流电动机、并励直流电动机、串励直流电动机和复励直流电动机等四类。直流电动机的励磁方式不同，运行特性和适用场合也不一样。

图 6.9 所示为直流电动机各种励磁方式示意图。

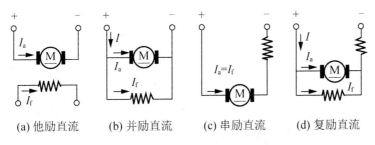

(a) 他励直流　　(b) 并励直流　　(c) 串励直流　　(d) 复励直流

图 6.9　直接电动机各种励磁方式

（1）他励直流电动机。励磁绕组由其他直流电源供电，与电枢绕组之间没有电的联系，如图 6.9（a）所示。

（2）并励直流电动机。励磁绕组与电枢绕组并联，如图 6.9（b）所示。励磁电压等于电枢绕组端电压。

他励直流电动机和并励直流电动机的励磁电流仅为额定电流的 $1\% \sim 5\%$。

（3）串励直流电动机。励磁绕组与电枢绕组串联，如图 6.9（c）所示。励磁电流等于电枢电流，所以励磁绕组的导线粗而匝数较少。

（4）复励直流电动机。每个主磁极上有两套励磁绕组，一个与电枢绕组并联，称为并励绕组；另一个与电枢绕组串联，称为串励绕组，如图 6.9（d）所示。两个绕组产生的磁场方向相同时称为积复励，相反时称为差复励。通常采用积复励方式。

6.1.5　直流他励电动机工作特性与机械特性介绍

您是否知道电动机在怎样的条件下工作时，效率最高？是否知道负载增加时，电动机的转速将如何变化？通过对电动机特性的了解，就不难回答诸如此类问题。以下仅介绍直流他励电动机的特性与曲线。

1. 直流并他励电动机的工作特性

工作特性是指在额定电压 U_N 和额定励磁电流 I_{fN} 情况下，直流电动机转速 n、电磁转矩 T_{em} 和效率 η 与负载电流 I_a 之间的关系。如同三相异步电动机一样，了解这些工作特性对使用电动机至关重要。直流他励电动机与并励电动机的特性是相同的。

（1）转速特性。直流他励电动机的转速特性可表示为 $n = f(I_a)$。

根据直流电动机的基本方程，可导出转速特性的表达形式为

$$n = \frac{U_N}{C_e \Phi_N} - \frac{R_a}{C_e \Phi_N} I_a$$

上式中，U_N 为额定电枢电压，R_a 为电枢绕组固有电阻，Φ_N 为主磁极额定磁通量，I_a 为电动机电枢电流，C_e 为电动机的结构参数。

转速特性曲线如图 6.10 中①所示，从特性曲线上可以看出，电动机的转速随负载电流的增加而变小。

（2）转矩特性。他励直流电动机的转矩特性可表示为

$$T_{em} = C_t \Phi_N I_a$$

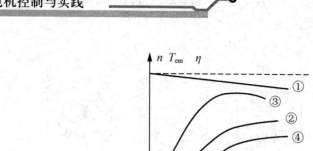

图 6.10 直流他励电动机工作特性曲线

上式中，C_t 为电动机的转矩常数。可见，电磁转矩与电枢电流成正比，实际上由于电枢反应的影响，电磁转矩上升的速度比电流上升的速度要慢一些，其曲线如图 6.10 中②所示。

由于电动机的输出转矩 T_2 等于电磁转矩减去空载转矩 T_0 转矩后的剩余部分。因此，其输出特性曲线在转矩特性曲线的下方，如图 6.10 中④所示。

（3）效率特性。电动机效率等于输出功率（P_2）与输入功率（P_1）的比值。其表达形式为

$$\eta = \frac{P_2}{P_1} = \frac{P_1 - \sum P}{P_1} = 1 - \frac{P_0 + I_a^2 R_a}{I_a U_N}$$

上式中，$\sum P$ 为损耗功率。由于电动机的空载损耗功率 P_0 不随负载电流变化而变化，当负载电流较小时效率较低，输入功率大部分消耗在空载损耗上；当负载电流增加时效率也增大，输入功率大部分消耗在负载上；但当负载电流增加到一定程度时，铜耗快速增大使效率又下降，其曲线如图 6.10 中③所示。

2. 直流他励电动机的机械特性

直流电动机的机械特性是指在电动机的电枢电压、励磁电流、电枢回路电阻为恒值的条件下，电动机的转速 n 与电磁转矩 T_{em} 之间的关系，即 $n = f(T_{em})$。

1）电动机机械特性方程。

图 6.11 所示为直流他励电动机电路原理。图中 U 为电枢端电压、E_a 为电枢电动势、I_a 为电枢电流、R_S 为电枢外串电阻、I_f 为励磁电流、R_f 为励磁回路电阻、R_{Sf} 为励磁回路外串电阻。

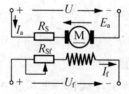

图 6.11 直流他励电动机原理

按图中标明的各电量的参考方向，可列出电枢回路的电压平衡方程为

$$U = E_a + I_a(R_S + R_a)$$

上式中，R_a 为电枢固有电阻。将电动机的电动势 $E_a = C_e \Phi n$（公式推导略）和电磁转矩 $T_{em} = C_t \Phi I_a$（公式推导略）代入上式，可得电动机的机械特性方程为

$$n = \frac{U}{C_e \Phi} - \frac{R_S + R_a}{C_e C_t \Phi^2} T_{em} = n_0 - \beta T_{em} = n_0 - \Delta n$$

可见，当 U、R_S、Φ 为常数时，n 与 T_{em} 成线性关系。上式中，C_e、C_t 分别为电动机的电动势常数和转矩常数，这些参数由电动机结构所决定（结构参数）。

2）电动机固有特性和人为特性

固有特性是指电动机在额定电压 U_N、额定磁通 Φ_N 和电枢只有固有电阻 R_a 情况下的特性。为了达到某种目的，有时需要对端电压 U，电阻 R_S 和 Φ 进行调节，由此得到的特性称为人为特性。

（1）固有机械特性。固有特性是电动机最为重要的特性，绝大多数情况下电动机都运行在这条特性上。

固有特性的表达式为

$$n = \frac{U_N}{C_e \Phi_N} - \frac{R_a}{C_e C_t \Phi_N^2} T_{em} = n_0 - \beta_1 T_{em}$$

电动机对应的转速特性为

$$n = \frac{U_N}{C_e \Phi_N} - \frac{R_a}{C_e \Phi_N} I_a = n_0 - \beta_2 I_a$$

固有机械特性是一条硬特性，其变化规律与电动机的转速特性相似，图 6.12(a)、(b) 中①所示为固有机械特性曲线，曲线①同时也可表示转速特性。

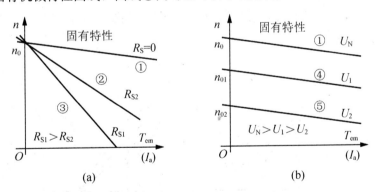

图 6.12　直流他励电动机固有特性与人为特性（降压、串电阻）

（2）电枢串电阻时的人为特性。保持额定电压 U_N 和额定磁通 Φ_N 不变，只在电枢回路中串入电阻 R_S 时的特性。

串联电阻时的人为特性的表达式为

$$n = \frac{U_N}{C_e \Phi_N} - \frac{R_a + R_S}{C_e C_t \Phi_N^2} T_{em} = n_0 - \beta_1 T_{em}$$

对应的转速特性为

$$n = \frac{U_N}{C_e \Phi_N} - \frac{R_a + R_S}{C_e \Phi_N} I_a = n_0 - \beta_2 I_a$$

图 6.12(a)中②、③为电枢串联电阻时的人为机械特性曲线，也可表示串联电阻时的转速特性，其中 $R_{S1}>R_{S2}$。电枢所串联电阻越大，特性就越软。

从特性曲线上还可以得出以下结论：在电枢回路串联电阻可以用于调速和限制电动机启动时的电流。

（3）降低电枢电压时的人为特性。保持 $\Phi=\Phi_N$、$R_S=0$ 情况下，只改变电枢端压时的特性。由于受到额定电压的限制，电压只能在额定值以下调节。

降压时机械特性的表达式为

$$n=\frac{U}{C_e\Phi_N}-\frac{R_a}{C_eC_t\Phi_N^2}T_{em}=n_1-\beta_1 T_{em}$$

电动机对应的转速特性为

$$n=\frac{U}{C_e\Phi_N}-\frac{R_a}{C_e\Phi_N}I_a=n_1-\beta_2 I_a$$

图 6.12(b)中④、⑤为降压时的人为机械特性曲线，也可表示为降压时的转速特性，其中 $U_N>U_1>U_2$。

从特性曲线上可以看出：降压可以用于调速和限制电动机启动时的电流。

（4）弱磁时的人为特性。保持 $U=U_N$、$R_S=0$ 情况下，通过削弱磁通而得到的机械特性。由于受到磁路饱和的限制，磁通只能在额定值以下调节。

弱磁时特性对应的转速特性为

$$n=\frac{U_N}{C_e\Phi}-\frac{R_a}{C_eC_t\Phi^2}T_{em}, \quad n=\frac{U_N}{C_e\Phi}-\frac{R_a}{C_e\Phi}I_a$$

图 6.13 中⑥、⑦为弱磁时的人为机械特性曲线，其中 $\Phi_N>\Phi_1>\Phi_2$。由于转速特性的斜率与机械特性的斜率不同，因此这两条特性曲线的形状不相同，图 6.13 中⑧、⑨为弱磁时的转速特性曲线。

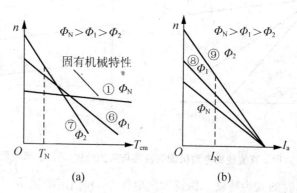

图 6.13　弱磁时的机械特性与转速特性曲线

从特性上可以看出：在一定负载情况下，弱磁可以使电动机的转速上升。

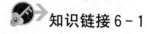

知识链接 6-1

永磁直流电动机介绍

永磁直流电动机是指由永磁体建立磁场的直流电动机，其性能与恒定励磁电流的他励直流电动机相似。与他励直流电动机相比，具有体积小、效率高、结构简单、用铜量少等优点，是小功率直流电动机的主要类型。

　　永磁直流电动机采用永久磁体来建立电动机所需的磁场。其结构与普通直流电动机相似，只是用永磁体磁极代替用电流励磁的磁极。

　　永磁直流电动机的工作原理与直流他励电动机相同，这里不再叙述。图 6.14(a)和图 6.14(b)所示分别为四极永磁直流电动机定子和电动机本体结构示意图。

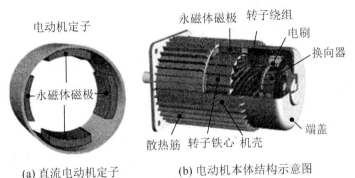

(a) 直流电动机定子　　　　(b) 电动机本体结构示意图

图 6.14　四极永磁直流电动机结构示意图

　　永磁直流电动机的核心材料是永磁材料，过去由于永磁材料性能差，磁力弱且易退磁，只能在一些功率很小的电动机中使用。例如，用在玩具与教学仪器中。

　　近十多年来，永磁体材料的性能不断提升，促进了永磁直流电动机的迅速发展。永磁直流电动机的使用也从玩具、仪器仪表、家电走向交通工具等大型设备。

　　根据所用的永磁材料不同，目前，永磁直流电动机主要分为铝镍钴永磁直流电动机、铁氧体永磁直流电动机和稀土永磁直流电动机 3 类。

　　(1) 铝镍钴永磁直流电动机需要消耗大量的贵重金属、价格较高，但对高温的适应性好，用于环境温度较高或对电动机的温度稳定性要求较高的场合。

　　(2) 铁氧体永磁直流电动机以廉价见长，且性能良好，广泛用于家用电器、汽车、玩具、电动工具等领域。

　　(3) 稀土永磁直流电动机，体积小、性能最佳，但价格昂贵，主要用于航天、计算机等。近些年出现了新一代稀土永磁直流电动机——钕铁硼永磁直流电动机，由于我国拥有世界上最大的钕矿资源，因此在价格上具有得天独厚的优势，高性能钕铁硼永磁材料性价比大幅提升，使质优、价廉的钕铁硼永磁直流电动机在产业化生产中得到了广泛的应用。

考考您！

　　1. 直流电动机由哪些部件组成？它与交流电动机在结构上有什么区别？直流电动机的磁场是旋转的吗？直流电动机的电磁转矩又是如何产生的？

　　2. 直流电动机的换向器结构如何？电刷是用什么材料做成的？换向器和电刷在直流电动机中有什么作用？

　　3. 直流电动机的主要参数有哪些？各表示什么意义？

4. 直流电动机的磁场是如何产生的？励磁是什么意思？根据励磁方式的不同，直流电动机可分为哪些类型？

5. 在图 6.8 所示电路中，若改变原动机的旋转方向，那么这台直流发电机的电压极性将如何变化？为什么？

6. 直流他励电动机的工作特性是指什么？它们各有什么特点？电动机工作在什么情况下效率最高？

7. 什么是直流他励电动机固有机械特性？什么是人为机械特性？它们各有什么特点？

8. 直流电动机与直流发电机的结构是否相同？直流电机的可逆原理是什么意思？

9. 永磁直流电动机与普通直流电动机结构上有什么区别？永磁直流电动机主要有哪些类型？其工作原理与普通直流电动机有什么区别？

6.2 直流并励电动机的电气控制

正确理解直流电动机的启动、制动与调速原理，掌握直流电动机的启动、制动与调速等技术要点，是正确阅读、设计电动机控制电路的前提，对今后使用电动机有重要意义。本节以直流并励电动机为例进行分析。

6.2.1 直流电动机的启动与控制

对直流电动机启动的要求与交流电动机相同，主要有 3 点：①足够大的启动转矩；②启动电流控制在一定的范围内；③启动设备要简单可靠。

事实上，直流电动机若在额定条件下直接启动，在启动瞬间 $n=0$，电动机的反电势 $E=C_e\Phi n=0$，因此启动电流为

$$I_Q=\frac{U_N-E_a}{R}=\frac{U_N}{R}\approx(10\sim20)I_N$$

由于电枢回路固有的电阻 R_a 很小，因此在电枢回路中将出现很大的启动电流，此电流通常可达 $(10\sim20)I_N$。

过大的启动电流将引起电网电压下降和导致电动机换向恶化等。因此，除功率很小的直流电动机外，例如小型电动工具和玩具电动机等，一般直流电动机都不允许采用直接启动。

为了限制启动电流（一般要求 $I_Q<2.5I_N$），直流电动机通常采用电枢串电阻或降低电枢电压的办法进行启动，但无论哪种方法，启动时都必须保证磁通量达到最大值。

下面仅以直流并励电动机为例进行分析。

1. 直流并励电动机手动启动控制

图 6.15 所示为直流并励电动机三端启动器（虚线部分）控制电路。

空气开关断开时，手柄在弹簧作用下置"停止位"。

启动时，合上空气开关→励磁绕组接通电源并产生磁场→当手柄从"停止位"逐渐推到 6 位时，启动电阻将被逐段切除，分析如下。

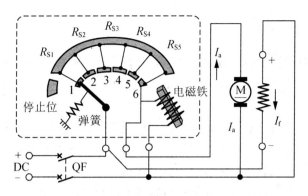

图 6.15　直流并励电动机三端启动器控制电路

当手柄在 1 位时串入全部电阻启动；当手柄在 2 位时切除电阻 R_{S1}；当手柄在 3 位时切除电阻 R_{S1} 和 R_{S2}；当手柄在 4 位时切除电阻 R_{S1}、R_{S2} 和 R_{S3}；当手柄在 5 位时切除电阻 R_{S1}、R_{S2}、R_{S3} 和 R_{S4}；当手柄在 6 位时切除全部电阻。

操作时手柄应缓慢向前推进，并在各挡作适当停留，以确保启动平稳。

图 6.15 中电枢回路中的电阻在启动时起限流的作用；在正常运行时可起到调速作用。电磁铁还具有失压和欠压保护作用。

2. 直流并励电动机自动启动控制

图 6.16 所示为直流并励电动机自动启动电路。图 6.16 中时间继电器用于控制电阻 R_{S1}、R_{S2} 切除的时间，时间继电器 KT2 的延时时间比 KT1 延时时间长。

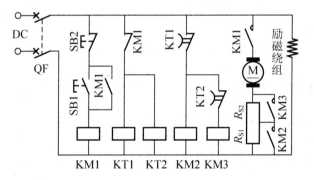

图 6.16　直流并励电动机自动启动控制电路

该电路工作原理：合上空气开关 QF→励磁绕组通电励磁，时间继电器 KT1 和 KT2 的线圈也同时得电→KT1 和 KT2 的常闭延时触头瞬时断开→接触器线圈 KM2 和 KM3 断电，电阻 R_{S1} 和 R_{S2} 串入电路，从而保证了电动机在电阻全部串入电枢回路中时才能启动。

启动时，按下启动按钮 SB1→接触器 KM1 线圈通电动作→KM1 主触头接通电枢回路，电动机串入全部电阻启动；由于 KM1 的常闭触头断开→使 KT1 和 KT2 线圈断电→时间继电器 KT1 的常闭延时触头经延时后闭合→接触器 KM2 线圈得电→KM2 常开主触头将启动电阻 R_{S1} 短接。当时间继电器 KT2 的常闭延时触头经延时后接通接触器线圈 KM3→KM3 将电阻 R_{S2} 短接，电动机启动完毕。

3. 直流并励电动机正反转控制

实现直流并励电动机反转的方法有两种，一种是在励磁电流方向不变的情况下，改变电枢电压的方向，即电枢反接法；另一种是在保持电枢电压不变的情况下，改变励磁电流的方向，即励磁绕组反接法。

在实际应用中，直流并励电动机常采用电枢反接法实现反转。这是因为并励电动机励磁绕组的匝数多、电感大，当励磁绕组断开时，会产生较大的自感电动势，导致触头上产生电弧烧坏触头，而且也容易把励磁绕组的绝缘击穿。

另外，励磁绕组在断开时由于失磁造成很大的电枢电流，易引起"飞车"事故。

图 6.17 所示为直流并励电动机正反转控制电路。电路的原理读者自行分析。图中欠电流继电器 KA 是为了防止励磁电流不足时可能出现的"飞车"事故。

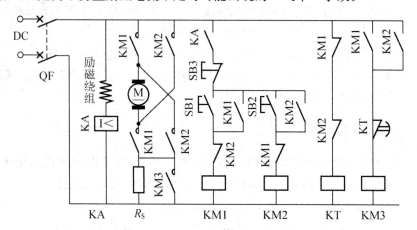

图 6.17　直流并励电动机正反转控制电路

6.2.2　直流他励电动机的制动与控制

与交流电动机相同，直流电动机的电气制动也可分为能耗制动、反接制动（包括电源反接和倒拉反接）和回馈制动 3 种。

这里仅以直流他励电动机能耗制动和电源反接制动为例进行分析。

1. 直流他励电动机的能耗制动与控制

图 6.18 所示为直流他励电动机启动、能耗制动原理图。

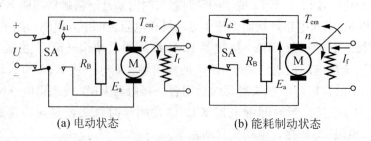

(a) 电动状态　　　　　　　　　　　　(b) 能耗制动状态

图 6.18　直流他励电动机启动、能耗制动原理图

当 SA 置左边位时，电枢回路中的电流如图 6.18(a)所示，此时电磁转矩与转速方向相同，电动机工作在电动状态。

当转换 SA 置右边位，如图 6.18(b)所示。此时，SA 切除外部直流电源，同时接通能耗制动电阻 R_B。电动机由于惯性作用，将保持原来的旋转方向，电枢绕组切割磁场的方向不变，因此，电枢感应电动势 E_a 的方向也与电动状态时相同，但电枢电流 I_a 的方向则与电动状态时相反，从而导致电磁转矩的方向发生变化，电动机由原来的电动状态进入到制动状态。

能耗制动时，电动机靠生产机械的惯性驱动，此时电动机工作在发电状态，将系统储存的动能转换成电能并消耗在电枢回路的电阻上，直到电动机停止为止。

电路中能耗制动电阻 R_B 用于限制制动电流和消耗能量，一般能耗制动最大电流不超过电动机额定电流的 2.5 倍。R_B 值可通过计算或试验取得。

图 6.19 所示为直流他励电动机启动、能耗制动控制电路。

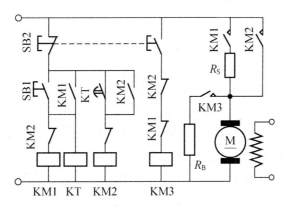

图 6.19　电动机启动、能耗制动控制电路

图中电阻 R_B 和 R_S 分别是启动电阻和制动电阻，时间继电器控制启动电阻切除时间。能耗制动采用点动控制，电路的工作原理读者自行分析。

能耗制动电路简单，操作方便。但低速时制动效果差。为提高制动效果，通常采用分级能耗制动，当转速较小时，逐级切除制动电阻，使制动电流增加，从而提升制动转矩，起到加强制动效果的作用。

2. 直流他励电动机的电源反接制动与控制

图 6.20 所示为直流他励电动机启动、电源反接制动原理图。

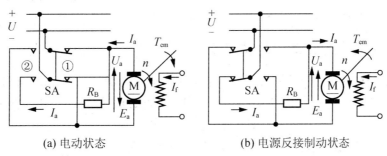

(a) 电动状态　　　　　　　　　(b) 电源反接制动状态

图 6.20　直流他励电动机启动、反接制动原理图

当转换 SA 置右边位置时，电枢回路中的电流如图 6.20(a)所示，此时电磁转矩与转速方向相同，电动机工作在电动状态。

电动状态工作时，电枢感应电势 E_a 为反电势，其方向与电枢端电压 U_a 的方向相反。此时的电枢电流为

$$I_a = (U_a - E_a)/R > 0$$

上式中，R 为电枢回路总电阻。电枢电流 I_a 是端电压 U_a 克服反电势 E_a 后产生的，其方向与端电压方向一致，由此产生的电磁转矩为驱动转矩。

当转换 SA 置左边位置时，转换开关 SA 将外部直流电源反接，如图 6.20(b)所示。电动机由于惯性作用将保持原来的旋转方向，电枢绕组切割磁场的方向不变，电枢 E_a 的方向也与原来(电动状态)相同。此时，电动机端电压 U_a 与电动势 E_a 方向相同，在两者共同作用下产生电枢电流 I_a。

$$I_a = \frac{-U_a - E}{R_a + R_B} = -\frac{U_a + E_a}{R} < 0$$

上式中，R 为电枢回路总电阻。电枢电流 I_a 与原电动状态时相反，在磁场不变的情况下，由于电流方向发生改变，必然引起电磁转矩的方向发生变化，电动机由原来的电动状态进入到制动状态。

反接制动瞬间，电枢将产生很大的电流和很强的制动力矩，这对电网、生产机械和电动机本身都会造成冲击。因此，反接制动时必须在电枢回路中串接制动电阻 R_B 以限制过大的电枢电流。一般要求串入 R_B 后将电枢电流限制在电动机额定电流的 $2 \sim 2.5$ 倍即可。

图 6.21 所示为直流他励电动机启动、反接制动控制电路。图中电阻 R_S 和 R_B 分别是启动电阻和反接制动电阻，时间继电器控制启动电阻切除时间，反接制动采用点动控制方式，速度继电器用于制动结束后切除电源和防止电动机反转。

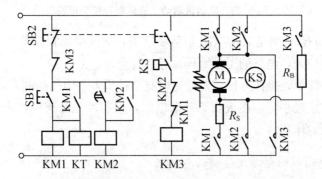

图 6.21 直流他励电动机启动、反接制动控制电路

电路的工作原理读者自行分析。

6.2.3 直流他励电动机的调速介绍

从直流电动机的机械特性方程可知，电动机转速 n 与端电压 U_a、励磁磁通 Φ 和电枢回路电阻 R 有关。相应地，直流电动机电气调速的方法也有调压、串电阻和改变磁通量调速 3 种。

下面仅以直流他励电动机电气调速为例进行分析。

1. 直流他励电动机串联电阻调速介绍

在不改变磁通和端电压的情况下，通过改变电枢回路中串接电阻的大小，实现电气调速的方法。

图 6.22 所示为电枢串联两级电阻调速的主电路和机械特性曲线。对应不同的电枢电阻，可以得到 3 条机械特性曲线。③为全部电阻串入（KM1、KM2 触头断开）时的机械特性曲线，②为串入电阻 R_{S1} 时的机械特性，①为全部电阻切除后（KM1、KM2 触头闭合）的机械特性（固有特性）。

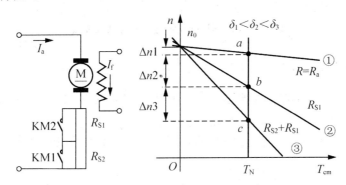

图 6.22　电枢串电阻调速主电路和机械特性曲线

从特性上可以看出，所串联电阻越大，机械特性就越"软"，电动机转速降低。进一步的分析发现，电动机的静差率变差，即 $\delta(\delta = \Delta n/n_0)$ 值变大，导致稳定性变差。

综合以上分析，可以得出串接电阻调速的特点。

（1）由于电阻只能分段串入，因此这种调速方法属于有级调速，平滑性较差。

（2）低速时，电枢回路上有较大的电阻，功率消耗较多，导致效率下降。

（3）低速时，电枢回路电阻大，机械特性较"软"，导致速度稳定性变差。

（4）轻载时调速范围小，且只能在额定转速以下调节，调速范围一般 $D \leqslant 2$。

电枢串接电阻调速的优点是设备简单，操作方便。一般用于小容量电动机且对调速要求不高的生产机械。

2. 直流他励电动机弱磁调速介绍

在不改变直流电动机电枢电阻和端电压的情况下，通过改变（削弱）磁通量实现电气调速的方法。

图 6.23 所示为弱磁调速的主电路和机械特性曲线。图中通过调节励磁回路电阻 R_f 的大小，使励磁电流 I_f 发生变化，从而达到改变磁通的目的。

从特性曲线上可以看出，在一定负载下，磁场越弱，电动机转速就越高，机械特性变"软"；当负载过大（$T_{fl} > T_N$）时，转速反而下降。

综合以上分析，得出弱磁调速特点：可实现无级调速，平滑性较好；励磁电流小，能量损失少，调速前后电动机的效率基本不变，因此经济性较好。

由于受到电动机换向能力和机械强度的限制，电动机转速不能调节过高，因此，弱磁调速的调速范围不大，一般 $D \leqslant 2$。

为了扩大的调速范围，通常把串联电阻调速和弱磁调速相结合，在额定转速以下采用串联电阻的方法，而在额定转速以上则采用弱磁调速的方法。

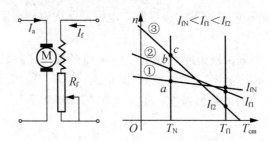

图 6.23　弱磁调速主电路和机械特性曲线

3. 直流他励电动机调压调速介绍

在不改变直流电动机电枢回路电阻和磁通的情况下，通过改变端电压实现电气调速的方法。这是目前使用最广泛的调速方法。

图 6.24 所示为调压调速时的机械特性曲线。电压越低电动机转速就越小。

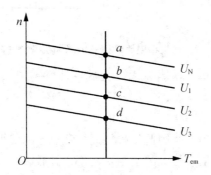

图 6.24　调压调速时的机械特性

从特性上还可以看出，调压时电动机的机械特性硬度大、静差率较小（相对其他调速方法），且电压可以连续调节。因此这种调速方法具有良好的稳定性，较宽的调速范围，且能做到无级调速。

由于工业电网提供的是三相正弦交流电，因此得到一套性能优良的可调直流电源是实现调压调速的关键。

（1）旋转变流机组调压装置。早期直流电动机调压调速主要采用发电机-电动机（G-M）调速系统，如图 6.25 所示。

图中三相异步电动机作为原动机驱动直流励磁机 G1 和直流发电机 G2，通过调节发电机 G2 励磁电流 I_{f2} 实现对直流电动机端电压 U_a 的调节。另外，通过调节直流电动机的励磁电流 I_{f3} 还可实现调磁调速。

G-M 系统具有很好的调速性能，在 20 世纪 50 年代曾广泛使用，至今在尚未进行设备更新的地方仍然使用这种系统。但是这种由机组供电的直流调速系统至少包含两台与调速直流电动机容量相当的旋转电机（原动机和直流发电机）和一台容量小一些的励磁发电机，因而设备多、体积大、效率低、噪声大、维护不方便。

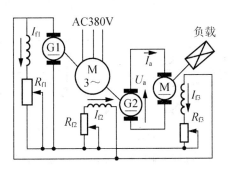

图 6.25 发电机-电动机(G-F)调速系统

(2) 静止可控整流器。从 20 世纪 60 年代起，逐渐用晶闸管-电动机调速系统(V-M)替代旋转机组。图 6.26 所示为 V-M 系统的原理框图，图中 V1 是晶闸管可控整流器，通过调节触发装置 GT 的控制电压来移动触发脉冲的相位，改变整流输出电压平均值，从而实现电动机调速。

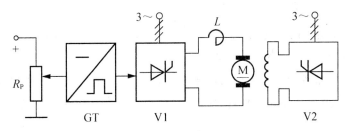

图 6.26 V-M 系统原理框图

V-M 调速系统在经济性和可靠性上较 G-M 系统有很大提高，目前在冶金、机床、矿井提升以及造纸机等方面得到广泛应用。

但晶闸管整流器也有它的缺点，主要表现在以下方面。

① 晶闸管调速装置对交流电网是一个感性负载，系统在低速运行时，系统的功率因数很低，并产生较大的高次谐波电流，可能引起网压畸变，造成对电网的"污染"。为此，应采取电网无功补偿和高次谐波抑制等措施。

② 晶闸管整流装置的输出电压是脉动的，而且脉波数总是有限的。如果主电路电感不是非常大，则输出电流总存在连续和断续两种情况，因而机械特性也有连续和断续两段，连续段特性比较硬，基本上还是直线；断续段特性则很软，而且呈现出显著的非线性。

(3) 脉宽调制控制器。随着电力电子技术的高速发展，全控型开关元件的出现和成熟，另一种更加先进的控制器，即脉宽调制控制器在直流电动机调速中得到广泛应用。脉宽调制控制器利用全控型开关器件来实现电路的通断控制，用开关电源实现输出电压的调节。

图 6.27 所示为脉宽调制控制器原理电路和输出电压波型，图中 VT 为全控型开关器件。当开关 VT 接通时，电源电压 U_i 加到电动机上；当 VT 断开时，直流电源与电动机断开，电动机电枢端电压为零。如此反复，在电枢上得到一系列的脉冲电压，其平均值为 U_d。而直流电动机的转速则正比电压 U_d。

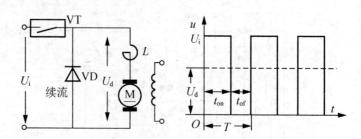

图 6.27　脉宽调制控制器原理电路和输出电压波形

在上述电路中，通常采用保持开关器件的通断周期(T)不变，只改变器件每次导通的时间(t_{on})，即通过改变脉冲的宽度来调节输出电压的平均值，因此，这种方法叫脉冲宽度调制(Pulse Width Modulation，PWM)，简称脉宽调制。

脉宽调制控制器具有线路简单、体积小、重量轻、成本低等优点。它被广泛应用于地铁、电力机车、城市无轨电车以及电瓶搬运车等电力牵引设备的调速电路中。与 V - M 调速相比，PWM 调速系统有以下所示的几个优点。

① 采用全控型电力电子器件的 PWM 调速系统，开关频率高(一般在几 kHz)，系统频带宽，响应速度快，动态抗扰能力强。

② 由于开关频率高，仅靠电动机电枢电感的滤波作用就可以获得脉动很小的直流电流，电枢电流容易连续，系统的低速性能好，稳速精度高，调速范围宽，同时电动机的损耗和发热都较小。

③ 电力电子器件工作在开关状态，损耗小，效率高，而且对交流电网的影响小，避免或减小了对电网的"污染"，功率因数高，效率高。

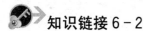　知识链接 6 - 2

无刷直流电动机介绍

直流电动机利用碳刷与换向器换向，由于碳刷与换向器之间高速摩擦以及换向过程中换向器表面产生的电火花，影响电刷乃至电动机的使用寿命。为此，人们发明了一种无需碳刷的直流电动机，通常也称作无刷电机(Brushless Motor)。

1. 直流无刷电动机的结构

早在 20 世纪 30 年代就有人开始研制以电子换向代替电刷机械换向的直流无刷电动机。20 世纪 60 年代初终于实现了这一愿望。随着电力电子工业的飞速发展，许多高性能半导体功率器件，如 GTR、MOSFET、IGBT、IPM 等相继出现，以及高性能永磁材料的问世，为直流无刷电动机的广泛应用奠定了坚实的基础。

直流无刷电动机由电动机本体、转子位置检测电路以及电子开关电路 3 部分组成。电动机本体由定子和转子组成，定子用来产生磁场，它由定子铁心和定子绕组组成。转子则采用永久磁铁。

根据本体结构的不同，直流无刷电动机可分为内转子式和外转子式两种形式。目前广泛使用的家用电瓶车就采用了外转子式直流无刷电动机。

图 6.28 所示为外转子式直流无刷电动机结构示意图。下面以电瓶车广泛使用的外转子式直流无刷电动机为例进行分析。

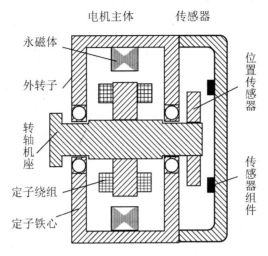

图 6.28　直流无刷电动机结构示意图

图 6.29 所示为外转子式直流无刷电动机本体结构及剖面示意图。它由定子和转子组成。定子由定子铁心和定子绕组组成，转子则采用永久磁铁。工作时内定子固定在电瓶车的车架上，而外转子则固定在电瓶车轮子上并驱动轮子作旋转运动。

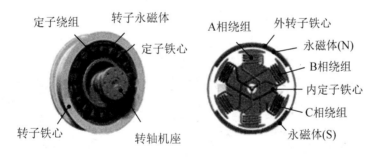

(a) 外转子无刷电动机本体　　　(b) 外转子无刷电动机剖面图

图 6.29　外转子无刷电动机本体及剖面图

2. 直流无刷电动机的工作原理

有电刷直流电动机工作原理是基于通电导体在磁场中受力的原理，无刷直流永磁电动机的工作原理则是靠定子磁场与转子磁场间的作用力拉动转子转动的。因此，其定子的基本结构类似交流三相电动机，3 个绕组由电子开关元件按规律与直流电源联接。

直流无刷电动机工作时，外部直流电源通过电子开关(也称为电子换向器)与定子绕组相连接。图 6.30 所示是定子绕组与电子换向器的连接图。

当开关管导通时，相应的定子绕组中就有电流通过并产生磁场，该磁场与永磁转子磁极相互作用便产生力矩，使电动机转子旋转。位置传感器及时检测转子位置，并依次地向

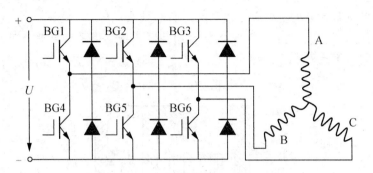

图 6.30　定子绕组与电子转向器连接图

BG1~BG5 发出信号，控制其导通与截止，从而使定子绕组中的电流随着转子位置的变化依次序换向，产生满足要求的磁场。

图 6.31 所示为一台六凸极外转子无刷直流永磁电动机模型，下面以此为例，分析电动机的工作原理。图中"·"表示电流注入线圈，"×"表示电流流出线圈。

（1）当开关管 BG1、BG5、BG6 导通时，电流由 A 相绕组进，B 相、C 相绕组出，形成的磁场方向向下，设此时外转子位置与垂直轴夹角为 0°，如图 6.31(a) 所示。

（2）当开关管 BG1 与 BG5 导通时，电流由 A 相绕组进，B 相绕组出，形成的磁场方向顺时针转到 30°，转子也随之转到 30°。

（3）当转子转到 30°时，开关管 BG1、BG3、BG5 导通时，电流由 A 相与 C 相绕组进，B 相绕组出，形成的磁场方向顺时针转到 60°，转子也随之顺时针转到 60°，如图 6.31(b) 所示。

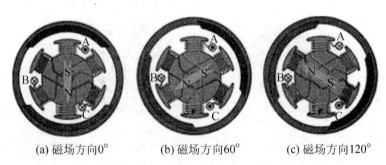

(a) 磁场方向0°　　　(b) 磁场方向60°　　　(c) 磁场方向120°

图 6.31　定子磁场与转子转动位置图

（4）当转子转到 60°时，开关管 BG3、BG5 导通时，电流由 C 相绕组进，B 相绕组出，形成的磁场方向顺时针转到 90°，转子也随之转到 90°。

（5）当转子转到 90°时，开关管 BG3、BG4、BG5 导通时，电流由 C 相绕组进，A 组与 B 相绕组出，形成的磁场方向顺时针转到 120°，转子也随之转到 120°，如图 6.31(c) 所示。

依次类推，只要电子开关（电子换向器）及时检测出转子的位置，并按一定的规律通断，定子绕组便产生步进式旋转磁场，转子就连续不断地旋转下去。

无刷直流电动机是一种特殊的永磁同步电动机，既有交流电动机结构简单、运行可靠、维护方便等优点，又具有直流电动机效率高、无励磁损耗、调速性能好等特性，因此在当今国民经济各领域应用日益普及。

考考您!

1. 对直流电动机启动有什么要求? 为什么直流电动机直接启动时的电流很大? 为什么直流电动机一般不允许直接启动?

2. 直流他励电动机启动的方法有哪些? 各有什么特点? 适合怎样的场合?

3. 分析图 6.17 所示的直流并励电动机正反转控制电路的工作原理, 说明电路中欠电流继电器 KA 的作用是什么?

4. 直流他励电动机的能耗制动是如何实现的? 能耗制动时电动机有怎样的能量关系? 与三相异步电动机的能耗制动有何区别?

5. 直流他励电动机的电源反接制动是如何实现的? 为什么电源反接制动时要串入制动电阻? 电源反接制动时又有怎样的能量关系?

6. 分析图 6.21 所示的直流他励电动机启动、反接制动控制电路的工作原理, 说明电路中速度继电器 KS 有什么作用?

7. 直流他励电动机有哪些调速方法? 每种调速方法各有什么特点?

8. 为什么直流他励电动机串联电阻调速只能用于小容量并对调速要求不高的电动机?

9. 为什么直流他励电动机调压调速的性能要优于串联电阻调速? 调压调速又有哪些方法?

10. 直流无刷电动机有什么优点? 其工作原理与普通直流电动机相同吗?

第 7 章

变压器基本知识与应用

知识目标	了解变压器的基本结构、工作原理与技术参数，掌握变压器的额定值
能力目标	能够正确分析变压器的额定值，能够根据铭牌参数正确使用变压器

▶ 本章导语

1885 年 5 月 1 日，匈牙利布达佩斯国家博览会开幕，一台 150V、70Hz 单相交流发电机发出的电能，经过 75 台岗茨工厂 5kV·A 变压器降压，点亮了博览会场的 1067 只爱迪生灯泡，其光耀夺目的壮观场面轰动了世界。

7.1　变压器的基本知识

1831年法拉第发现了电磁感应现象，法拉第感应线圈实际是世界上第一台变压器雏形，他也顺理成章地成为变压器发明人。经过世界各国众多科学家不断改进和完善，变压器以良好的状态服务于人类的生活。

7.1.1　变压器的定义与分类

变压器(Transformer)是利用电磁感应原理，将一种电压等级的交流电能转换为同频率的另一种电压等级的交流电能。变压器是一种静止的电气设备，广泛应用于电力系统、电工测量、电源变换等领域。

变压器种类很多。按冷却方式可分为油浸式和干式变压器；按绕组结构可分为双绕组变压器、三绕组变压器、多绕组变压器和自耦变压器；按铁心结构可分为心式变压器和壳式变压器；按相数可分为单相变压器和三相变压器等；按用途则可分为电力变压器、特种变压器、仪用互感器和控制变压器等。

图7.1所示为常见变压器的外形图。

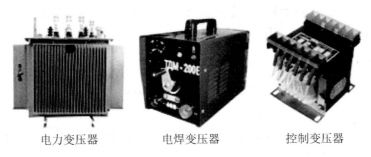

电力变压器　　　　　电焊变压器　　　　　控制变压器

图 7.1　常见变压器外形图

(1) 电力变压器。用作电能的输送与分配，这是使用最广泛的变压器。按其功能不同又可分为升压变压器、降压变压器等。电力变压器的容量从几十千伏安到几百万千伏安，电压等级从几百伏到几百千伏。

(2) 特种变压器。在特殊场合使用的变压器，如电焊变压器，专供大功率电炉使用的电炉变压器，将交流电整流成直流电时使用的整流变压器等。

(3) 仪用互感器。用于电工测量中，如电流互感器、电压互感器等。

(4) 控制变压器。容量一般比较小，用于小功率电源系统和自动控制系统。如电源变压器、输入变压器、输出变压器、脉冲变压器等。

7.1.2　变压器工作原理与结构

变压器是利用电磁感应原理工作的，图7.2所示为其工作原理示意图。

变压器的主要部件是铁心和绕组。两个互相绝缘且匝数不同的绕组分别套装在铁心上，两绕组间只有磁的耦合而没有电的联系，其中接电源 U_1 的绕组称为一次绕组，用于接负载的绕组称为二次绕组。

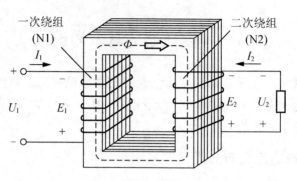

图 7.2　变压器原理图

一次绕组加上交流电压 U_1 后，绕组中便有电流 I_1 通过，在铁心中产生与 U_1 同频率的交变磁通 Φ，根据电磁感应原理，将分别在两个绕组中感应出电动势 E_1 和 E_2，其大小分别为

$$E_1 = -N_1 \frac{\mathrm{d}\Phi}{\mathrm{d}t} \ , \ E_2 = -N_2 \frac{\mathrm{d}\Phi}{\mathrm{d}t}$$

上式中，"－"号表示感应电动势总是阻碍磁通的变化。E_1 和 E_2 有效值分别为

$$E_1 = 4.44 f N_1 \Phi_{\mathrm{m}}, \ E_2 = 4.44 f N_2 \Phi_{\mathrm{m}}$$

若忽略变压器一、二次侧的漏电抗压降和电阻压降，可近似认为一、二次绕组的电压有效值为 $U_1 = E_1$、$U_2 = E_2$，因此有

$$k = \frac{E_1}{E_2} = \frac{U_1}{U_2} = \frac{N_1}{N_2} = \frac{I_2}{I_1}$$

若把负载接在二次绕组上，则在电动势 E_2 的作用下，就会有电流 I_2 流过负载，实现了电能的传递。

由上式可知，一、二次绕组感应电动势的大小与绕组匝数成正比，故只要改变一、二次绕组的匝数，就可达到改变电压的目的，这就是变压器的基本工作原理。

变压器种类繁多，但基本结构相同，主要由变压器铁心和绕组两部分组成。

(1) 变压器铁心。铁心构成变压器磁路系统，并作为变压器的机械骨架。铁心由铁心柱和铁轭两部分组成，铁心柱上套装变压器绕组，铁轭起连接铁心柱使磁路闭合的作用。对铁心的要求是导磁性能要好，磁滞损耗及涡流损耗要尽量小，因此均采用 $0.27 \sim 0.35\mathrm{mm}$ 厚的硅钢片制作。目前国产硅钢片有热轧硅钢片、冷轧无取向硅钢片、冷轧晶粒取向硅钢片。

根据铁心的结构形式不同，变压器可分为心式变压器和壳式变压器，如图 7.3 所示。

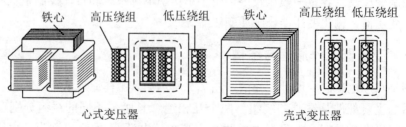

图 7.3　心式变压器和壳式变压器结构示意图

心式变压器是在两侧的铁心柱上放置绕组，形成绕组包围铁心的形式；壳式变压器则是在中间的铁心柱上放置绕组，形成铁心包围绕组的形状。

（2）变压器的绕组。绕组是变压器中的电路部分，小型变压器一般用具有绝缘的漆包圆铜线绕制而成。对容量稍大的变压器，绕组通常采用扁铜线或扁铝线绕制而成。

绕组可分为同心式绕组和交叠式绕组两种。图 7.4 所示分别为同心式绕组和交叠式绕组结构示意图。

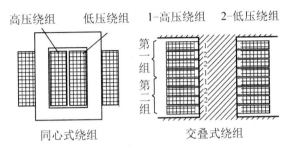

图 7.4　同心式绕组和交叠式绕组结构示意图

① 同心式绕组。同心式绕组是将高、低压绕组同心地套装在铁心柱上。为了便于与铁心绝缘，把低压绕组套装在里面，高压绕组套装在外面。对低压大电流大容量的变压器，由于低压绕组引出线很粗，也可以把它放在外面。高、低压绕组之间留有空隙，可作为油浸式变压器的油道，既利于绕组散热，又作为两绕组之间的绝缘。

② 交叠式绕组。交叠式绕组又称饼式绕组，它是将高压绕组及低压绕组分成若干个线饼，沿着铁心柱的高度交替排列着。为了便于绝缘，一般最上层和最下层安放低压绕组。交叠式绕组的主要优点是漏抗小、机械强度高、引线方便。这种绕组形式主要用在低电压、大电流的变压器上，如容量较大的电炉变压器、电阻电焊（如点焊、滚焊和对焊电焊机）变压器等。

 知识链接 7-1

变压器的发明

1831 年 8 月 29 日，英国科学家法拉第采用图 7.5 所示的实验装置进行了磁生电的实验，实验圆环用 7/8 英寸的铁棍制成，圆环外径 6 英寸，A 是三段各 24 英尺长铜线绕成的线圈，线圈间可根据需要串联；B 是 50 英尺铜线绕成的两个线圈（两个线圈可以串联）；1 为电池；2 为开关；3 为检流器。

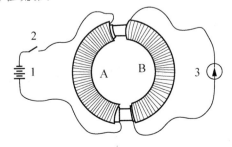

图 7.5　法拉第实验装置原理图

实验时，当合上开关 2 后，法拉第发现检流器 3 摆动，即线圈 B 和检流器 3 中有电流流过。也就是说，法拉第通过这个实验发现了电磁感应现象。

法拉第进行这个实验的装置（法拉第感应线圈）实际上是世界上第一台变压器雏形。1831 年 11 月 24 日，法拉第向英国皇家学会报告了他的实验及其发现，从而使法拉第被公认为电磁感应现象的发现者，他也顺理成章地成为变压器发明人。

1868 年，英国物理学家格罗夫（W. R. Grove）采用图 7.6 所示的装置，首次将交流电源 V 与线圈 A 相连，在线圈 B 中得到一个电压不同的交流电流。因此格罗夫感应线圈实际上是世界上第一只交流变压器。

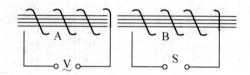

图 7.6 格罗夫感应线圈原理图

1882 年 10 月 7 日，法国人高兰德（L. Gauland）和英国人吉布斯（J. D. Gibbs）研制成第一台 3000V/100V 的二次发电机。1883 年制成一台容量约 5kV·A 的二次发电机在伦敦郊外一个小型电工展览会上展出表演。

1888 年，俄国科学家多利沃——多布罗夫斯基提出三相电流可以产生旋转磁场，并发明三相同步发电机和三相鼠笼式电动机。1889 年，为解决三相电流的传输及供电问题，提出了第一个三相变压器的专利，变压器的主要是有 3 个心柱，呈辐射状或周向对称布置，1891 年 10 月 4 日，多利沃——多布罗夫斯基申请所谓"寺院式"三相铁心的专利。同年，德国通用电气公司（AEG）和瑞士 Oerlikon 工厂采用该结构为 Lauffen——Frankfurt 输电线分别制成 100kV·A 和 150kV·A 的三相变压器。

1892 年，美国人斯坦利研制成功 15kV 变压器，使美国交流电输电电压一举突破 10kV，从而打开了高电压输电的大门。斯坦利也因而赢得了"电气传输之父"的美名。

考考您！

1. 在你身边有哪些设备中应用了变压器？变压器的主要组成部分有哪些？为什么变压器的铁心要用硅钢片叠压而成？

2. 变压器的工作原理是什么？它的输出电压与输入电压之间有什么关系？它能改变直流电压的大小吗？

3. 心式变压器与壳式变压器有什么区别？同心式绕组与交叠式绕组又有什么区别？

4. 查一查资料，说明自耦变压器与普通变压器在结构上的区别。

7.2 变压器基本参数与应用

变压器铭牌如同人的身份证，上面标明了变压器型号及各种技术数据的额定值，在使用变压器之前，必须弄清这些参数。

7.2.1 变压器的技术参数

按铭牌要求的技术参数使用变压器是确保变压器安全、经济、合理地运行的前提。图7.7所示为变压器铭牌示意图。

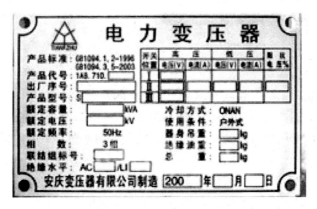

图7.7 变压器铭牌示意图

（1）变压器的额定电压U_{1N}和U_{2N}。额定电压U_{1N}是指加在一次绕组上的正常工作电压值。它是根据变压器的绝缘强度和允许发热量等条件规定的。额定电压U_{2N}是指变压器在空载时，一次侧加上额定电压后，二次绕组两端的电压值。

变压器接上负载后，二次绕组的输出电压U_2将随负载电流的增加而下降。

在三相变压器中，额定电压均指线电压。

（2）变压器的额定电流I_{1N}和I_{2N}。额定电流是指根据变压器允许发热量的限制而规定的满载电流值。在三相变压器中额定电流是指线电流。

（3）变压器的额定容量S_N。额定容量是指变压器在额定工作状态下，二次侧的视在功率，其单位为$kV \cdot A$。

① 单相变压器的额定容量为

$$S_N = \frac{U_{2N}I_{2N}}{1000}(kV \cdot A)$$

② 三相变压器的额定容量为

$$S_N = \frac{\sqrt{3}U_{2N}I_{2N}}{1000}(kV \cdot A)$$

（4）变压器的连结组标号。变压器的连结组标号是指三相变压器一、二次绕组的连接方式。连结组标号的意义如下所示。

丫表示高压绕组作星形连结；D表示高压绕组作三角形连结；N表示高压绕组作星形连结时的中性线；y表示低压绕组作星形连结；d表示低压绕组作三角形连结；n表示低压绕组作星形连结时的中性线。

（5）阻抗电压。阻抗电压又称为短路电压。它标志在额定电流时变压器阻抗压降的大小。通常用它与额定电压U_{1N}的百分比来表示。

【例】一台三相油浸自冷式铝线变压器，求一次、二次绕组的额定电流I_{1N}、I_{2N}各是多大？已知$S_N = 560kV \cdot A$，$U_{1N}/U_{2N} = 10000V/400V$。

解：

$$I_{1N}=\frac{S_N}{\sqrt{3}U_{1N}}=\frac{560\times10^3}{\sqrt{3}\times10000}A=32.33A$$

$$I_{2N}=\frac{S_N}{\sqrt{3}U_{2N}}=\frac{560\times10^3}{\sqrt{3}\times400}A=808.29A$$

7.2.2 变压器的应用举例

1. 电力变压器的应用

电力变压器是电力系统主要电气设备。发电厂的发电机输出电压受到发电机绝缘水平的限制，通常电压为 6.3kV、10.5kV，最高为 20kV。在远距离输送电能时，须将发电机的输出电压通过升压变压器升高到几万伏或几十万伏，以降低输电线路的电流，从而减少输电线路上的能量损耗。

输电线路将几万伏或几十万伏的高压电能输送到负荷区后，须经过降压变压器将高电压降低，以适合于用电设备的使用。在供电系统中需要大量的降压变压器，将输电线路的高压变换成不同等级电压，以满足各类负荷的需要。

图 7.8 所示为电力传输中变压器的应用示意图。

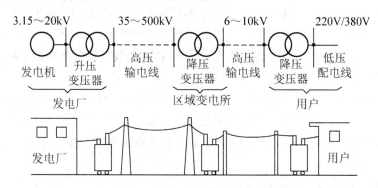

图 7.8 电力传输中变压器的应用

2. 互感器的应用

互感现象在电子技术和电力电路中的应用很广泛。通过互感可以使能量或信号由一个线圈方便地传递到另一个线圈，利用互感现象的原理可制成变压器、感应圈等。在电力系统中经常使用电压互感器和电流互感器。

图 7.9 所示为常见电压互感器和电流互感器外形图。

电流互感器　　电压互感器

图 7.9 电流互感器和电压互感器外形

（1）电压互感器。高压电很危险，所以在测量高压电路的电压时，往往须要把电压按一定比例降到低压标准值（100V）以内，然后再进行测量。

电压互感器是一种把高电压转变为低电压的电压转换器，它由铁心和绕组两部分组成，绕组有一次绕组和二次绕组之分，一次绕组匝数很多而二次绕组匝数很少；一次绕组和二次绕组绕制在同一个铁心上。电压互感器工作时一次绕组并联在高压侧，而二次绕组则与电压表等测量线圈并联。

图 7.10 所示为电压互感器工作原理示意图。

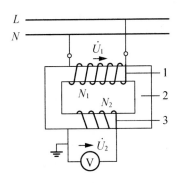

图 7.10　电压互感器工作原理

电压互感器正常工作时可以看作是一台空载运行的降压变压器。当一次绕组接于电源电压 U_1 时，在一次绕组中流过空载电流，在铁心中产生磁通，使二次绕组中产生感应电压 U_2。一、二次绕组中产生的电压有以下所示关系。

$$k_u = U_1/U_2 = N_1/N_2$$

上式中 N_1 为电压互感器一次绕组匝数；N_2 为电压互感器二次绕组匝数；k_u 电压互感器变压比。

在电能计量装置中，采用电压互感器后，电能表上的读数，乘以电压互感器的变比，就是实际使用电量。

（2）电流互感器。电流互感器则可以将电路中的大电流转变为小电流，是一种进行电流变换的器件。电力电路中，为了安全测量大电流往往需要用电流互感器把大电流变为小电流（小于 5A）后，再用电流表进行测量。

电流互感器的结构与电压互感器基本相同，电流互感器的一次绕组匝数少、导线粗，而二次绕组则匝数多、导线细；使用时一次绕组串联接入被测电路中，二次绕组则串联接相应的仪器或仪表。

图 7.11 所示是电流互感器工作原理示意图。由于一次绕组与二次绕组有相等的安匝数，因此，电流互感器的电流比 k_i 为

$$k_i = \frac{I_1}{I_2} = \frac{N_2}{N_1}$$

电流互感器实际运行中负荷阻抗很小，二次绕组接近于短路状态，相当于一个短路运行的变压器。

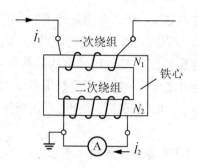

图 7.11　电流互感器工作原理

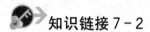 **知识链接 7-2**

交流电弧焊机介绍

电弧焊机是通过电弧产生的热量熔化焊件进行焊接的一种能量转换设备，它是一台特殊用途的降压变压器。交流电弧焊机具有结构简单、操作灵活、价格低廉、应用范围广等特点，因此在工农业生产中使用十分广泛。

1. 交流电弧焊机的结构

电弧焊机利用电弧产生的热量进行焊接。电弧焊机种类繁多，有交流电焊（弧焊）机、直流电焊机、氩弧焊机、二氧化碳保护焊机、点焊机、埋弧焊机、高频焊缝机、激光焊机等。

图 7.12 所示为常见电弧焊机的外形图。

图 7.12　常见电焊机外形

在众多的电弧焊机中，使用最广泛的是交流电弧焊机。交流电弧焊机的核心部件实际上是一台特殊用途的变压器。

为了使焊接顺利进行，要求电弧焊变压器具有如图 7.13 所示的陡降外特性。这种变压器具有如下所示特点。

（1）输出电压陡降特性。一般的用电设备都要求电源的电压尽可能不随负载的变化而变化，但电焊变压器则要求输出电压随输出电流（负载）的变化而变化，且电压随负载增大而迅速降低，即具有陡降特性。

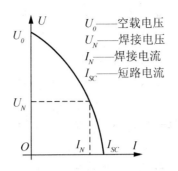

图 7.13　电焊变压器外特性

（2）短路零电压输出。为了保证焊接过程频繁短路（焊条与焊件接触）时，短路电流不致无限增大而烧毁电源，要求短路时电压能自动降至趋近于零。

（3）空载电压满足引弧和安全。为了满足引弧与安全的需要，空载时要求空载电压约为 $60\sim80\mathrm{V}$，这既能顺利起弧，对人身又比较安全。

（4）工作电压能自动调节。焊接起弧以后，电弧的长短会发生变化，电弧长时则电弧电压应高些；电弧短时则电弧电压应低些。为保证电弧的稳定，弧焊变压器的输出电压应适应电弧长度的变化。一般要求电弧电压在 $20\sim40\mathrm{V}$ 之间自动调节，此电压基本属于安全电压范围。

（5）焊接电流应能根据工件的厚度和所用焊条直径的大小，从几十安培到几百安培之间可调。

为了满足上述要求，电焊变压器必须具有较大的漏电抗（与普通变压器的不同之处），并且要求漏电抗可调节。为此，弧焊变压器通常做成串联电抗器式和增强漏磁式两大类。

串联电抗器式分为同体式和分体式两种；增强漏磁式分为动铁式、动圈式和抽头式 3 种。图 7.14（a）和图 7.14（b）分别为动铁式和串联电抗器式电焊变压的电路图。

通过改变图 7.14(a)中动铁心或图 7.14(b)中可变电抗器铁心的位置，达到改变焊接电流以适应不同材质工件对焊接的要求。

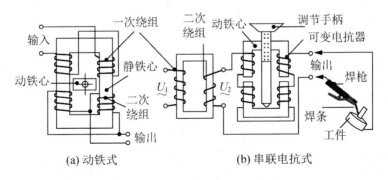

图 7.14　动铁式电焊变压器和串联电抗式电焊变压器电路图

2. 电弧焊机安全操作规程

电焊是一项技术性很强的工作，操作者必须经过电焊工专业技能培训，取得上岗证后方可上岗操作。操作时还应注意以下事项。

（1）开始焊接之前，必须穿戴电焊安全防护用具，检查焊机的输入、输出连接是否正确，外壳是否接地。不得用钢丝绳或机电设备代替零线，也不得将厂房的金属结构、管道、轨道或其他金属搭接起来作导线使用。

（2）通电后，注意检查电焊把线、电缆和电源线的绝缘是否良好，如有破损，必须修理或更换。

（3）切断电源之前，严禁碰触焊机的带电部分，工作完毕或需要临时离开现场时，必须切断电源。

（4）电焊机必须有触电保护器，更换焊条应戴手套。在潮湿地点工作时，应站在绝缘胶板或木板上。

（5）焊接贮存过易燃、易爆、有毒物品的容器或管道前，必须把容器或管道清理干净，并将所有孔盖打开，严禁在带压力的容器上施焊。

（6）焊接带电的设备必须先切断电源；雷雨时，应停止露天焊接作业。工作结束后应切断电源，检查操作地点，确认无起火危险后方可离开。

考考您!

1. 查阅相关资料，谈谈变压器在电力传输中有什么作用。

2. 电流互感器和电压互感器的原理是什么？查阅相关资料，说一说电流互感器和电压互感器在使用时应注意什么问题。

3. 普通变压器与电焊变压器在结构上有什么区别？查阅相关资料，说一说动铁式电焊变压器是如何调节电流的。

第8章

电气控制系统的设计

知识目标	了解电气控制系统设计的内容，掌握电气控制系统设计的基本方法、步骤以及技术资料的编写等
能力目标	能根据电气控制的具体要求进行电气原理设计与工艺设计，会根据电气控制图纸安装、调试电气控制系统

本章导语

电气控制系统设计包括电气原理设计与电气工艺设计两个方面。原理设计是为了满足生产机械及其加工工艺对控制系统的要求，它决定着控制系统品质，而工艺设计则为了满足系统的制造、使用与维修等要求。

8.1 电气控制系统设计的主要内容及方法

电气控制系统设计的基本任务是设计与编制出设备制造和使用维修过程中所必要的图纸、参数等技术资料。这些技术资料包括电气原理图、电气原件布置图、电气安装接线图、电气控制组件结构图、电气元件清单、设备使用说明书等。

8.1.1 电气控制系统设计的内容

电气控制系统设计包括两个方面内容，即原理设计与工艺（施工）设计，其中原理设计是电气控制设计的核心。

1. 电气控制系统的原理设计内容

电力拖动方案的确立、电气控制原理图绘制、电器元件的选择等，这些工作称为原理设计。

原理设计包括以下几个内容。

（1）根据用户的要求、电力拖动系统的特点拟定电气控制系统的设计任务书（或编写电气控制系统的技术条件）。

（2）拟定电力拖动方案，选择并确定电动机的种类、规格、容量、转速等技术参数以及启动、调速、制动等电力拖动要求。

（3）拟定电气控制方案，选择并确定控制方法、控制器种类、控制功能、控制电压等级和控制要求等。

（4）设计并绘制电气原理图；选择电气元件参数，确定元件的型号、规格，编写设计说明书。

2. 电气控制系统的工艺设计的内容

电气控制组件的设计、电气安装接线图的绘制等，这些设计是为了给电气控制设备的制造、使用、维护、维修提供必要的技术资料，因此，这些设计称为电气设备的工艺设计或施工设计。

工艺设计包括以下几个内容。

（1）根据电气原理图以及电气元件规格，设计电气设备的总体配置；绘制电气组件的元件布置图和接线图；绘制电气控制系统的总装配图及总接线图。

（2）根据控制要求设计电气控制箱、控制面板的结构与外形尺寸，安装方式和连接特点等。

（3）编写产品使用说明书。

8.1.2 电气控制系统设计的一般步骤

根据机械设备的结构、传动方式、负载特性等特点，确定所用的电动机种类、结构形式、数量以及电动机启动、制动、调速等方面的要求，是电气设计的基本依据。这些工作统称为电力拖动方案确定。

1. 电力拖动方案的确定

电动机种类、结构、性能的选择是一项综合性的工作。它取决于生产机械的结构、负载的性质，生产机械对电动机启动、制动、调速等方面的要求，其中最重要的是调速性能的要求。

（1）拖动电动机数量的确定。一般来讲，在设计生产机械的传动方式时就应当考虑驱动方案。对于比较简单的机械装备可采用集中驱动（即一台电动机同时驱动几个工作机构）；对于比较复杂的机械装备，为了简化传动机构或便于控制，可采用分别驱动（即不同的电动机驱动不同的工作机构）。

（2）电动机种类的确定。主要根据生产机械的特性和对调速的要求确定。在满足特性和调速要求前提下，再考虑启动、制动要求和系统的经济指标。确定电动机种类时可考虑以下几个因素。

① 在不需要电气调速的场合，应首先考虑采用鼠笼式异步电动机；在重载启动的场合，可采用绕线式异步电动机、直流电动机等。

② 当调速范围 $D=2\sim3$ 时，调速级数$\leq(2\sim3)$。一般采用改变磁极对数的双速或多速笼式异步电动机。

③ 当调速范围 $D<3$ 时，电动机短时工作方式，且不要求平滑调速时，可考虑绕线式异步电动机驱动，采用串联电阻调速方法。

④ 当调速范围 $D=3\sim10$ 时，且要求平滑调速时，在容量较小时，可考虑采用滑差电动机拖动系统。若需长期运转在低速时，则可考虑采用晶闸管直流拖动系统。

⑤ 当调速范围 $D=10\sim100$ 时，可采用直流拖动系统、交流调速系统或变频调速系统。

另外，电动机的调速性质应与生产机械的负载特性相匹配。例如，双速电动机丫-△调速方法与恒功率负载相匹配，丫-丫丫调速方法则与恒转矩负载相匹配。对于他励直流电动机，改变电枢电压调速为恒转矩方式；而改变励磁调速为恒功率方式。

2. 电气控制方案的确定

设备的电气控制方案很多，有传统的继电器——接触器控制，有可编程序控制器控制、有计算机控制等。合理地确定控制方案，是正确设计的前提。确定控制方案可参考以下几个原则。

（1）对工艺相对简单，且生产机械工作机构的动作相对固定的单机控制系统，可考虑采用继电器——接触器控制、逻辑控制器控制等。

（2）对工艺比较复杂或工艺经常发生变化的生产机械，可考虑采用可编程序控制器控制或计算机控制。

（3）对有特殊要求的控制系统，例如需进行运算、通信、上位机管理等特殊功能的装备应采用可编程序控制器控制或计算机控制。

（4）控制系统在满足工艺、技术、安全的前提下，还要考虑经济指标。力求操作方便、维修简单，经济实用。

（5）简单的控制电路可直接用电网电源。对比较复杂的控制装置，可考虑采用低压直流供电或采用隔离变压器并降压供电。

影响控制方案的因素很多。能满足技术要求，简便、可靠、经济的控制方案往往取决于设计人员的设计经验。

3. 电气控制原理设计

在确立了电力拖动方案和控制方案后，将开始电气原理设计。原理设计是电气设计的核心内容。设计方法主要有分析设计法和逻辑设计法两种。

（1）分析设计法。分析设计法也叫经验设计法，它是根据生产机械的工艺要求，选择适当的基本控制环节或比较成熟的电路进行组合并经补充和修改。设计时，往往边分析、边绘制、边修改，直到将其修改成满足控制要求的电路。

（2）逻辑设计法。逻辑设计法是利用逻辑代数来进行电路设计的一种方法。从生产机械的拖动要求和工艺要求出发，将控制电路中电器的触头、线圈的通电与断电看成逻辑变量，根据控制要求将它们之间的关系用逻辑式来表达，经化简后转变为相应的控制电路图。

分析设计法简单实用，初学者很容易掌握；但设计出的电路的质量取决于设计者的经验，需要进行反复审核和修改才能达到满意的效果。逻辑设计法过程较复杂，还要涉及一些数学概念，因此很少采用。这里不作介绍。

4. 电气原理设计应注意的问题

为了确保控制系统（电路）工作安全可靠，维修方便等，在进行原理设计时应尽量参考经常使用的、成熟的、典型的电路环节。同时，还要注意以下几个问题。

（1）控制电路电压的类型相对统一并符合标准。可供选择的电压有交流 380V、220V、110V 或 48V、6V 等；直流 48V 或 24V 等。

（2）电路正常工作时尽可能减少通电电器的数量，这样不但能减少故障的发生，同时也有利于节能。

图 8.1 所示为笼式电动机串联电阻启动主电路，若用图 8.1(a)为主电路，则当电动机

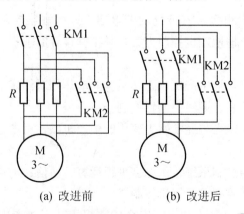

(a) 改进前　　　　(b) 改进后

图 8.1　三相异步电动机串电阻启动主电路

启动结束转入正常运行时，接触器 KM1、KM2 均需要通电；当采用图 8.1(b) 所示电路时，正常运行时只需 KM2 通电即可。从减少故障点和节能角度来看，显然图 8.1(b) 优于图 8.1(a)。

（3）对于电感较大电器的线圈，例如牵引电磁铁、电磁阀、直流励磁线圈等不宜与普通电器的线圈并联，否则在断开电源时可能会造成后者的误动作。

图 8.2(a)中接触器线圈 KM 与电磁阀线圈 C 并联，当按下按钮 SB2 时，由于电磁阀线圈 C 具有很大的电感，在断开瞬间将产生较大的感应电动势并形成感应电流(图 8.2(a) 中虚线所示)，从而导致接触器释放延时，影响电路正常工作。

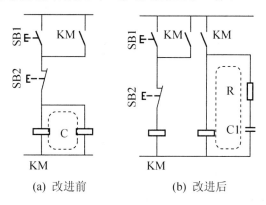

(a) 改进前　　　　　(b) 改进后

图 8.2　接触器线圈与电磁阀线圈并联电路

图 8.2(b)所示是一个经过改进的电路。图中电阻 R 和电容 C1 串联为电磁阀线圈 C 提供了一个放电电路，以降低火花对接触器辅助触头 KM 的影响。

（4）触头布置的位置要合理，既要考虑到施工时节省导线材料，同时还要考虑安全因素。

图 8.3 是接触器线圈与行程开关 SQ 串联的电路。图 8.3(a)将行程开关 SQ 的两个触头分别接在两相不同的电压上，由于行程开关常开与常闭触头位置很近，容易出现相间短路事故。而图 8.3(b) 则可避免类似的短路事故的发生。另外，由于行程开关 SQ 与接触器 KM1 和 KM2 安装在设备的不同位置，两者之间需通过接线端子连接，采用图 8.3(a) 的连接方式，不但增加接线端子的数量，同时也将增加连接导线的长度。

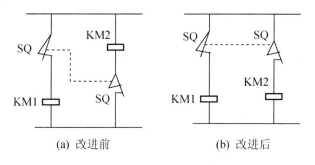

(a) 改进前　　　　　(b) 改进后

图 8.3　线圈与行程开关串联的电路

（5）注意避免寄生电路的出现。由于设计不合理，在电路工作过程中出现意外接通的电路，称为寄生电路。寄生电路在设计时容易忽视，往往在运行过程中显现出来并造成电路误动作。

图 8.4 所示为电动机正反转控制与显示电路。当电动机正常时，电路能正常工作，但当发生过载，热继电器触头断开后，就有可能出现图 8.4 中虚线所示的寄生电路而导致接触器 KM1 不能释放。若将 FR 移到与 SB1 串联位置时，就可避免上述问题。

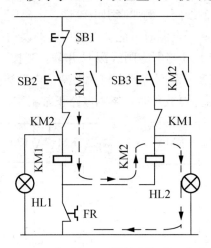

图 8.4　电动机正反转控制与显示电路

（6）避免出现竞争和冒险现象。所谓"竞争"和"冒险"是指电器元件由于动作时间和释放时间的不确定性而造成控制电路不能按照要求动作，从而引起失控的现象。经验不足的设计人员往往容易忽视竞争和冒险现象。

图 8.5(a)所示是一个存在竞争和冒险的电路，当按下 SB 时，中间继电器 KA1 得电并自锁，同时为 KA2 得电作好准备；当 SQ 压合时 KA2 得电，当 KA2 的常闭触头断开（KA2 常开尚未闭合）瞬间，KA1 失电将导致 KA1 常开释放，在此过程中有可能出现 KA1、KA2 均断电的瞬间。此电路最终的稳定状态取决于 KA1 和 KA2 的动作时间的快慢及工作时的偶然因素，可能导致线路的故障。

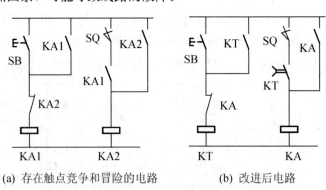

(a) 存在触点竞争和冒险的电路　　　　(b) 改进后电路

图 8.5　存在触点竞争和冒险的电路及改进后的电路

图 8.5(b)所示是一个经过改进的，没有竞争和冒险的电路。图中时间继电器是为了保证中间继电器 KA1、KA2 得电的时序。

（7）注意触头容量，利用闲置触头并联以扩大电流容量。图 8.6 所示电路为通过接触器 KM 辅助触头向 4 个线圈供电的电路。很显然，辅助触头中通过的电流较大，一般接触器有两对常开辅助触头，通过辅助触头并联（电路中虚线）可以扩大电流的容量。

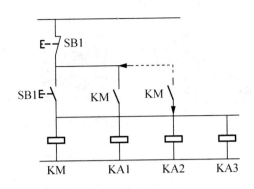

图8.6 通过触头并联扩大电流容量

（8）电路必须具有必要的保护和联锁。控制电路在事故情况下，应能保证操作人员、电气设备、生产机械的安全，并能有效地制止事故的扩大。为此，在控制电路中应采取一定的保护措施。常用的保护有：漏电保护、过载、短路、过流、过压、失压、联锁与行程保护等。必要时还可设置相应的指示信号。

5. 电气控制系统工艺设计

在完成原理设计后，就进入了工艺设计阶段。工艺设计是为电气设备的制造提供方便。有关电气系统工艺设计的内容，在"知识链接2-4"中已经有所获悉，这里不再讲述。

 知识链接8-1

电动机选择的内容与方法介绍

电动机是电力拖动设备的原动机，正确、合理地选择电动机种类、结构和额定参数等是保证设备经济、合理、安全和可靠运行的关键。因此，合理选择电动机非常重要。以下内容将帮助读者了解电动机选择的内容和方法。

电动机的选择主要包括电动机结构形式、电动机种类、额定电压、额定转速、允许温升、工作方式和额定功率等。此外，选择时还应当考虑价格、节能环保以及维修方便等因素。

1. 电动机结构的选择

电动机的结构包括安装方式、轴伸数量以及防护方式等。具体要根据电动机在设备中的安装形式、工作环境等确定。

（1）安装方式的选择。按安装方式不同，电动机有立式和卧式之分。卧式电动机的转轴安装后是水平的，而立式电动机的转轴安装后是垂直的。

卧式电动机和立式电动机所使用的轴承是不同的，同等功率的电动机，立式价格高于卧式。卧式电动机使用较多，只在有特殊安装要求的情况下才选择立式电动机。

图8.7所示为常见立式电动机的外形及安装方式图。

图 8.7　立式电动机外形及安装示意图

（2）轴伸数量。普通电动机一般为单轴伸，特殊情况下需要采用双轴伸电动机。例如，当电动机需要安装测速发电机、速度继电器时，往往采用双轴伸电动机的一端来驱动这些设备。

图 8.8 所示为双轴伸电动机与测速发电机连接示意图。

图 8.8　双轴伸电动机与测速发电机连接示意图

（3）防护方式。电动机的防护方式有开启式、防护式、封闭式和防爆式等几种。不同防护方式的电动机适用的场合不同。

① 开启式电动机：开启式电动机定子两侧和端盖上开有很大的通风口，其散热性能好，价格低廉。但易受到灰尘、水滴等杂物的侵入。只能用于清洁、干燥的环境中。

② 防护式电动机：防护式电动机的外壳有通气孔，旋转部分与带电部分具有一般保护，能防止铁屑、沙石、水滴等杂物从上面或 45°角以内侵入，但不能防尘和防潮。这种电动机通风性能良好，多用于灰尘不多，比较干燥的场所。

③ 封闭式电动机：封闭式电动机的定子，转子全封闭，潮气，灰尘都不能侵入电机内部。适用于环境较恶劣的场所。

④ 防爆电动机：防爆电动机的外壳和接线端子全部封闭，能防止外部易燃气体侵入机内，或机内因火花引起机外易燃气体起火和爆炸。适用于石油，化工，重瓦斯煤矿等易燃或有爆炸性气体的场所。

电动机铭牌上标有表示防护等级的代号，代号由表征字母 IP（表示国际防护）及附加在后的两个表征数字组成。

第一位数字表示第一种防护，即防止人体触及或接近壳内带电部分和触及壳内转动部件，以及防止固体异物进入电动机。

表 8-1 为第一位表征数字表示的防护等级的意义。

表 8-1　第一位表征数字表示的防护等级

表征数字	简要说明	详细定义
0	无防护	没有特殊防护
1	能防止大于 50mm 固体物件的入侵	手掌、身体(但不含故意的入侵)或直径大于 50mm 之固体物件
2	能防止大于 12mm 固体物件的入侵	手指或不超过 80mm 长度的类似物件，及直径大于 12mm 固体物件
3	能防止大于 2.5mm 固体物件的入侵	直径或厚度，超过 2.5mm 的工具、电线等，及直径大于 2.5mm 的固体物件
4	能防止大于 1.0mm 固体物件的入侵	直径或厚度大于 1.0mm 的电线或蚊虫、昆虫，及直径大于 1.0mm 的固体物件
5	防尘	不能完全防止尘垢入侵，但是入侵的尘垢量还不足以影响装置的满意操作
6	尘密	尘垢完全无法入侵

第二位数字表示第二种防护，即防止由于电动机进水而引起有害影响。

表 8-2 为第二位表征数字表示的防护等级的意义。

表 8-2　第二位表征数字表示的防护等级

表征数字	简要说明	详细定义
0	无防护	没有特殊防护的电动机
1	能防滴水入侵	由上垂直滴落的水，无有害影响的电动机
2	倾斜时能防滴水入侵	当电机倾斜到 15°时，能防护垂直滴水的电动机
3	防淋电动机	与垂直线成 60°范围内，淋水无影响的电动机
4	防溅水电动机	水从任何方向泼溅都无影响的电动机
5	防喷水电机	任何方向的喷水都不会受影响的电动机
6	防海浪电动机	面对大浪或强烈喷水都不受影响的电动机
7	防浸水电动机	放入特定水压的水中不会造成影响的电动机
8	潜水电机	可连续沉没在水中而不会受影响的电动机

这两位数字越大，防护能力越强。例如 IP44，它表示能防止大于 1.0mm 固体物件入侵的防溅水电动机。

2. 电动机的种类选择

电动机种类的选择是基于生产机械对电动机的特性、启动、调速、制动等方面要求考虑。同时也要考虑维护及价格等方面因素。了解各种电动机的技术性能是合理选择电动机的前提。

表 8-3 列举了部分电动机基本的性能特点。

表 8-3　电动机的性能特点

电动机类型	主要性能特点
直流他励电动机	硬特性、启动转矩大、调速性能好
直流串励电动机	软特性、启动转矩大、调速性能好
直流复励电动机	特性软硬适中、启动转矩大、调速性能好
普通三相异步电动机	硬特性、启动转矩不大；变频调速时性能好
普通三相绕线式异步电动机	硬特性、启动转矩大，能采用转子串联电阻有级调速
三相同步电动机	转速不变（与负载无关），功率因数可调
单相异步电动机	功率小、特性硬
单相同步电动机	功率小、转速恒定

3. 电动机额定参数的选择

（1）电动机额定电压选择。交流电动机的额定电压主要根据使用现场的电网电压选取。单相异步电动机一般采用 220V；三相异步电动机一般采用 380V/220V。大功率电动机一般采用高压供电，额定电压一般为 3kV、6kV 等。

（2）电动机额定转速选择。电动机的额定转速要根据生产机械工作机构的转速来确定。相同功率的电动机，额定转速越高则电动机的重量越轻、价格越低，经济性好；但转速高的电动机转矩较小，启动电流较大。因此电动机的额定转速应综合考虑。

若电动机的转速和工作机构转速一致，则可以通过联轴器直接驱动，这样可以简化传动装置。

若工作机构转速较低，选用低速电动机往往不经济，一般采用额定转速在 750～1500r/min 之间较合适。

（3）电动机额定功率选择。功率选择是电动机选择的核心内容。功率过小时，电动机会过载发热，甚至带不动机械，造成"小马拉大车"现象，影响电动机使用寿命，甚至烧毁电动机。功率过大时，电动机的效率和功率因数下降，运行不经济，出现"大马拉小车"的现象，造成浪费。

正确选择电动机额定功率对提高系统的安全、经济运行具有重要意义。电动机功率选择时应遵循以下几个原则。

① 电动机应能胜任生产机械所需要的启动转矩；

② 电动机在规定运行状态工作时，其温升不能超过额定温升；

③ 电动机应有一定的过载能力，能保证频繁启动，短时过载等情况下能正常运行。

有关电动机功率的选择方法这里不再叙述。

考考您!

1. 电气控制系统设计的主要内容有哪些？原理设计的主要任务是什么？原理设计的方法有哪几种？

2. 电动机的过载保护、短路保护和过电流保护有什么不同之处？各用什么电器来实现？

3. 电气元件布置图绘制时应注意什么问题？为什么？

4. 图 8.9 所示电路有什么不妥之处？为什么？应当如何进行改进？

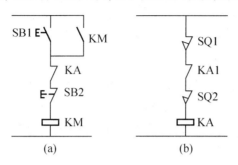

图 8.9　题 4 电路图

8.2　电气控制系统设计举例

普通车床是一种常见的通用机床，适用于加工轴、套筒等具有旋转表面的零件，如车削内外圆柱面、圆锥面、端面等；也可以用于加工螺纹、钻孔、铰孔等。普通车床加工范围广，但自动化程度相对较低，适用小批量零件加工。

任何一种机电设备，其机械结构的设计与电气控制系统的设计是同步开始的，机械设计人员与电气设计人员必须相互协作，共同制定设计方案。

本节通过对 CA6140 型通用机床电气控制系统的设计举例，介绍电气控制系统设计的方法与步骤。假设 CA6140 型通用机床的机械设计已经完成。

在进行电气原理设计之前需要了解 CA6140 型通用机床的结构特点、工作机构的传动方式、加工工艺以及对电力拖动及控制的要求。

8.2.1　CA6140 型车床主要结构及运动特点

图 8.10 所示是 CA6140 型通用机床结构示意图。它主要有床身、主轴变速箱、进给箱、溜板箱、刀架、尾架、丝杠和光杠等部件组成。

图 8.10　CA6140 型通用机床结构示意图

CA6140 型通用机床工作机构的主要运动及传动情况描述如下所示。

（1）主运动。电动机通过主轴变速箱带动卡盘的运动称为主运动。主轴变速箱包括主轴、齿轮减速箱、主轴正反转换向机构、制动装置、操纵机构和润滑装置等。

变速箱是机床中最复杂的机械机构，能实现卡盘正转（10～1400r/min）和反转（14～1580r/min）速度的调节。

（2）进给运动。进给运动是指溜板箱的左右移动和刀架的前后移动。进给传动机构包括进给变速机构、丝杠转换机构、光杠转换机构、操作机构等组成。为了加工含有螺纹、丝杠的工件，要求主运动与进给运动之间必须有严格的比例关系，因此进给运动与主运动采用同一台电动机驱动。

（3）辅助运动。辅助运动包括溜板箱、刀架的快速移动、尾架的移动等。这些运动与主运动和进给运动无关。

8.2.2　CA6140 型车床电气控制要求

根据 CA6140 车床的运动情况以及对加工工艺的要求，车床对电气控制系统有以下几个要求。

（1）主运动采用三相异步电动机驱动，采用机械调速实现卡盘的变速。为车削螺纹等特殊要求工件，要求卡盘能实现正、反转。CA6140 车床采用机械摩擦离合器实现主轴的正反转，电动机只作单向运动。

（2）CA6140 车床的主运动采用一台 7.5kW 的三相异步电动机，因此采用直接启动方式。由于其机械装置中已经配有主轴机械制动器，因此电动机不再采用电气制动。

（3）在进行车削加工时必须对工件和刀具进行冷却处理，因此设置一台冷却泵电动机提供所需的冷却液。该电动机功率仅 90W，因此采用直接启动，无需进行调速、制动与反转控制。

（4）冷却泵电动机只需在加工时工作，因此要求冷却泵电动机只有在主轴电动机启动后才允许工作。

（5）为实现溜板箱的快速移动，专门设置一台溜板箱快速移动电动机。该电动机功率仅 0.25kW，采用点动控制，无需进行调速、制动与反转控制。

（6）电动机须有必要的保护措施和安全可靠的照明、信号指示。

8.2.3　CA6140 型车床电气控制原理设计

原理设计包括主电路设计与控制电路、照明电路和信号电路等设计。设计时按先主电路，后控制电路和其他辅助电路的顺序进行，采用分析设计法设计。

（1）主电路设计。根据 CA6140 型车床电气控制要求，下面将对各驱动电动机的控制要求重述如下所示。

① 主电动机为 7.5kW，因此采用直接启动，无需进行正反转控制、电气调速和电气制动；由于其工作时间较长，且加工时存在过载，因此需进行过载保护。

② 冷却泵电动机仅为 90W，因此采用直接启动，无需进行正反转控制、电气调速和

电气制动。由于冷却泵电动机需长期工作，一旦油路不畅时则可能出现过载事故，因此设置过载保护。

③ 溜板箱快速移动电动机功率为 0.25kW，无需进行正反转控制、电气调速和电气制动。该电动机属于短时工作，因此不设过载保护。

图 8.11 所示为 CA6140 车床的主电路。

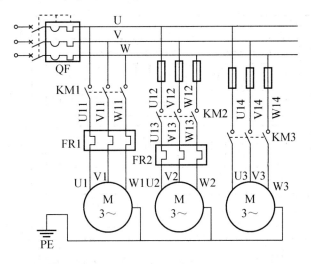

图 8.11 　CA6140 车床主电路

主电路中采用空气开关(QF)作为电源开关，实现对整个控制系统的过载与短路保护。该电路满足了上述要求。

(2) 控制电路和其他辅助电路设计。根据控制要求和主电路特点，设计出图 8.12 所示的 CA6140 车床的控制电路和其他辅助电路。

① 由于控制电路比较简单，考虑到维修和更换电器元件方便，因此控制电路直接采用 220V 交流电压，照明电路采用 24V 交流安全电压，信号电路采用 6V 交流电压。

② 主电机控制接触器 KM1 的辅助触头串接在冷却泵控制接触器线圈 KM2 回路中，实现主电机与冷却泵电动机的顺序控制。

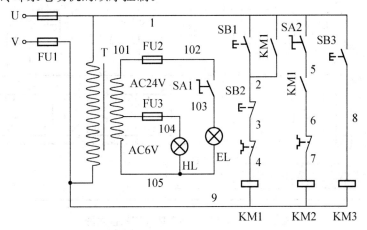

图 8.12 　CA6140 车床控制电路和辅助电路

8.2.4 CA6140 型车床的工艺设计

CA6140 车床在机械设计时已经考虑了各电动机、主令电器、照明和信号灯的安装位置及安装方法。因此，工艺设计主要的主要内容是控制板元件布置和安装接线图绘制。

图 8.13 所示为 CA6140 普通车床控制板电器元件布置图。

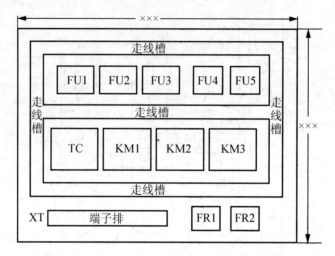

图 8.13　CA6140 普通车床控制板电器元件布置图

在进行施工作业时，将电器元件按布置图所示位置安装牢固后，方可进行电路连接。

图 8.14 所示为 CA6140 普通车床控制板接线图。

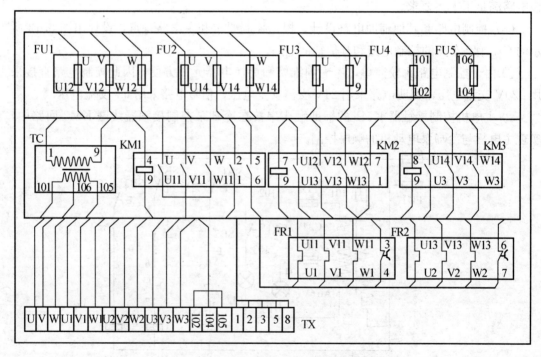

图 8.14　CA6140 普通车床控制板接线图

在完成控制板接线施工后，只需将外围各电动机、主令电器照明和信号灯连接到相应的端子上即可。图 8.15 所示为 CA6140 普通车床电气控制总体安装图。

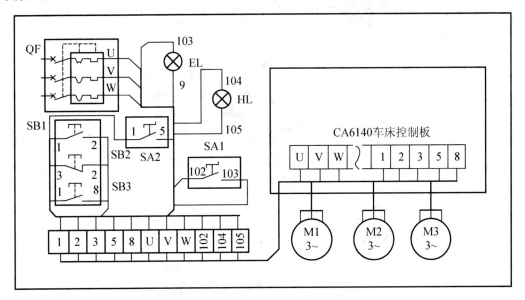

图 8.15　CA6140 普通车床电气控制总体安装图

知识链接 8-2

电气设备的接地与接零保护

电气设备在安装完成后要做好接地或接零，这样可防止在绝缘损坏或意外情况下，金属外壳带电时危及人身安全。实践证明，保护接地或保护接零是一种重要的安全保护措施。

以保护人身安全为目的，把电气设备不带电的金属外壳接地（大地）或接零（零线），叫做保护接地及保护接零。根据供电电网结构的不同，电气设备采取的保护方法也不相同。

1. 电气设备的保护接地

保护接地应用于中性点不接地的配电系统中。在中性点不接地的三相电源系统中，当接到这个系统上的某电气设备因绝缘损坏而使外壳带电时，若人手触及外壳，由于输电线与地之间有分布电容存在，将有电流通过人体及分布电容回到电源，使人触电，如图 8.16 所示。在一般情况下这个电流是不大的。但如果电网分布很广或电网绝缘强度显著下降，这个电流可能达到危险程度，这就必须采取安全措施。

保护接地就是把电气设备的金属外壳用接地装置与大地可靠地连接起来。电气设备采用保护接地措施后，设备外壳已通过导线与大地有良好的接触，当人体触及带电的外壳时，人体相当于接地电阻的一条并联支路，人体电阻一般大于 $1k\Omega$，而接地保护装置的接地电阻一般小于 4Ω，因此，通过人体的电流很小，如图 8.17 所示。

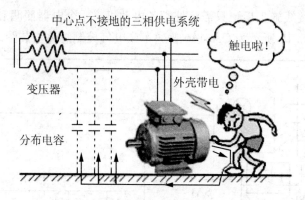

图 8.16　电动机外壳不接地时的情况

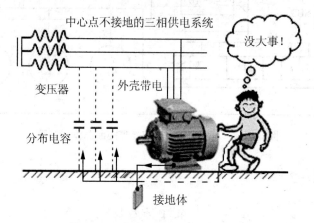

图 8.17　电动机外壳接地时的情况

2. 电气设备的保护接零

所谓保护接零(又称接零保护)就是将电气设备正常情况下不带电的金属部分与零线(又称中性线)作良好的金属连接。

图 8.18 所示是保护接零情况下故障电流示意图。

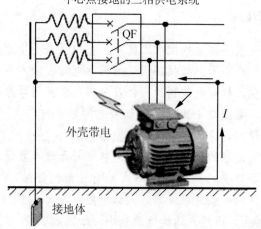

图 8.18　保护接零情况下的故障电流

当某一相绝缘损坏使相线碰壳，外壳带电时，由于外壳采用了保护接零措施，因此该相和零线构成回路，单相短路电流很大，足以使线路上的保护装置(如空气开关、熔断器等)迅速作出反应，将漏电的设备与电源断开，从而避免人身触电事故。

保护接零用于 380V/220V、三相四线制，电源的中性点直接接地的三相四线制配电系统中。

3. 系统采用保护时需要注意的问题

(1) 在电源中性点接地的配电系统中，只能采用保护接零，如果采用保护接地则不能有效地防止人身触电事故。

图 8.19 所示电路中，若采用保护接地，电源中性点接地电阻与电气设备的接地电阻均按 4Ω 考虑，而电源电压为 220V，那么当电气设备的绝缘损坏使电气设备外壳带电时，则两接地电阻间的电流将为

$$I_a = \frac{220}{R_0 + R_d} = \frac{220}{4 + 4} = 27.5 (\text{A})$$

中心点接地的三相供电系统

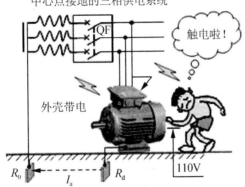

图 8.19　中心点接地系统采用保护接地情况

此时，线路中的空气开关或熔断器将不会作出反应，导致电动机外壳的对地电压为

$$U_a = 27.5 \times 4 = 110 (\text{V})$$

显然，该电压远远超出了安全电压范围，这是很危险的。如果保护接地电阻大于电源中性点接地电阻，设备外壳的对地电压还要高，这时危险更大。

(2) 在保护接零系统中，零线的作用十分重要，一旦出现零线断线，接在断线处后面的电气设备，相当于没作保护接零。如果在零线断线处后面有电气设备外壳漏电，则不能构成短路回路，不但这台设备外壳将长期带电，而且使断线处后面的所有作保护接零设备的外壳出现接近于电源相电压的对地电压，触电的危险性将大大增加，如图 8.20 所示。

正因为如此，零线的连接应牢固可靠、接触良好。零线的连接线与设备的连接应用螺栓压接。所有电气设备的接零线要并接在零线上，不允许串联。零线上禁止安装保险丝或单独的断流开关。在有腐蚀性物质的环境中，为了防止零线的腐蚀，均应在其表面涂以必要的防腐涂料。

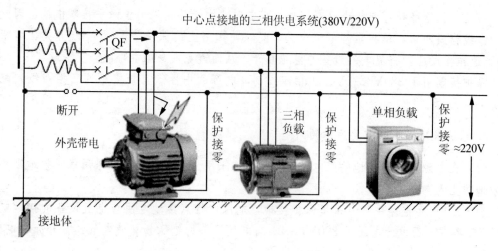

图 8.20 保护接零系统零线断线时的情况

（3）电源电性点不接地的三相四线制配电系统中，不允许用保护接零，而只能用保护接地。

在电源中性点接地的配电系统中，当一根相线和大地接触时，通过接地的相线与电源中性点接地装置的短路电流，可以使熔断器熔断，避免事故的发生。但在中性点不接地的配电系统中，任一相发生接地事故时，系统仍可照常运行，但这时大地与接地的相线等电位，则接在零线上的用电设备外壳对地的电压将等于接地的相线从接地点到电源中性点的电压值，是十分危险的，如图 8.21 所示。

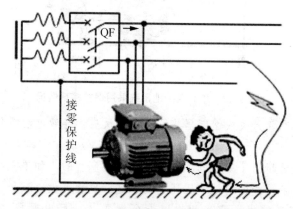

图 8.21 中心点不接地系统采用保护接零的情况

（4）同一系统上不允许把一部分电气设备的金属外壳接零，另一部分用电设备的金属外壳接地。

在图 8.22 中，当外壳接地的设备发生碰壳漏电，而引起的事故电流不足以使电路中的保护电器动作，设备外壳就带电 110V，并使整个零线对地电位升高到 110V，于是其他接零设备的外壳对地都有 110V 电位，这是很危险的。

由此可见，在同一个系统上不准采用部分设备接零、部分设备接地的混合接法。即使熔丝符合能熔断的要求，也不允许混合接法。因为熔丝在使用中经常调换，很难保证不出差错。

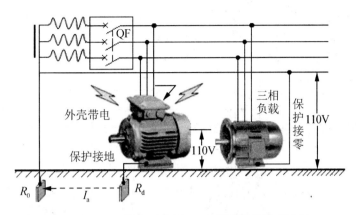

图 8.22　同一供电系统中不正确的保护接法(混接)

（5）在采用保护接零的系统中，还要在电源中性点进行工作接地和在零线的一定间隔距离及终端进行重复接地。

在三相四线制的配电系统中，将配电变压器副边中性点通过接地装置与大地直接连接叫工作接地。

在中性点接地的系统中，除将配电变压器中性点作工作接地外，沿零线走向的一处或多处还要再次将零线接地，叫重复接地。

图 8.23 所示为工作接地和重复接地示意图。

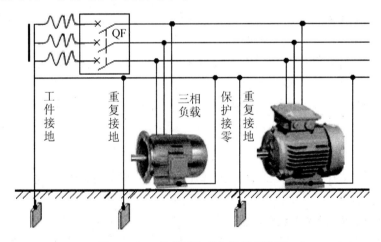

图 8.23　工作接地与重复接地示意图

如果没有重复接地，当零线某处发生断线时，在断线处后面的所有电气设备就处在既没有保护接零，又没有保护接地的状态。一旦有一相电源碰壳，断线处后面的零线和与其相连的电器设备的外壳都将带上等于相电压的对地电压，这是十分危险的，如图 8.20 所示。

在有重复接地的情况下，当某处零线断线，发生电器设备外壳带电时，相电压经过漏电的设备外壳，与重复接地电阻、工作接地电阻构成回路，如图 8.24 所示。漏电设备外壳的对地电压为相电压在重复接地电阻上的电压降，使事故的危险程度有所减轻，但还是危险的，因此，零线断线事故应尽量避免。

在作接零保护的线路中，架空线路的干线和分支线的终端及沿线每一千米处，零线应重复接地。电缆线路和架空线路在引入建筑物处，零线亦应重复接地，但是如无特殊要求时，距接地点不超过50m的建筑物可以不作重复接地。

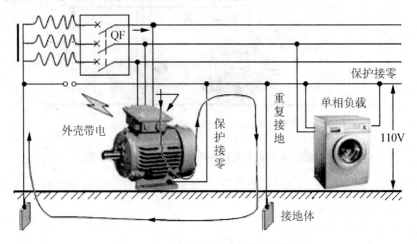

图8.24　有重复接地时零线断线时的情况

4. 保护接零和保护接地的适用范围

对于以下电气设备的金属部分均应采取保护接零或保护接地措施。

（1）电机、变压器、电器、照明器具、携带式及移动式用电器具等的金属底座和金属外壳，电压和电流互感器的二次绕阻。

（2）电气设备的传动装置，配电屏与控制屏的框架，室内、室外配电装置的金属框架、钢筋混凝土的主筋和金属围栏。

（3）穿线的钢管、金属接线盒等外壳；装有避雷线的电力线路的杆塔和装在配电线路电杆上的开关设备及电容器的外壳等。

实践项目 11　电动机顺序控制电路设计与安装

所谓顺序控制就是按照生产工艺预先规定的顺序，在一个或各个输入信号的作用下，控制系统根据内部状态和时间的顺序，各个执行机构在生产过程中自动、有顺序地进行操作。顺序控制是电气系统的一种常见控制形式。

知识要求	了解顺序控制的意义，了解顺序控制在实际生产实践中的应用。掌握电动机顺序控制的原理与设计
能力要求	会正确设计两台电动机顺序工作的电路原理图，能根据电气原理图正确绘制顺序控制安装接线图。能根据原理图和接线图完成顺序控制电路的安装、调试

1. 顺序控制概述

在生产实践中，有的生产机械的工作机构往往要求按事先预定的顺序有条不紊、按部就班地工作。例如，电镀流水线、全自动洗衣机、磨床工作台、深孔钻床等设备的工作。顺序控制是电气设备中最常见的控制形式。

生产机械的工作机构是由电动机驱动的，工作机构的顺序工作往往是通过驱动各工作机械的各电动机的顺序控制实现的。

图 8.25 所示为某物流企业货物传送带输送物体示意图。

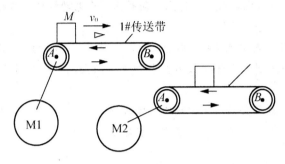

图 8.25　货物传送带输送物体示意图

图 8.25 中两台传送带在送料过程中进行接力传递。启动时，要求 2♯传送带先运行，然后再启动 1♯传送带。停止时，则要求 1♯传送带停止后，2♯传送带才能停止。否则会出现因物料堆积，而使传送带不能正常工作。

2. 两台电动机顺序控制电路设计与安装

(1) 控制要求。在图 8.25 中，1♯传送带由电动机 M1 驱动，2♯传送带由电动机 M2 驱动。要求传送带实现以下几个功能。

① 按下启动按钮 SB1 后→先启动电动机 M2，经过 5 秒种延时后→自动启动电动机 M1→传送带转入正常运行。

② 停止时按下停止按钮 SB2→1♯传送带停止工作→经过 5 秒钟延时后，2♯传送带自动停止。

③ 要求电动机完善的保护。

(2) 设计内容如下所示。

① 设计该系统的电气原理图。

② 根据电气原理图绘制控制板电气元件布置图和系统总安装接线图。

③ 选择系统的电气元件(规格、型号等)，编制元件名细表。

(3) 施工要求如下所示。

① 根据电气原理图和安装接线图进行安装、接线。

② 完成接线并检查无误后进行试车运行。

考考您！

1. 某机床共采用两台三相鼠笼式异步电动机拖动，一台为主轴电动机，另一台为油泵电动机，两台电动机均采用直接启动，试设计系统的主电路与控制电路。假设该系统的控制要求如下所示。

(1) 主轴电动机必须在油泵电动机启动后才允许启动。

（2）主轴电动机要求能正反向运行，为调试方便，主轴电动机同时要求能进行正反向点动控制。

（3）主轴电动机停止后才允许油泵电动机停止。

（4）电路具有必须的安全保护措施。

2. 设计一控制电路，要求第一台电动机启动 10 秒钟后第二台电动机自动启动；当第二台电动机运行 8 秒钟后第一台电动机自动停止，同时第三台电动机自动启动。当第三台电动机运行 5 秒钟后，全部电动机停止运行。

3. 试设计绕线型异步电动机串联三级电阻，按时间原则启动的主电路与控制电路。

4. 什么是保护接地？什么是保护接零？电气设备的金属外壳为什么要进行保护接地或保护接零？

5. 什么情况下电气设备要采用保护接地？什么情况下电气设备要采用保护接零？

6. 什么叫工作接地？什么又叫重复接地？重复接地有什么好处？

参 考 文 献

[1] 郭宝宁. 电机应用技术[M]. 北京：北京大学出版社，2010.

[2] 刘小春，黄全有. 电气控制与 PLC 应用[M]. 北京：电子工业出版社，2009.

[3] 孙建领，冀俊茹. 电工技术应用[M]. 北京：电子工业出版社，2010.

[4] 许晓峰. 电机及拖动[M]. 北京：高等教育出版社，2008.

[5] 李向东. 电气控制与 PLC[M]. 北京：机械工业出版社，2005.

[6] 华满香，王玺珍，冯泽虎. 电气控制与 PLC 应用[M]. 北京：北京大学出版社，2009.

北京大学出版社高职高专机电系列规划教材

序号	书号	书名	编著者	定价	出版日期
1	978-7-301-12181-8	自动控制原理与应用	梁南丁	23.00	2012.1 第 3 次印刷
2	978-7-5038-4861-2	公差配合与测量技术	南秀蓉	23.00	2011.12 第 4 次印刷
3	978-7-5038-4865-0	CAD/CAM 数控编程与实训(CAXA 版)	刘玉春	27.00	2011.2 第 3 次印刷
4	978-7-5038-4869-8	设备状态监测与故障诊断技术	林英志	22.00	2011.8 第 3 次印刷
5	978-7-301-13262-3	实用数控编程与操作	钱东东	32.00	2011.8 第 3 次印刷
6	978-7-301-13383-5	机械专业英语图解教程	朱派龙	22.00	2012.2 第 4 次印刷
7	978-7-301-13582-2	液压与气压传动技术	袁 广	24.00	2011.3 第 3 次印刷
8	978-7-301-13662-1	机械制造技术	宁广庆	42.00	2010.11 第 2 次印刷
9	978-7-301-13574-7	机械制造基础	徐从清	32.00	2012.7 第 3 次印刷
10	978-7-301-13653-9	工程力学	武昭晖	25.00	2011.2 第 3 次印刷
11	978-7-301-13652-2	金工实训	柴增田	22.00	2011.11 第 3 次印刷
12	978-7-301-14470-1	数控编程与操作	刘瑞已	29.00	2011.2 第 2 次印刷
13	978-7-301-13651-5	金属工艺学	柴增田	27.00	2011.6 第 2 次印刷
14	978-7-301-12389-8	电机与拖动	梁南丁	32.00	2011.12 第 2 次印刷
15	978-7-301-13659-1	CAD/CAM 实体造型教程与实训 (Pro/ENGINEER 版)	诸小丽	38.00	2012.1 第 3 次印刷
16	978-7-301-13656-0	机械设计基础	时忠明	25.00	2012.7 第 3 次印刷
17	978-7-301-17122-6	AutoCAD 机械绘图项目教程	张海鹏	36.00	2011.10 第 2 次印刷
18	978-7-301-17148-6	普通机床零件加工	杨雪青	26.00	2010.6
19	978-7-301-17398-5	数控加工技术项目教程	李东君	48.00	2010.8
20	978-7-301-17573-6	AutoCAD 机械绘图基础教程	王长忠	32.00	2010.8
21	978-7-301-17557-6	CAD/CAM 数控编程项目教程(UG 版)	慕 灿	45.00	2012.4 第 2 次印刷
22	978-7-301-17609-2	液压传动	龚肖新	22.00	2010.8
23	978-7-301-17679-5	机械零件数控加工	李 文	38.00	2010.8
24	978-7-301-17608-5	机械加工工艺编制	于爱武	45.00	2012.2 第 2 次印刷
25	978-7-301-17707-5	零件加工信息分析	谢 蕾	46.00	2010.8
26	978-7-301-18357-1	机械制图	徐连孝	27.00	2012.9 第 2 次印刷
27	978-7-301-18143-0	机械制图习题集	徐连孝	20.00	2011.1
28	978-7-301-18470-7	传感器检测技术及应用	王晓敏	35.00	2012.7 第 2 次印刷
29	978-7-301-18471-4	冲压工艺与模具设计	张 芳	39.00	2011.3
30	978-7-301-18852-1	机电专业英语	戴正阳	28.00	2011.5
31	978-7-301-19272-6	电气控制与 PLC 程序设计(松下系列)	姜秀玲	36.00	2011.8
32	978-7-301-19297-9	机械制造工艺及夹具设计	徐 勇	28.00	2011.8
33	978-7-301-19319-8	电力系统自动装置	王 伟	24.00	2011.8
34	978-7-301-19374-7	公差配合与技术测量	庄佃霞	26.00	2011.8
35	978-7-301-19436-2	公差与测量技术	余 键	25.00	2011.9
36	978-7-301-19010-4	AutoCAD 机械绘图基础教程与实训(第 2 版)	欧阳全会	36.00	2012.1
37	978-7-301-19638-0	电气控制与 PLC 应用技术	郭 燕	24.00	2012.1
38	978-7-301-19933-6	冷冲压工艺与模具设计	刘洪贤	32.00	2012.1
39	978-7-301-20002-5	数控机床故障诊断与维修	陈学军	38.00	2012.1
40	978-7-301-20312-5	数控编程与加工项目教程	周晓宏	42.00	2012.3
41	978-7-301-20414-6	Pro/ENGINEER Wildfire 产品设计项目教程	罗 武	31.00	2012.5
42	978-7-301-15692-6	机械制图	吴百中	26.00	2012.7 第 2 次印刷
43	978-7-301-20945-5	数控铣削技术	陈晓罗	42.00	2012.7
44	978-7-301-21053-6	数控车削技术	王军红	28.00	2012.8
45	978-7-301-21119-9	数控机床及其维护	黄应勇	38.00	2012.8
46	978-7-301-20752-9	液压传动与气动技术(第 2 版)	曹建东	40.00	2012.8
47	978-7-301-18630-5	电机与电力拖动	孙英伟	33.00	2011.3
48	978-7-301-16448-8	Pro/ENGINEER Wildfire 设计实训教程	吴志清	38.00	2012.8
49	978-7-301-21239-4	自动生产线安装与调试实训教程	周 洋	30.00	2012.9
50	978-7-301-21269-1	电机控制与实践	徐 锋	34.00	2012.9

北京大学出版社高职高专电子信息系列规划教材

序号	书号	书名	编著者	定价	出版日期
1	978-7-301-12180-1	单片机开发应用技术	李国兴	21.00	2010.9 第 2 次印刷
2	978-7-301-12386-7	高频电子线路	李福勤	20.00	2010.3 第 2 次印刷
3	978-7-301-12384-3	电路分析基础	徐 锋	22.00	2010.3 第 2 次印刷
4	978-7-301-13572-3	模拟电子技术及应用	刁修睦	28.00	2012.8 第 3 次印刷
5	978-7-301-12390-4	电力电子技术	梁南丁	29.00	2010.7 第 2 次印刷
6	978-7-301-12383-6	电气控制与 PLC(西门子系列)	李 伟	26.00	2012.3 第 2 次印刷
7	978-7-301-12387-4	电子线路 CAD	殷庆纵	28.00	2012.7 第 4 次印刷
8	978-7-301-12382-9	电气控制及 PLC 应用(三菱系列)	华满香	24.00	2012.5 第 2 次印刷
9	978-7-301-16898-1	单片机设计应用与仿真	陆旭明	26.00	2012.4 第 2 次印刷
10	978-7-301-16830-1	维修电工技能与实训	陈学平	37.00	2010.7
11	978-7-301-17324-4	电机控制与应用	魏润仙	34.00	2010.8
12	978-7-301-17569-9	电工电子技术项目教程	杨德明	32.00	2012.4 第 2 次印刷
13	978-7-301-17696-2	模拟电子技术	蒋 然	35.00	2010.8
14	978-7-301-17712-9	电子技术应用项目式教程	王志伟	32.00	2012.7 第 2 次印刷
15	978-7-301-17730-3	电力电子技术	崔 红	23.00	2010.9
16	978-7-301-17877-5	电子信息专业英语	高金玉	26.00	2011.11 第 2 次印刷
17	978-7-301-17958-1	单片机开发入门及应用实例	熊华波	30.00	2011.1
18	978-7-301-18188-1	可编程控制器应用技术项目教程(西门子)	崔维群	38.00	2011.1
19	978-7-301-18322-9	电子 EDA 技术(Multisim)	刘训非	30.00	2012.7 第 2 次印刷
20	978-7-301-18144-7	数字电子技术项目教程	冯泽虎	28.00	2011.1
21	978-7-301-18519-3	电工技术应用	孙建领	26.00	2011.3
22	978-7-301-18770-8	电机应用技术	郭宝宁	33.00	2011.5
23	978-7-301-18520-9	电子线路分析与应用	梁玉国	34.00	2011.7
24	978-7-301-18622-0	PLC 与变频器控制系统设计与调试	姜永华	34.00	2011.6
25	978-7-301-19310-5	PCB 板的设计与制作	夏淑丽	33.00	2011.8
26	978-7-301-19326-6	综合电子设计与实践	钱卫钧	25.00	2011.8
27	978-7-301-19302-0	基于汇编语言的单片机仿真教程与实训	张秀国	32.00	2011.8
28	978-7-301-19153-8	数字电子技术与应用	宋雪臣	33.00	2011.9
29	978-7-301-19525-3	电工电子技术	倪 涛	38.00	2011.9
30	978-7-301-19953-4	电子技术项目教程	徐超明	38.00	2012.1
31	978-7-301-20000-1	单片机应用技术教程	罗国荣	40.00	2012.2
32	978-7-301-20009-4	数字逻辑与微机原理	宋振辉	49.00	2012.1
33	978-7-301-20706-2	高频电子技术	朱小样	32.00	2012.6
34	978-7-301-21055-0	单片机应用项目化教程	顾亚文	32.00	2012.8
35	978-7-301-17489-0	单片机原理及应用	陈高锋	32.00	2012.9
36	978-7-301-21147-2	Protel 99 SE 印制电路板设计案例教程	王 静	35.00	2012.8
37	978-7-301-19639-7	电路分析基础(第 2 版)	张丽萍	25.00	2012.9

请登录 www.pup6.cn 免费下载本系列教材的电子书(PDF 版)、电子课件和相关教学资源。

欢迎免费索取样书,并欢迎到北京大学出版社来出版您的大作,可在 www.pup6.cn 在线申请样书和进行选题登记,也可下载相关表格填写后发到我们的邮箱,我们将及时与您取得联系并做好全方位的服务。

联系方式:010-62750667,yongjian3000@163.com,linzhangbo@126.com,欢迎来电来信。